21世纪高等学校计算机规划教材

21st Century University Planned Textbooks of Computer Science

信息技术导论

Introduction to Information Technology

黄正洪 赵志华 主编

唐亮贵 曹晓莉 唐灿 副主编

高校系列

人民邮电出版社

北京

图书在版编目（CIP）数据

信息技术导论 / 黄正洪，赵志华主编. -- 北京：
人民邮电出版社，2017.1
21世纪高等学校计算机规划教材. 高校系列
ISBN 978-7-115-42628-4

Ⅰ. ①信… Ⅱ. ①黄… ②赵… Ⅲ. ①电子计算机—
高等学校—教材 Ⅳ. ①TP3

中国版本图书馆CIP数据核字(2016)第308163号

内 容 提 要

全书共分 11 章，在介绍信息科学基本理论形成的基础上，重点介绍了信息技术、应用及发展趋势。本书主要内容有信息技术与信息社会、计算机技术、软件技术、云计算与大数据、微电子与传感技术、通信与网络技术、物联网技术及应用、电子商务与电子政务、人工智能技术、自动化与智能控制、智能家居与智能汽车。

本书内容丰富、由点到面、循序渐进，通过对信息技术的源流与演变、理论建立与转变进行较为全面的介绍，助读者拓展综合素质。本书可作为高等学校各专业通识教育课教材或教学参考书，也可供科技爱好者参考阅读。

- ◆ 主　　编　黄正洪　赵志华
　　副主编　唐亮贵　曹晓莉　唐　灿
　　责任编辑　刘　博
　　责任印制　沈　蓉　彭志环
- ◆ 人民邮电出版社出版发行　北京市丰台区成寿寺路 11 号
　　邮编　100164　电子邮件　315@ptpress.com.cn
　　网址　http://www.ptpress.com.cn
　　固安县铭成印刷有限公司印刷
- ◆ 开本：787×1092　1/16
　　印张：14.75　　　　　　　2017 年 1 月第 1 版
　　字数：385 千字　　　　　2024 年 7 月河北第 19 次印刷

定价：39.80 元

读者服务热线：(010)81055256　印装质量热线：(010)81055316
反盗版热线：(010)81055315

前　言

　　党的二十大报告中提到："教育、科技、人才是全面建设社会主义现代化国家的基础性、战略性支撑。"在教育改革、科技变革等背景下，信息技术领域的教学发生着翻天覆地的变化。

　　随着经济的全球化和信息社会的到来，社会迫切需要具有创新精神、工程应用能力强的高素质人才。而对信息技术的应用能已成为衡量人才水平的重要标准之一。2012 年，重庆工商大学将"信息技术通论"列入全校核心通识课，其目的是让学生了解现代信息技术发展的重要内容，理解信息技术解决各类自然与社会问题的基本思想和方法，获得当代信息技术前沿的相关专题知识，扩展专业视野，提高科学文化素质和应用文理知识的综合能力。

　　本书内容突出科学与技术、系统与工程、深度与广度、现在与未来、历史过程与杰出领袖的融合。本书可提高读者探究信息技术奥秘的兴趣。学习本书的读者可比较深入地理解信息技术在延伸人的想象力、创造力以及理解力方面的作用与空间，集聚创新动力，为专业学习奠定重要基础。

　　本书以信息技术发展过程为线索，介绍了信息技术原始创新的探寻、智慧的火花、发展历程、成就的形成；同时，也介绍了探索过程中的科学思想、科学范式，以及技术创新的研究分析方法。

　　本书由黄正洪、赵志华任主编，唐亮贵、曹晓莉、唐灿任副主编，全书由黄正洪、赵志华统稿，由黄正洪审稿并定稿。具体编写分工如下：第 1、2、9 章由黄正洪教授编写，第 3、4 章由唐灿副教授编写，第 5、7 章由曹晓莉教授编写，第 6、8 章由唐亮贵副教授编写，第 10、11 章由赵志华教授编写。学校教务处给予本书出版大力支持，何希平教授为本书编写前期做出努力，谨致衷心感谢。

　　本书编写过程中，作者参考了大量国内外相关文献，受益匪浅，特向其作者表示谢意。

　　限于作者水平有限，书中难免不足之处，恳请读者、专家指正。

编　者

2022 年 12 月

目　录

第1章
信息技术与信息社会

信息技术的广泛应用与普及，不仅改变了人类的生活方式和内容，而且推动了经济与社会的发展与进步。当代大学生应该了解信息技术发展的科学思想、主要内容及发展历程，拓宽专业视野，提高综合素质。

1.1 信息科学、技术与社会

信息已经成为最活跃的生产要素和战略资源，信息技术正深刻影响着人类的生产方式、认知方式和社会生活方式，信息技术和应用水平已是衡量一个国家综合竞争力的重要指标。信息科学技术已经是一种典型的通用技术，它不再是与数、理、化、天、地、生平行的一门学科，而是与很多学科相关的横向学科。信息科学技术已不再是主要以研究信息获取、传输、存储、处理等为主的一门单独的学科，而是更加强调与社会、健康、能源、材料等其他领域的紧密联系。以美国工程院列出的 21 世纪工程科技重大挑战为例，其有关信息技术的内容包括"促进医疗信息科学发展、保障网络空间安全、提高虚拟现实技术、促进个性化学习和大脑逆向工程"等，这些几乎都不是单独的信息处理和通信技术，而是信息领域与其他领域的交叉。

1.1.1 数据、信息、知识与智慧

数据是对客观事物的性质、状态和相互关系等进行记载的物理符号，是信息的载体，主要有数值、文字、声音及图形图像等不同形式。

信息是人类对自然世界的事物的变化和特征的反映，又是事物之间相互作用和联系的表征。信息一般泛指包含消息、情报、指令、数据、图像、信号等形式的新知识和新内容。

数据与信息是信息科学中常用的术语，它们之间的区别可以理解为：数据是计算机加工处理的对象，是未加工的对象；而信息是数据经过加工以后能为某个目的使用的数据，是数据的内容或诠释。

从不同的角度和不同的层次出发，人们对信息概念有许多不同的理解。信息论的创始人香农认为，"信息是能够用来消除不确定性的东西"。控制论的创始人诺伯特·维纳（Norbert Wiener）认为，"信息是我们适应外部世界、感知外部世界的过程中与外部世界进行交换的内容"。

信息有两方面的含义：在客观上信息是反映某种客观事物的现实情况。在主观上信息是可接收的、可利用的，并能指导人们的行为。

一般而言，可以将信息定义为：信息是物质系统运动的本质特征，是物质系统运动的方式、

状态及有序性的表现。其基本含义是：信息是客观存在的事实，是物质运动轨迹的真实反映。

信息按产生的先后或加工深度划分，可分为一次信息、二次信息、三次信息；按表现形式划分，可分为文献型、档案型、统计型、动态型、图像型；按来源划分，可分为书本、报刊、电视、人、具体事物。

一次信息是指未经加工的原始信息，可以是口头的、图片的、数字的，也可以是表格、清单等。

二次信息是指对一次信息进行加工处理后得到的信息。这种信息已经变成规则有序的信息，如文摘、索引、数据卡片等。经过加工后的二次信息易于存储、检索、传递和使用，有较高的使用价值。

三次信息是系统地组织、压缩和分析一次信息和二次信息的结果，是通过二次信息所提供的线索对某一范围的一次信息、二次信息进行分析、综合研究、整理加工生成的信息，是人们深入研究的结晶。综述、专题报告、辞典、年鉴等都属于三次信息。

文献型主要包括各种研究报告、论文、资料，以及它们的二次文献等。文献型信息的特点是以文字为主，有明确的专业或学术领域，可以进行编目、分类等排序处理。

档案型与文献型有很多相似之处，都以文字为主。不同之处在于档案型信息主要用于反映历史的事实和演变过程，是"事后的"、经过整理、筛选的文献，按时间序列贯穿始终。

统计型是数字型信息的集合，是反映大量现象的特征和规律的数字资料。统计型信息包括以数据为基础的情况分析、趋势分析等内容。区别于其他类型信息之处在于其以数据、图表为主要表现形式。

动态型主要是行情、商情、战况等瞬息万变的情况反映。它的特点是生命周期很短，强调时效性。动态型信息只有经过加工才能产生有价值的信息。动态型信息的收集、加工、存储和传递都与其他类型的信息不同，它对接收主体的要求很高，人们需要丰富的知识和分析能力，才能利用和判别动态型信息，从而得到正确的结论。

图像型比较容易理解，在此不再赘述。

来源于各种书本上的信息：这类信息比较稳定，随时间的变化不大。

来源于报纸、杂志、广播、电视和各种报告等消息：这类信息具有很强的时效性。超过一定的时间，其使用价值会大大降低。

来源于人与人之间的各种交流活动的信息：这类信息只在很小的范围内流传。

来源于具体事物的信息：这类信息是重要的，同时也最难获得，因为这类信息能增加整个社会的信息量，能给人们带来更多的财富。

消息与信息是有区别的。哈特来（信息论的先驱）于 1928 年在《信息传输》中阐述了消息与信息的关系和区别。他认为信息是包含在消息中的抽象，消息是具体的，其中蕴涵着信息。信息经过编码（符号化）成为消息以后才能由媒介传播；而信息的接收者收到消息以后，总是要经过译码（解读）才能获取其中的信息。

香农认为，在通信的过程中，消息是信息的载体，信息是消息的内容，信号在各种实际的通信系统中，为了克服时间或空间的限制而进行通信，必须对消息进行加工处理。把消息变换成适合在信道中传输的物理量，这种物理量称为信号。

信号携带消息，是消息的运输工具。信号是数据的电磁或光脉冲编码。信号可以分为模拟信号和数字信号。模拟信号是一种随时间而连续变化的信号；数字信号是在时间上离散的一种信号。

知识是让信息从定量到定性的过程得以实现的、抽象的、具有逻辑的东西，知识是为生产有意义的信息而生的。

智慧是从完全不同的知识中导出的一般性原理。例如，1996 年美国人口普查的出生数是 490 万，该数值表示一个数据值，将该数据和前 40 年的出生数关联，可以导出一个有用的信息——二战结束后的 1950—1960 年所形成的"婴儿潮"的缘由，也告诉"婴儿潮"中出生的人正在变老，他们正为其生育年龄结束前做最后的生育努力。

该人口普查数据还可以和其他好似无关的信息相关联，例如，将在下个十年需要的初级中学教师的数量；初级中级教育毕业的学生数；随着学生数量的增长而增加教师数量、教学校舍与场地等，这些义务教育支出增加需要纳入有关预算及规划，这也成为制订地方、国家的预算和发展规划的基础。同时，这些信息可以被组合和挖掘而成用知识表示的形式，根据该知识，一个个商业机会可能形成，社会上也将存在重要的机会去开发新的更有效的领域和模式。

1.1.2　信息的特点

信息的特点是指信息区别于其他事物的本质属性，主要表现在 8 个方面：①信息的普遍性、无限性和客观性。②信息的可共享性。③信息的可存储性。④信息的可传输性。⑤信息的可扩散性。⑥信息的可转换性。⑦信息的可度量性。⑧信息的可压缩性。

维系人类社会存在及发展的三大要素为：物质、能源、信息。信息的重要意义有以下 5 点。

（1）信息是人类认识客观世界及其发展规律的基础。

（2）信息是客观世界和人类社会发展进程中不可缺少的资源要素。

（3）信息是科学技术转化为生产力的桥梁和工具。

（4）信息是管理和决策的主要参考依据。

（5）信息是国民经济建设和发展的保证。

1.1.3　信息科学

"科学"是指探知事物的本质、特征、内在规律，以及与其他事物的联系，是关于自然、社会和思维的发展与变化规律的知识体系。"技术"是指运用科学规律解决实现某一目的的手段和方法，泛指根据生产实践经验和科学原理而发展形成的各种工艺操作方法、技能和技巧。"工程"是指将科学原理应用到工农业等生产部门中而形成的各门学科的总称。

信息科学（Information science）是研究信息现象及其运动规律和应用方法的科学，是以信息论、控制论、系统论为理论基础，以电子计算机等为主要工具的一门新兴学科。

信息论是研究信息的产生、获取、变换、传输、存储、处理识别及利用的学科。信息论不仅研究信道的容量、消息的编码与调制的问题以及噪声与滤波的理论等方面的内容，信息论还研究语义信息、有效信息和模糊信息等方面的问题。

信息论有狭义和广义之分。狭义信息论是香农早期的研究成果，它以编码理论为中心，主要研究信息系统模型、信息的度量、信息容量、编码理论及噪声理论等内容。广义信息论又称信息科学，主要研究以计算机处理为中心的信息处理的基本理论，包括文字处理、图像识别、学习理论及其各种应用，它是一种物质系统的特性以一定形式在另一种物质系统中的再现，包括了狭义信息论的内容，但其研究范围却比通信领域广泛得多。它的规律也更加一般化，适用于各个领域，所以广义信息论也称为信息科学。

控制论、系统论主要研究如何利用信息，即研究如何利用信息进行有效控制和组织最优系统的原理和方法。

系统论的奠基人是贝塔郎菲（Bertalanffy，Ludwigvon），他创立了一门逻辑和数学领域的科学，其目的是探索确定适用于普遍系统的一般原则，研究一切客观现实系统共同的特征、本质、原理和规律。

系统论认为：世界上一切事物、现象和过程几乎都是有机整体，且又都自成系统、互为系统；每个系统都是在与环境发生物质、能量、信息的交换中变化发展的，并能保持动态稳定的开放系统；系统内部及系统之间保持一种有序状态。

诺伯特·维纳的研究对象是控制系统，是在机构、有机体和社会中的控制和通信、揭示不同系统的共同的控制规律为理论目的的科学。控制论方法有功能模拟法和黑箱法。维纳于 1948 年出版了《控制论》一书。

我国著名科学家钱学森于 1954 年出版的《工程控制论》，已成为工程控制论的奠基性著作之一。

1.1.4　信息技术

信息技术（Information technology）主要研究信息的产生、获取、存储、传输、处理及其应用，也就是扩展人类信息器官功能的技术。信息主体技术包括信息获取、传输、处理和存储技术。

信息技术的范畴包括传感技术、通信技术、计算机技术和控制技术。

传感技术是信息的采集技术，对应于人的感觉器官。

通信技术是信息的传递技术，对应于人的神经系统。

计算机技术是信息的处理和存储技术，对应于人的思维器官。

控制技术是信息的使用技术，对应于人的效应器官。

1.1.5　信息产业

1. 信息产业的含义

日本学者认为信息产业是为一切与各种信息的生产、采集、加工、存储、流通、传播和服务等有关的产业。美国信息产业协会（AIIA）认为信息产业是指依靠新的信息技术和信息处理的创新手段，制造和提供信息产品和信息服务的生产活动组合。欧洲信息提供者协会（EURIPA）认为信息产业是指提供信息产品和服务的电子信息工业。我国有些学者认为信息产业是与信息的收集、传播、处理、存储、流通、服务等相关的产业的总称。还有人认为信息产业是指从事信息技术的研究、开发与应用，信息设备与器件的制造，以及为公共社会需求提供信息服务的综合性生产活动和基础结构。

一般进行信息的收集、整理、存储、传输、处理及其应用服务的产业称为信息产业。

2. 信息产业的特征

信息产业的特征如下。

（1）信息产业是具有战略性的新兴主导产业。

（2）信息产业是高渗透型、高催化型产业。

（3）信息产业是知识、智力密集型产业。

（4）信息产业是更新快、受科技影响大的变动型产业。

（5）信息产业是需要大量智力和资金投入的高投入型产业。

（6）信息产业是效益高的高增值型产业。

（7）信息产业是增长快、需求广的新型产业。

（8）信息产业是就业面大、对劳动者的文化层次要求高的新职业供给型产业。

（9）信息产业是新兴、知识密集型、有资源无公害、高效益高增长型产业。

信息技术革命正迅猛改变人们所生存的社会，人类开始从工业社会进入信息时代。信息技术在世界新技术革命中，不仅作为一项独立的技术而存在，而且还广泛渗透于各个高技术领域以及生产、经营、管理等过程，成为它们发展的基本依据和重要手段。信息科学与技术的特色可以概括为：发展迅猛、影响深远、需求紧迫、淘汰迅速。目前信息产业已成为全世界第一大产业。

1.2　信息社会

1.2.1　信息社会的含义及信息社会特征

1. 信息社会的含义

信息化是充分利用信息技术，开发利用信息资源，促进信息交流和知识共享，提高经济增长质量，推动经济社会发展转型的历史进程。有人说，农业时代为人们的世界带来了农业化，工业时代的作用之一是引起了农业的工业化，信息时代则是导致了农作物工业的信息化。

信息化是一个国家由物质生产向信息生产，由工业经济向信息经济，由工业社会向信息社会转变的动态的、渐进的过程。与城镇化、工业化相类似，信息化也是一个社会经济结构不断变换的过程。这个过程表现为信息资源越来越成为整个经济活动的基本资源，信息产业越来越成为整个经济结构的基础产业，信息活动越来越成为经济增长不可或缺的一支重要力量。

1963 年，日本社会学家梅棹忠夫在《信息产业论》中首次提出了"信息社会"（Information Socity）的概念，其后又有多位学者提到"信息社会"。1979 年，贝尔认为"信息社会"的概念比"后工业社会"更确切，此后，"信息社会"的概念被人们广泛接受。

信息社会，也叫信息化社会、知识社会、网络社会、虚拟社会、后工业社会等。信息社会是人类社会从技术角度定义的未来社会，实质上就是社会生活中广泛应用现代化通信、计算机和终端设备结合的新技术的社会，是以信息科技的发展和应用为核心的高科技社会，是由信息、知识起主导作用的知识经济社会。信息化是这个时代最明显的趋势。信息社会初期受到基础系统和信息终端技术、性能的限制，"信息"并不能得到淋漓尽致的发挥。

信息社会也称信息化社会，是脱离工业化社会以后，信息起主要作用的社会。信息社会是以信息技术为基础，以信息产业为支柱，以信息价值的生产为中心，以信息产品为标志的社会。信息社会起主导作用的是知识密集型产业，战略资源是信息和知识。

1980 年，阿尔文·托夫勒（Alvin Toffler）在《第三次浪潮》中，完整地阐述了他的思想体系，他以科学技术的发展为核心研究人类发展历史和现实，回顾历史、分析现实并展望未来。他在书的序言中说："《第三次浪潮》是一本规模庞大综合的书。它传述了我们许多人生长于其中的旧文明，细致全面而又生动地描绘了一个正在闯入我们生活中的新文明"。阿尔文·托夫勒以科学技术为核心，把人类历史的发展划分为 3 个"浪潮"，借用"浪潮"的概念说明人类社会发展的历史，他认为整个人类社会历史的发展从过去到现在以至未来，可以概括为 3 个"浪潮"。"第一次浪潮"是大约公元前八千年前开始的农业革命，形成了农业社会和农业文明，延续了几千年左右；到十七八世纪中期以后，蒸汽机的发明掀起了"第二次浪潮"，导致了工业社会和工业文明，经历了大约二百年的历史；随着电子技术的发展，20 世纪 60 年代开始了"第三次浪潮"。阿尔文·托夫勒认为，在未来几十年内，人类将由工业社会达到信息社会，产生现代文明。

信息化特性可以归纳为"四化"和"四性"。

信息化的"四化"指的是智能化、电子化、全球化和非群体化。

（1）智能化。知识的生产成为主要的生产形式，知识成为创造财富的主要资源。这种资源可以共享；可以倍增；可以"无限制的"创造。这一过程中，知识取代资本，人力资源比货币资本更为重要。由于信息传播的即时性和技术扩散的高效性，在信息社会中，无论个人或公共部门都将变得空前富裕，且社会经济生活方式和空间组织形态也会发生空前快速的变化。

（2）电子化。电子化是指光电和网络代替工业时代的机械化生产，人类创造财富的方式不再是工厂化的机器作业，而是被人们称为"柔性生产"的生产方式。柔性生产是指主要依靠有高度柔性的以计算机数控机床为主的制造设备来实现多品种、小批量的生产方式。

（3）全球化。信息技术正在取消时间和距离的概念，信息技术及发展大大加速了全球化的进程。随着物联网的发展和全球通信卫星网的建立，国家概念将受到冲击，各网络之间可以不考虑地理上的联系而重新组合在一起。

（4）非群体化。在信息时代，信息和信息交换遍及各个地方，人们的活动更加个性化。信息交换除了可以社会之间、群体之间进行外，个人之间的信息交换也日益增加，以至将成为主流。经济组织形式主要不是自由市场经济，而是制度经济，跨国公司、政府和工会是经济舞台的共同统治者。

信息化的"四性"指的是综合性、竞争性、渗透性和开放性。

（1）综合性。信息化在技术层面上指的是多种技术综合的产物。它整合了半导体技术、信息传输技术、多媒体技术、数据库技术和数据压缩技术等；在更高的层次上它是政治、经济、社会、文化等诸多领域的整合。人们普遍用协同（Synergy）一词来表达信息时代的这种综合性。

（2）竞争性。信息化与工业化的进程不同的突出特点是，信息化是通过市场和竞争推动的。政府引导、企业投资、市场竞争是信息化发展的基本路径。

（3）渗透性。信息化使社会各个领域发生全面而深刻的变革，它同时深刻影响物质文明和精神文明，已成为经济发展的主要牵引力。信息化使经济和文化的相互交流与渗透日益广泛和加强。

（4）开放性。创新是高新技术产业的灵魂，是企业竞争取胜的法宝，各企业参与竞争，在竞争中创新，在创新中取胜。开放不仅是指社会开放，更重要的是心灵的开放。可以说开放是创新的源泉。

2. 信息社会的基本特征

（1）知识型经济：人力资源知识化、发展方式可持续化、产业结构软化、经济水平发达。随着信息时代的到来，科学、技术、知识、信息等无形资本在生产中的地位和作用日益突出，越来越成为最重要的经济资源，成为经济增长的源泉，成为竞争能力的标志。同时，信息技术革命催生了一大批新兴产业，并促使产业结构发生重大调整，形成新的社会产业结构。信息产业迅速发展壮大，信息部门的产值在全社会总产值中的比重迅速上升，成为整个社会最重要的支柱产业和经济发展的引擎。

（2）网络化社会：信息基础设施的完备性、社会服务的包容性、社会发展的协调性。信息技术是建立在现代科学基础上的信息获取、传递、处理、存储的技术，是一个以微电子技术为基础，由计算机技术、通信技术、自动化技术、光电子技术、光导技术和人工智能技术等构成的高新技术群。其中，微电子技术是整个技术群的硬技术基础，建立在微电子技术及软件技术基础上的电子计算机是现代社会的"大脑"；而由程控交换机、大容量光纤、通信卫星及其他现代化通信装备交织而成、覆盖全球的电信网络则是现代社会的"神经系统"。信息社会的产生、发展与信息科技的发展、应用密切相关，特别是与信息科技的高度发达和高度普遍相关。

（3）数字化生活：生活工具数字化、生活方式数字化、生活内容数字化。信息技术最新颖、独特之处当推"数字化""虚拟化"，这导致人们数字化、虚拟化的生产和生活方式的形成。借助信息技术、虚拟技术，通过互联网，人们可以坐在家中"进入"虚拟图书馆、博物馆、艺术馆、旅游胜地；可以驾驶模拟的飞机、轮船、宇宙飞船，上天入地自由翱翔；可以建立虚拟企业组织生产，通过电子商务将产品配送到顾客手中；可以建立虚拟课堂，聚集最优秀教师的最出色的劳动，让所有人自由地接受远程教育；乡村医生也可以约请全球的医学专家对疑难病人进行会诊，施行远程手术……许多过去受到时空、物质手段和社会经济等因素制约的活动范围，由于虚拟技术的出现而不再受到限制。在各种虚拟实践活动中，人们的能动性、自由度较以前大大提高，人类认识和实践活动的深度、广度得到前所未有的拓展，人类的生活实践获得了新的活动空间和表现形式……

（4）服务性政府：科学决策、公开透明、高效治理、互动参与。信息技术、电子新媒体极大地促进了文化、知识、信息的传播，普遍地提高了大众的文化知识水平，为人们充分表达意愿提供了技术条件。传统的组织管理结构正在由传统的金字塔型组织管理结构逐渐向网络型的分权式管理结构演变，普通大众将在和自己有关事务的管理与决策中发挥日益重要的作用；社会组织管理中的代议制民主、间接民主开始向参与式民主或直接民主演变；这一切也为人们多样化的生活方式、价值选择、社会行为提供了强有力的支持。

1.2.2　我国信息社会发展状况

2010 年 7 月 30 日，国家信息中心信息化研究部在北京发布《走近信息社会：中国信息社会发展报告 2010》，这一国内首份关于信息社会发展水平的定量测评报告，初步建立了信息社会的基本理论框架，提出了信息社会发展指数（ISI）和测评体系，适用于对地区之间、国家之间信息社会发展水平进行横向比较分析和历史对比分析。在信息社会的初级阶段，主要信息技术产品广泛应用，经济、社会、生活的数字化和网络化基本实现，网络成为政府公共服务的主要通道。在信息社会进入中高级阶段后，主要信息技术产品已经高度普及，经济、社会、生活的数字化、网络化和智能化均达到相当高的水平，数字鸿沟大大缩小，政府部门间资源共享、协同办公、网上审批得到普遍实现，社会管理和公共服务基本实现智能化。

信息社会发展大体上可分成：起步期（ISI 值 0.3 以下）、转型期（ISI 值 0.3~0.6）、初级阶段（ISI 值 0.6~0.8）、中级阶段（0.8~0.9）、高级阶段（0.9 以上），如表 1-1 所示。

表 1-1　　　　　　　　　　　　　　信息社会发展阶段

发展阶段	准备阶段		发展阶段		
	起步期	转型期	初级阶段	中级阶段	高级阶段
信息社会指数（ISI）	0.3 以下	0.3~0.6	0.6~0.8	0.8~0.9	0.9 以上
基本特征	信息技术初步应用	信息技术应用扩散加速，实效开始显现	信息技术的影响逐步深化	经济、社会各领域都发生了深刻的变化	实现包容的社会
面临问题	基础设施跟不上需求	发展不平衡	互联互通问题、实用性问题	包容性问题	进一步的技术突破与创新应用
主要任务	加快基础设施建设，加强教育培训（提高认识）	加快调整与改革，逐步消除发展不利因素。加强教育培训并注重信息素质培养	改进体制机制	关注弱势群体、实施普遍服务	鼓励创新

信息社会不同的发展阶段呈现不同的特点，同时也面临不同的任务和问题。

国家信息中心发布的《冲出迷雾：中国信息社会测评报告 2013》显示，我国信息社会发展水平显著提高，2012 年信息社会指数达到 0.4391，比 2010 年提高了 17%，仍处于从工业社会向信息社会过渡的加速转型期。

我国信息社会发展不平衡，2012 年东、中、西部地区信息社会指数均值分别为 0.541、0.386、0.358，发展水平最高省份的信息社会指数是最低省份的 2.5 倍。

2015 年东、中、西部地区信息社会指数分别为 0.5489、0.3880、0.3729，东部地区信息社会指数比全国平均水平高 26.15%，比中、西部地区分别高 41.5% 和 47.20%。中、西部地区信息社会指数比全国平均水平分别低 10.83% 和 14.30%。

1.2.3　信息技术正在改变人们的社会

以信息技术为主导的信息产业的发展，将使社会生产得到迅速提高，从而带来社会经济生活各个方面的新变化。信息产品作为一种知识形态的特殊产品，已逐渐被认为是一种商品，它是人类劳动的产物，其生产目的是交换或转让信息，人们可以通过交换和有偿转让来满足社会对信息的需要，从而实现其价值。信息产品商品化，表明了科学技术本身也可作为一种特殊商品通过信息市场流通，促进科研、生产、信息的有机结合，加速科学技术向生产力转化，促进科学技术全面发展。信息技术改变了人们通信交流的方式，处理信息的方式，学习、工作和研究的方式；同时也改变了我们设计和建造事物的方式，商业、政府运作的方式，医疗保健的方式，以及对环境的理解。

1.3　历史回顾

1.3.1　人类社会的四次信息技术革命

第一次革命是人类创造了语言和文字，接着出现了文献。语言、文献是当时信息存在的形式，也是信息交流的工具。

第二次革命是造纸和印刷技术的出现。这次革命结束了人们单纯依靠手抄、撰刻文献的时代，使得知识可以大量生产、存储和流通，进一步扩大了信息交流的范围。

第三次革命是电报、电话、电视及其他通信技术的发明和应用。这次革命是信息传递手段的历史性变革，它结束了人们单纯依靠烽火和驿站传递信息的时代，大大加快了信息传递速度。

第四次革命是电子计算机和现代通信技术在信息工作中的应用。电子计算机和现代通信技术的有效结合，使信息的处理速度、传递速度都得到了惊人的提高，人类处理信息和利用信息的能力达到了空前的高度。

1.3.2　信息技术及其发展概述

第四次信息技术革命奠基于 20 世纪 40 年代，它源于数理科学、无线电通信与电子技术。20世纪 50 年代以后，数理科学等又与计算机技术紧密结合，从而获得了很大发展。信息科学技术是研究有关信息的产生、传输、处理、接收、存储、显示与控制的一门学科。由于信息普遍地存在于自然界和人类社会中，因此决定了信息科学技术是一门有广泛影响的学科，它已经渗透到各个学科领域，其中也包括社会科学与人文科学，同时也渗透到社会的各个行业。在这个过程中，信息科学技术不断从其他学科和行业中吸取营养来丰富自己，同时也大大促进其他学科和行业的更新、发展，并产生新兴交叉学科和行业。在现代科学技术中，信息科学技术虽如此强劲、重要，并得到广泛应用，但它还不能说已成为一门很成熟的学科。对于信息的含义还各有不同的理解，它的理论体系还不完整成熟，它应包含的内容还有各种不同说法，在哲学界对于信息的实质问题还存在争论。这些问题都有待在今后的发展过程中逐步得到解决。

1.　信息技术的基础

组成信息科学技术的基础主要是经典信息论与控制论。20 世纪 40 年代后期，由于第二次世界大战，通信技术与雷达技术得到了飞跃发展，通信与自动控制的研究受到特别重视，从而促使科学家香农和维纳分别从不同角度创立了信息论和控制论。

1948 年香农对信息和通信系统的模型进行研究，信息作为事物运动发展的表征，其度量体现了该事物的不肯定性信息的基本度量，即所谓的熵（Entropy），事物的变化越复杂，熵就越大。香农将熵成功地应用于信源、信道与编码等通信过程中，从而导出了著名的香农编码定理。它的大意是在正态噪声干扰下，通信系统存在极限信息传输能力，如实际的信息传输速率小于这个极限，则总可找到一种理想的编码方法，使信息以任意小的误差传送到接收端。关于熵的理论，四十多年来一直在不断发展。

1942 年维纳在研究雷达控制防空炮火时得出一个开创性的结论，认为可设计一种最佳过滤器与预测器。它的响应能使信号加噪声的输入与输出之间的均方误差为最小。二战后，维纳和一些生物医学家合作，对在机器和生物之间进行信息传输、交换、处理和控制的一般规律进行了研究，并于 1948 年发表了《控制论》专著，此专著的副标题是"在动物和机器中的控制和通信的科学"，可见维纳的控制论实际上是较广义的信息论。

在维纳提出过滤理论后，20 世纪 60 年代初，卡尔曼（R.E.Kalman）和布什（R.S.Buoy）提出了一种递归滤波方法，这种方法大大减少了存储量和运算量，可做到实时处理，同时适用范围也不限于平稳随机信号。卡尔曼滤波方法出现后，很快被成功地应用于各类飞行体的导航，导弹的制导，再入弹道的计算，以及武器火力的控制等方面。近些年来这一方法在工业自动化和气象预报等方面也得到应用。

在信息论与控制论的理论基础上，20 世纪五六十年代，统计接收理论得到了巨大发展。统计接收理论在电子技术与计算机技术的支持配合下，在国防、空间科学、生物医学、天文气象等领域得到了广泛的应用和进一步发展。

2.　数字信息处理

当前信息科学技术中最活跃的领域是数字信息处理，它兴起于 20 世纪 60 年代初期，这主要是由于离散取样理论、Z 变换理论、数字微电子技术和计算机发展到了较成熟阶段。特别是 1965 年库利·杜克（Cooley Tukey）提出离散傅里叶变换的快速算法以后，更促进了数字处理技术的飞速发展。当今数字处理技术比模拟处理技术更为精确、稳定、灵活，还具有分时操作等特点。信息数字处理的应用已广泛延伸到工农业生产、国防和科学技术的各个方面。数字信息处理主要包括 3 个方面，即数字信号处理、数字图像处理和模式识别，它们之间又是相互交叉和紧密联系着的。

数字信号处理是指一维信号的数字处理，它的应用面很广，可进行地震信号、语音信号、电生理信号、水声信号、雷达信号和各种振动信号的分析和处理。数字信号处理的主要内容包括变换理论、谱分析和数字滤波 3 个方面。信号可分为确定信号（时不变信号）和随机信号（时变信号）两大类，前者又可分为周期信号和瞬态信号，后者又可分为平稳随机信号和非平稳随机信号。在各种实际系统中，信号往往在它的持续时间、频带宽度和信号幅度（能量）方面具有某种约束。

19世纪末，休斯特就提出了周期图谱分析方法，20世纪30年代初，卡切里尼柯夫得出了频带宽度受限制的信号能被一个离散数值的级数完全决定的抽样定理。20世纪四五十年代，维纳对平稳时间序列的外推、内插和平滑理论做出了著名的论述。而香农则将限带信号理论用于连续信号传输，取得了重要结果。许多学者对信号采用正交函数级数展开的方法进行了分析研究，解决了傅里叶谱分析技术所遇到的某些限制和不方便等问题。20世纪六七十年代抽样定理又得到了推广，Cooley-Tukey离散型快速傅里叶变换及Walsh变换等在计算机技术的支持下获得了广泛应用。倒谱技术、扩展谱技术、最大熵谱分析和最大似然度谱分析等非线性谱分析技术也相继被提出并获得应用。20世纪80年代自适应数字信号处理得到了发展，它主要针对具有时变特性的随机信号，能从被处理信号所具有的特性出发来进行处理。自适应数字信号处理涉及线性与非线性系统理论、随机数字控制和人工智能等多方面知识。K-L（Karhunen-Loeve）变换本质上也是一种自适应数字信号处理方法，它从信号本身的相关特性出发确定一组归一化正交基，使得信号的展开式具有均方误差最小的特性，因而在数据压缩与传输中占有重要位置。自适应数字滤波（如LMS算法等）很适合于时变信号的处理。在模式识别和系统辨识中的自学习过程也属于自适应处理，它通过学习与样本训练来提取最佳特征以加速识别过程和提高识别率。在神经网络中，自适应处理表现为网络联结权系数的学习调整过程，BP（BaokPropagatfon）网络实际上就是一种自适应数字信号处理方法。数字信号处理的软硬件实现仍是一个活跃的研究领域。设计和构造一个数字信号处理设备，如快速阵列变换器、谱分析仪和数字滤波器等，以使它们的处理精度高，有限字长引起的误差小，硬件费用省、体积小和操作使用方便等，仍是值得深入研究的课题，特别是在使用一些新型器件和大规模集成块方面更是值得关注的新方向。

3. 数字图像处理

数字图像处理是一门应用数字技术与计算机技术来研究图像的学科。图像处理中所考察的图像十分广泛，有黑白二值图像、多灰度图像和彩色图像；有静态图像与动态图像；有二维平面图像和多维立体图像等。数字图像处理与模式识别的主要研究工作起始于20世纪60年代，是在数字电子计算机得到发展之后，至今也不过30年历史。首批的数字图像处理和识别的学术会议召开于20世纪60年代，而首批的数字图像处理与模式识别的专著则出版于20世纪70年代。30年来，论文和专著如雨后春笋般出现，研究与应用的热潮至今兴盛不衰。近些年来，人工智能、专家系统和神经网络等新方法的介入，更使这个领域的研究应用进入了新的发展阶段。

数字图像处理的内容十分丰富，主要包括过滤、增强变换、恢复、编码、压缩、存储、分割、合成与重建等，有时还将描述、分类、识别与理解等也作为其内容。当前数字图像处理的研究主流大致有以下各方面：图像并行处理或分布处理的算法研究，图像数据表示与图像数据库的研究，三维信息获取与表面重建的研究，基于知识的图像处理方法研究，图像形态学研究，分形维图像处理技术的研究，图像处理的神经网络方法研究，图像处理专用芯片的研制，高速大容量图像存储设备的研制，高速高精度图像输入输出设备的研制，以及快速实时图像处理系统的研制等。

近年来，由于微电子技术的进步，数字图像处理系统的价格日益下降，而其功能则不断提高，这就为图像处理技术的推广应用开辟了宽广前景。许多领域，如遥感遥测、通信广播、天文气象、地质地理、生物医学、工业检测、交通监控、军事侦察等，均广泛引用了数字图像处理技术，并获得了很好的效益。

1.3.3 重要发现与创造

数字化是指对各种信息进行数字化处理，将模拟信号通过抽样、量化、编码等环节变换成数字码元。而信息化则是以信息技术为基础，以信息环境为依托，通过数字化设备和一体化，实现各类信息资源的共享和信息的实时交换。信息化进一步强调了信息的决定性作用，把控制和利用信息作为一项根本性要求。信息化的实现要以信息的数字化为必备条件，而数字化则为信息化的实现提供了有力的技术支撑。

如何将模拟信号通过抽样、量化、编码等环节变换成数字码元，成为信息技术发展的起点。香农的采样定理解决了这一问题：即在一定条件下，用离散的序列可以完全代表一个连续函数。

1. 香农

克劳德·艾尔伍德·香农（Claude Elwood Shannon，1916—2001）是美国数学家，如图 1.1 所示。

香农于 1916 年出生于美国密歇根州的皮托斯基（Petoskey），并且是爱迪生的远房亲戚。1936 年毕业于密歇根大学并获得数学和电子工程学士学位。1940 年获得麻省理工学院（MIT）数学博士学位和电子工程硕士学位。1941 年他加入贝尔实验室数学部，工作到 1972 年。1956 年他成为麻省理工学院客座教授，并于 1958 年成为终生教授，1978 年成为名誉教授。

图 1.1　香农

1938 年，香农的硕士论文题目是《*A Symbolic Analysis of Relay and Switching Circuits*》（继电器与开关电路的符号分析）。他用布尔代数分析并优化开关电路，奠定了数字电路的理论基础。香农在 1948 年 6 月和 10 月在《贝尔系统技术杂志》（*Bell System Technical Journal*）上连载发表了具有深远影响的论文——《通信的数学原理》。1949 年，香农又在该杂志上发表了另一著名论文——《噪声下的通信》。在这两篇论文中，香农阐明了通信的基本问题，给出了通信系统的模型：信源—信道—信宿。提出了信息量的数学表达式，并解决了信道容量、信源统计特性、信源编码、信道编码等一系列基本技术问题。两篇论文成为信息论的奠基性著作。要建立信息理论，首先要能够度量信息。信息是由信号传播的，但是信息与信号有本质的区别。所以如何度量一个信号源的信息量成为关键。香农开创性地引入了"信息量"的概念，从而把传送信息所需要的比特数与信号源本身的统计特性联系起来。这个工作的意义甚至超越了通信领域。

所以说香农是信息科学的奠基人。

2. 图灵

艾伦·麦席森·图灵（Alan Mathison Turing，1912—1954），英国数学家、逻辑学家。1931 年图灵进入剑桥大学国王学院，毕业后到美国普林斯顿大学攻读博士学位，第二次世界大战爆发后回到剑桥，后曾协助军方破解德国的著名密码系统谜（Enigma），帮助盟军取得了二战的胜利。图灵对于人工智能的发展有诸多贡献，提出了一种用于判定机器是否具有智能的试验方法，即图灵试验，至今，仍然每年都有图灵试验的比赛。此外，图灵提出的著名的图灵机模型为现代计算机的逻辑工作方式奠定了基础。

图 1.2　图灵

1936 年 5 月，图灵向伦敦权威的数学杂志投了一篇论文，题为《论数字计算在决断难题中的应用》。在论文的附录里他描述了一种可以辅助数学研究的机器，后来被人称为"图灵机"，这个设想第一次将纯数学的符号逻辑与实体世界之间建立了联系。1945年，图灵被录用为泰丁顿（Teddington）国家物理研究所的研究人员，开始从事"自动计算机"（ACE）的逻辑设计和具体研制工作，他写出一份长达 50 页的关于 ACE 的设计说明书，这一说明书在保密了 27 年之后，于 1972 年正式发表。在图灵的设计思想指导下，1950 年制出了 ACE 样机，1958 年制成了大型 ACE 机。

图灵被称为计算机之父、人工智能之父。

3. 冯·诺依曼

约翰·冯·诺依曼（John Von Neumann，1903—1957），美藉匈牙利人，20 世纪最杰出的数学家之一。1903 年冯·诺依曼生于匈牙利的布达佩斯，1921—1923 年在苏黎世大学学习，在 1926 年以优异的成绩获得了布达佩斯大学数学博士学位，此时冯·诺依曼年仅 22 岁。1927—1929 年冯·诺依曼相继在柏林大学和汉堡大学担任数学讲师。1930 年接受了普林斯顿大学客座教授的职位，1931 年他成为美国普林斯顿大学的第一批终身教授之一，那时，他还不到 30 岁。1933 年转到该校的高级研究所，成为最初的六位教授之一，并在那里工作了一生。

图 1.3 冯·诺依曼

1933 年冯·诺依曼解决了希尔伯特第 5 问题。他建立的算子环理论为量子力学奠定了数学基础；第二次世界大战开始后，他建立了冲击波理论和湍流理论，对非线性双曲型（无黏流体方程）研究成果奠定了流体力学基础。在研制原子弹的过程中，他与波兰数学家乌拉姆提出蒙特卡罗法，开创统计模拟方法；1944 年他参与了世界上第一台电子计算机的设计，后来又陆续研究更完善的计算机，如 1995 年他提出离散变量电子计算机（EDVAC）的设计方案等；他还创立了对策论（Game Theory），并应用于经济领域；1944 年他与莫根施特恩（Morgensten）合著的《对策论与经济行为》已成为经典著作。

冯·诺依曼被称为计算机之父。

4. 乔布斯

史蒂夫·乔布斯（Steve P.（aul）Jobs，1955—2011），美国发明家、企业家。

乔布斯认为创新是无极限的，有限的是想象力。他认为，如果是一个成长性行业，创新就是要让产品使人更有效率，更容易使用，更容易用来工作。

1976 年 4 月 1 日，乔布斯决定成立一家计算机公司。1977 年 4 月，乔布斯在美国第一次计算机展览会上展示了苹果 II 号样机。1997 年苹果推出 iMac，创新的透明颜色外壳设计使得产品大卖，并让苹果度过财政危机。乔布斯被认为是计算机业界与娱乐业界的标志性人物，先后领导和推出了麦金塔计算机（Macintosh）、iMac、iPod、iPhone、iPad 等风靡全球的电子产品，深刻地改变了现代通信、娱乐、生活方式。

图 1.4 史蒂夫·乔布斯

1.4　对信息技术认识的转变

经过半个多世纪的研究和实践，科技界对信息技术的认识已发生重大转变，新的认识包括以下 4 点。

1.4.1　从重视信息技术的内涵转到更加重视其外延

计算机科学是现代科学体系的主要基石之一，温家宝总理在题为《让科技引领中国可持续发展》的讲话中指出："20 世纪上半叶，发生了以量子力学和相对论为核心的物理学革命，加上其后的宇宙大爆炸模型、DNA 双螺旋结构、板块构造理论、计算机科学，这六大科学理论的突破共同确立了现代科学体系的基本结构"。

计算机技术是 20 世纪最伟大的发明，对人类社会的发展有着极其深远的影响。在信息社会中，微电子技术是基础，计算机和通信设施是载体，软件技术是核心。微电子技术是在传统的电子技术基础上发展起来的高新技术。与传统电子技术相比，微电子技术不仅可以使电子设备和系统微型化，更重要的是它引起了电子设备和系统的设计、工艺、封装等方面的巨大变革。

21 世纪信息技术发展的新取向是：在继续发展工程技术的规模效益的同时，将更加重视信息技术的多样性、开放性和个性化，更加重视信息技术惠及大众；在重视信息技术的市场竞争能力及经济效益的同时，将更加重视生态和环境影响，探索对有限自然资源和无限知识资源的分享、共享和持续利用；在重视对周围世界的认识和改善的同时，更加重视医学及与人类健康有关的信息科学技术；在重视技术作为生产力决定性因素的同时，将更加重视信息科学的研究探索，特别是与纳米、生命、认知等科学的交叉研究；在科学与技术继续紧密结合的同时，更加重视信息技术与人文艺术的结合，更加重视信息技术伦理道德方面的研究和对信息技术社会作用的法制化管理与监督。

1.4.2　从狭义工具论转到计算思维

长期以来，计算机和信息网络被社会看成是一种高科技工具，信息科学技术也被构造成一门专业性很强的工具学科，这种社会认知很容易导致负面的狭义工具论。高科技，意味着认知门槛高、成本高；工具，意味着它是一种辅助性学科，并不是能够满足国家经济社会发展、满足人民经济文化需求的主业，这种狭隘的认知是信息科技向各行各业渗透的最大障碍，对信息科技的全民普及极其有害。信息科技的普及实际上是在全社会传播计算思维（Computational Thinking）。计算思维是一种普适的思维，是每个人的基本技能。正如印刷出版促进了阅读、写作和算术（英文称为 3R）的传播，计算机的普及也将以类似的正反馈促进计算思维的传播。计算思维强调一切皆可计算，从物理世界模拟到人类社会模拟再到智能活动，都可认为是计算的某种形式。计算思维是概念化思维，不是程序化思维；是人的思维，不是计算机的思维；是数学和工程互补融合的思维，不是纯数学性思维；是面向所有人的思维，而不仅仅是计算机科学家的思维。

1.4.3　从人机共生思想转到基于三元社会模式的新信息世界观

目前使用的信息系统，在很大程度上仍然根基于 40 多年前提出的人机共生思想：人做直觉的、无意识的事，计算机做有意识的、确定的、机械性的操作；人确定目标和动机，计算机处理琐碎细节，执行预定流程。然而，今天的信息世界已经与一人一机组成的、分工明确的人机共生系统不同，是一个多人、多机、多物组成的动态开放的网络社会，即物理世界、信息世界、人类社会组成三元世界，这是一种新的信息世界观。

这个跃变促使信息科学发生本质性的变化。信息科学应当研究人机物三者在社会中的信息处理过程。我们需要回答下述基本问题：万维网能被看成一台计算机系统吗？什么是万维网的可计算性？什么是物联网计算机的指令集？人机物三者在社会中的"计算"如何定义？它还是图灵计算吗？为了研究人机物三元世界的计算问题，传统算法科学的集中式假设、确定起始假设、机械执行假设、精确结果假设等可能都需要突破，也将改变图灵计算模型不可突破的观念。

目前的主流计算机科学教科书认为，图灵机不能做的事情将来的计算机也不能做。实际上，图灵模型把计算看作从输入到输出的函数，不终止的计算被认为是无意义的。而在网络环境中，计算主体（进程）在与外界不断交互的过程中完成所指定的计算任务。对于这类交互式的并发计算，传统的基于"函数"的计算理论不再适用。如何为实际并发系统的设计与分析提供坚实的理论基础，在今后几十年内是计算机科学面临的重大挑战。算法研究的重点将从单个算法的设计分析转向多个算法的交互与协同。

1.4.4 信息科学技术重点研究方向的改变

长期以来，信息科学技术研究的主要目标是提高信息器件和系统的性能，摩尔定律指引的研究方向主要是提高半导体器件的集成度，从而提高主频和性能。现在 CMOS 器件 I/O 的主频提高已受到功耗的限制，在厂商追求超额利润的驱使下，迫使用户不断买升级版本的局面必将改变，今后发展信息技术的主要致力方向将是降低功耗、成本和体积（占地面积），提高易用性、效率和性能。

1.5 我国信息化发展战略

信息化是当今世界发展的大趋势，是推动经济社会变革的重要力量。我国制定了《2006—2020 年国家信息化发展战略》，主要内容如下。

1.5.1 目标

到 2020 年，我国信息化发展的战略目标是：综合信息基础设施基本普及，信息技术自主创新能力显著增强，信息产业结构全面优化，国家信息安全保障水平大幅提高，国民经济和社会信息化取得明显成效，新型工业化发展模式初步确立，国家信息化发展的制度环境和政策体系基本完善，国民信息技术应用能力显著提高，为迈向信息社会奠定坚实基础。

具体目标是：促进经济增长方式的根本转变。广泛应用信息技术，改造和提升传统产业，发展信息服务业，推动经济结构战略性调整。实现信息技术自主创新、信息产业发展的跨越。提升网络普及水平、信息资源开发利用水平和信息安全保障水平。增强政府公共服务能力、社会主义先进文化传播能力、中国特色的军事变革能力和国民信息技术应用能力。

1.5.2 重点

（1）推进国民经济信息化。
（2）推行电子政务。
（3）建设先进网络文化。
（4）推进社会信息化。
（5）完善综合信息基础设施。
（6）加强信息资源的开发利用。
（7）提高信息产业竞争力。

（8）建设国家信息安全保障体系。

（9）提高国民信息技术应用能力。

习　题

1. 什么是信息科学？它主要研究的内容是什么？
2. 狭义信息与信息科学的相互联系与主要区别是什么？
3. 信息技术发展经历了哪几个阶段？各阶段主要标志代表是什么？
4. 简述数字化与信息化的联系与区别。
5. 信息化的主要特征是什么？
6. 什么叫信息社会？其主要发展阶段与特征是什么？
7. 简述信息技术从"工具"到"思维"认识转变的意义。

第2章
计算机技术

计算机技术产生和发展于多学科和工业技术基础，又在几乎所有科学技术和国民经济领域中得到广泛应用。本章主要介绍计算机产生的科学思想、历史过程、技术分类、主要应用及发展方向。

2.1 计算机技术的概念和早期发展

"计算机"（Computer）又称电脑，是一种利用电子学原理，根据一系列指令来对数据进行处理的工具。计算机可以对数字、文字、颜色、声音、图形、图像等各种形式的数据进行加工处理，通常人们接触最多的是个人计算机（PC）。

1854 年，英国数学家乔治·布尔（George Boole）发表了《思维规律研究》一文，他设计了一套用以表示逻辑理论的一些基本概念符号，并建立了应用这些符号进行运算的法则，成功地把形式逻辑归结为一种代数演算，从而建立了逻辑代数（布尔代数）。他规定的一条特殊运算规则是 $X^2 = X$，其解只能取两个值：0 和 1，X=1，表示命题为真，X=0 表示命题为假。这一点恰好与电路设计思想相同。1936 年，英国青年数学家图灵发表了关于《理想计算机》的论文，严格描述了计算机的逻辑构造，提供了现代通用数字计算机的数学模型，并从理论上证明了它的可能性，为计算机诞生提供了理论准备。

20 世纪初，迅速发展起来的工业电气化和电子技术的发展是电子计算机产生的技术前提。工业电气化奠定了工业机械化、电气化和自动化的生产基础。电子技术的进步，特别是电子三级管技术的成熟，为电子管在计算机中的应用提供了技术上可能性。三极管栅栏控制电流开关的速度比继电器快一万倍，电视、雷达等的出现，更把电子电路和元件的理论和技术推向一个新的高度。可见 20 世纪 40 年代，设计和制造电子计算机的技术条件已经成熟。

20 世纪 30 年代，研发领域先后出现了雷达、导弹，原子能的利用也提上了议事日程，大量复杂的计算课题不断涌现出来，而已有的计算工具在这些任务面前都无能为力。尤其是第二次世界大战过程中，德国掌握了高速飞行的喷气式飞机和导弹，为了预防飞机和导弹的袭击，美国陆军委托宾夕法尼亚大学莫尔学院电工系和阿伯丁弹道研究实验室共同负责为陆军每天提供 6 张火力表，而每张火力表要计算几百条弹道。一个熟练的计算机程序员用台式计算机计算一条弹道要花 20 个小时，用大型微分分析仪也需要 15 分钟，即使增加计算人员，一张火力表也要计算两三个月。这就产生了人工计算水平和军事上快速计算要求之间的尖锐矛盾。解决这一矛盾的唯一办法就是研制速度更快的计算机，这是 ENIAC 诞生的直接推动力。

第一台电子计算机是于 1946 年 2 月 14 日在美国的宾夕法尼亚大学诞生的，名字叫

ENIAC，是为了计算导弹的弹道设计出来的。计算机的发展是一部应用驱动的历史，从 1946 年第一台电子计算机出现，到 20 世纪 50 年代，计算机的主要服务对象是军事应用，包括导弹计算和与军事相关的空间的计算等。因为当时计算机非常昂贵，能用得起的单位很少。到了 20 世纪 60 年代至 80 年代期间，由于计算机的成本越来越低，除了军用单位以外，很多大的政府部门和大的科研机构，甚至一些比较有实力的公司也慢慢使用计算机来进行科学研究，进行事物管理。1980 年左右，因特尔的四位 CPU 微处理器出来以后，到 1982 年有了个人计算机，整个计算机的成本快速下降，使得计算机从只能用于军用部门和有实力的科研或商用部门，很快地进入一般的小公司和家庭。20 世纪 90 年代开始，很多家庭也使用了计算机，同时计算机向两极分化：一极是往微、往小、往便宜发展，进入家庭的；另一极向高、向难、向大发展，仍然是用于军事、科学计算。现在，计算机在互联网、公司、政府机关、家庭等领域得到广泛应用。所以整个计算机发展的历史，就是这样一个由应用和成本互相驱动，最后找到一个平衡点的发展过程。计算机的发展历史是由数学和物理学推动的。物理学提出了需求，数学提出了理论，两个组合就导致了今天计算机的出现。如果翻一翻计算机发展的历史，就会发现整个计算机历史中主要的发明创造都是由物理学家和数学家完成的。现在计算机的体系结构仍是冯·诺依曼结构。冯·诺依曼本人是一个数学家，世界第一代电子计算机就是由他提倡和设计出来的。他提出，作为一台电子计算机，应该有它的运算装置、存储装置、外设和输入、输出装置，这样才能构架一个系统。按照这种想法设计的计算机体系结构就叫冯·诺依曼结构，现在所有的 PC 都用这个结构。现在计算机赖以生存的计算机理论是有限状态自动机，它的发明者叫图灵，他是一个英国的数学家，他在 20 世纪 30 年代的时候提出了该理论。有限状态自动机的出现才使得电子计算机有可能按照冯·诺依曼结构和程序设计的方法来进行计算。数学家格雷丝·赫伯（Grace Hopper）发现了计算机程序中的第一个漏洞（Bug），实现了第一个编译语言和编译器，创造了世界上第一种商业编程语言 COBOL 并为之后的高级程序设计语言定义了模型。

计算机具有各种计算的能力。当用计算机进行数据处理时，首先把要解决的实际问题用计算机语言编写成计算机程序，然后将待处理的数据和程序输入计算机中，计算机按程序的要求，一步一步地进行各种运算，直到存入的整个程序执行完毕为止。在数据处理过程中，计算机不仅能进行加、减、乘、除等算术运算，而且还能进行逻辑运算并对运算结果进行判断，从而决定以后执行什么操作。

计算机技术上指计算机领域中所运用的技术方法和技术手段。它具有快速、准确的计算能力、逻辑判断能力和人工模拟能力，对系统进行定量计算和分析，为解决复杂系统问题提供手段和工具。计算机技术具有明显的综合特性，它与电子工程、应用物理、机械工程、现代通信技术和数学等紧密结合，发展很快。

计算机技术的内容非常广泛，可粗分为计算机系统技术、计算机器件技术、计算机部件技术和计算机组装技术等几个方面。计算机技术包括运算方法的基本原理与运算器设计、指令系统、中央处理器（CPU）设计、流水线原理及其在 CPU 设计中的应用、存储体系、总线与输入输出。

机械计算机是帕斯卡于 1642 年制造出来的，这是世界上第一台齿轮式计算机。这台计算机可以计算到 8 位数字，表示数字的齿轮共 16 个，每个齿轮均分成 10 个齿，一个齿表示 0 ~ 9 中的一个数，并按大小排列。它发明的意义远远超出了这台计算器本身的使用价值，它告诉人们用纯机械装置可代替人的思维和记忆。

1671 年，也就是在帕斯卡发明加法器近 30 年后，德国著名的数学家、哲学家莱布尼茨受到加法器的启发，发明了能进行四则运算的计算装置。他在高水平机械师的帮助下，创造了"莱布尼茨轮"和滑竿移位机构，使用它利用摇动就能实现对每一位的乘法运算。

英国数学家查尔斯·巴贝奇（C. Babbage）1822 年设计了一台用于数表计算的"差分机"。这种装置已经包含有程序设计的萌芽。1833 年，他又设计了一种新的分析机。这是一架采用十进制位的机械结构计算机，它是历史上第一个具有运算器、存储器、控制器、输入输出器等基本部件的通用计算机。

随着电工、电信技术的迅速发展，德国工程师楚泽（K. Zuse）于 1938 年制成了一台纯机械结构的计算机，之后他用电磁继电器来改进，并于 1941 年制成了 Z3，这是全部采用继电器的通用程序控制计算机。Z3 还采用了浮点计数、二进制运算，带数字存储地址的指令形式使机器性能进一步提高。

1937 年，一名哈佛大学的研究生霍华德·艾肯（Howard H. Aiken）在撰写物理学博士论文时设计了一种可以求多项式值的装置。经过更深入的考虑之后，他又设计出一台可以解决任何问题的通用数字式计算机。这种计算机主要用继电器的逻辑功能来实现运算，得到 IBM 的支持后制成了"Mark I"，这是一台采用大量标准电气计数器，备有 60 个由手动开关控制的存储常数的计算机。

1942 年 2 月，任职宾夕法尼亚大学莫尔学院的莫克里（John Mauchly）为解决火炮弹道计算问题，提出了试制第一台电子计算机的初始设想——"高速电子管计算装置的使用"，期望用电子管代替继电器以提高机器的计算速度。项目随着数学家冯·诺依曼的加入研究进行得更为顺利，终于在 1946 年 ENIAC 计算机诞生了。ENIAC 比当时已有的计算装置要快 1000 倍，而且还有按事先编好的程序自动执行算术运算、逻辑运算和存储数据的功能，第一台电子管计算机由此诞生。

从第一台电子管计算机出现到现在，不过短短 70 年，无论是运算速度、处理能力、还是存储容量都发生了人们难以预料的巨大变化。仅从 20 世纪 70 年代微型计算机的出现到现在，其性能已提高数千倍，而价格降低了上万倍。它极大地提高了工作效率和经济效益，促进了生产力的发展，使人类生活发生了巨大的变化，这是其他任何现代技术都无法比拟的。

第一代电子计算机 ENIAC 是在军事的迫切需求下诞生的，专门用于解决弹道计算的问题。计算机共使用了 16 种型号的 1.8 万支电子管、1500 个继电器、近 2 万个电容、7 万个电阻，耗电量为 140kW，总重量为 30t，占地面积为 170m²，简直就是庞然大物。ENIAC 每分钟可以进行 5000 次加法运算，比以前使用的齿轮机械式计算机和机电式计算机快了上万倍。它的问世深刻地影响着世界的政治、军事、经济格局，影响着人类的工作与生活方式。20 世纪 60 年代开始，经历了第一代计算机的实用化发展后，电子计算机技术开始得到进一步的加速发展。

1960 年，随着晶体管计算机的大量生产，电子计算机进入了第二代。第二代计算机引入了快速磁芯存储器和磁鼓、磁带、磁盘外存储器等，从而全面提高了计算机的性能与可靠性。因此，除选用性能优异的晶体管逻辑元件外，第二代计算机在其他硬件方面也有很大进步。运算速度已从电子管的几千次每秒提高到晶体管的几十万次每秒以上，但重量、体积、功耗和售价却大幅减少。

集成电路的出现取代了原先分立的晶体管，使计算机进入了第三代。

第三代计算机最重要的特点是实现了"三化"——通用化、系列化、标准化。第三代计算机中还有一枝新秀——小型计算机。

20 世纪 70 年代初期，随着大规模集成电路的出现，电子计算机也随之进入第四代——大规模集成电路计算机。

第四代电子计算机是巨型机的发展，巨型机具有强大的运算和数据处理能力，在核武器研制、导弹及航空航天飞行器的设计、气象预报、卫星图像处理、经济预测等军事、经济与科技等领域起着十分重要的作用。第四代电子计算机发展的另一项巨大成就就是微处理器与个人计算机的出现，开辟了现代电子计算机技术发展的新时代，目前全世界正在使用的个人计算机达数十亿台，电子计算机已在世界范围内得到大规模普及。

2.2　计算机技术主要分类

第一台通用电子计算机 ENIAC 就是以当时雷达脉冲技术、核物理电子计数技术、通信技术等为基础的。电子技术，特别是微电子技术的发展，对计算机技术影响重大，二者相互渗透，密切结合。应用物理方面的成就为计算机技术的发展提供了条件：真空电子技术、磁记录技术、光学和激光技术、超导技术、光导纤维技术、热敏和光敏技术等，均在计算机中得到广泛应用。机械工程技术，尤其是精密机械及其工艺和计量技术，是计算机外部设备的技术支柱。随着计算机技术和通信技术各自的进步，以及社会对于将计算机结成网络以实现资源共享的要求日益增长，计算机技术与通信技术也已紧密地结合起来，将成为社会的强大物质技术基础。离散数学、算法论、语言理论、控制论、信息论、自动机论等，为计算机技术的发展提供了重要的理论基础。因此，可将电子计算机技术分为系统技术、部件技术、器件技术及组装技术。

2.2.1　系统技术

系统技术是指计算机作为一个完整系统所运用的技术，主要有系统结构技术、系统管理技术、系统维护技术和系统应用技术等。

1. 系统结构技术

它的作用是使计算机系统获得良好的解题效率和合理的性能价格比。电子器件的进步，微程序设计和固体工程技术的进步，虚拟存储器技术以及操作系统和程序语言等方面的发展，均对计算机系统结构技术产生重大影响。它已成为计算机硬件、固件、软件紧密结合，并涉及电气工程、微电子工程和计算机科学理论等多学科的技术。

2. 系统管理技术

计算机系统管理自动化是由操作系统实现的。操作系统的基本目的在于最有效地利用计算机的软件、硬件资源，以提高机器的吞吐能力、解题时效，便于操作使用，改善系统的可靠性，降低算题费用等。

3. 系统维护技术

系统维护技术是计算机系统实现自动维护和诊断的技术。实施维护诊断自动化的主要软件为功能检查程序和自动诊断程序。功能检查程序针对计算机系统各种部件各自的全部微观功能，以严格的数据图形或动作重试进行考查测试并比较其结果的正误，确定部件工作是否正常。

4. 系统应用技术

计算机系统的应用十分广泛。程序设计自动化和软件工程技术是与应用有普遍关系的两个方面。程序设计自动化，即用计算机自动设计程序，是使计算机得以推广的必要条件。早期的计算机靠人工以机器指令编写程序，费时费力，容易出错，阅读和调试修改均十分困难。

2.2.2　器件技术

电子器件是计算机系统的物质基础，计算机复杂逻辑的最基层线路为"与门""或门"和"反相器"。由此组成的高一层线路有"组合逻辑"和"时序逻辑"两类。这些逻辑由电子器件来实现，通常以电子器件在技术上的变革作为计算机划时代的标志。

计算机器件技术，从 20 世纪 50 年代的真空电子器件到 80 年代的超大规模集成电路，经历了几个重大发展阶段，使机器组装密度提高约 4 个数量级，速度提高 5～6 个数量级，可靠性提高约 4 个数量级（以器件失效率为比较单位），功耗降低 3～4 个数量级（以单个"门"为比较单位），价格降低 4～5 个数量级（以单个"门"为比较单位）。器件技术的进步大大提高了计算机系统的性能价格比。

2.2.3　部件技术

计算机系统是由数量和品种繁多的部件组成的。各种部件技术内容十分丰富，主要有运算与控制技术、信息存储技术和信息输入输出技术等。

1．运算与控制技术

计算机的运算和逻辑功能主要是由中央处理器、主存储器、通道或 I/O 处理器，以及各种外部设备控制器部件实现的。中央处理器处于核心地位。运算算法的研究成果对加速四则运算，特别是乘除运算有重要作用，随着器件价格的降低，从逻辑方法上大大缩短进位与移位的时间。指令重叠、指令并行、流水线作业以及超高速缓冲存储器等技术的应用，可提高中央处理器的运算速度。微程序技术的应用，使原来比较杂乱和难以更改的随机控制逻辑变得灵活和规整，它把程序设计的概念运用于机器指令的实现过程，是控制逻辑设计方法上的一大改进，但因受到速度的限制，多用于中、小型计算机、通道和外部设备部件控制器中。早期计算机的各种控制，均集中于处理器，使系统效率很低。多道程序和分时系统技术的产生和各种存储器及输入输出部件在功能和技术上的发展，使计算机系统内部信息的管理方法与传输成为重要问题，计算机的控制从集中式走向分布式，出现了存储器控制技术、通道与外部设备部件控制技术等。

计算机性能提升的前提是发展微型处理器，实质就是使处理器芯片里的晶体线宽与尺寸减小。可以通过运用较短的波长曝光光源来掩膜曝光，使做出的连通晶体管的导线和刻蚀于硅片上的晶体管更细更小，以达到让处理器芯片里的晶体线宽与尺寸减小的目的。如今紫外线是主要运用的曝光光源，但是更深层的芯片微型化在线宽只有 0.10 厘米或更细的情况下会受到阻碍，其原因是分别来自量子效应、电子行为、线条宽度等方面的限制，这也是微处理器发展过程中的障碍。

2．信息存储技术

存储技术使计算机能将极其大量的数据和程序存放于系统之中，以实现高速处理。由于存储手段在容量、速度、价格三者之间存在尖锐矛盾，存储器不得不采取分级的体系，形成存储器的层次结构，自上至下可分为超高速缓冲存储器、高速主存储器（又称内存储器）和大容量外存储器等。高速主存储器是存储体系的核心，直接参与处理器的内部操作，因此它应具有与处理器相适应的工作速度和足够大的容量。20 世纪 50 年代以来虽出现多种基于不同物理原理的存储方法，但均未获得理想的结果。50 年代中期，铁氧体磁心存储器问世，沿用达 20 年之久，直到 70 年代中期，半导体存储器的 MOS 类存储器技术兴起后才逐步被淘汰。半导体存储器主要分两大类：双极型存储器和金属氧化物半导体存储器（简称 MOS 存储器）。MOS 存储器在速度、价格、功耗、可靠性及工艺性能等方面均有很大优越性，是高速主存储器比较理想的手段。高速主存储器的工作速度，一直未能跟上处理器，一般慢 1/10～1/5。为充分发挥处理器潜力，市场上出现了超高速缓冲存储器。超高速缓冲存储器通常由与处理器同类的双极型器件构成，使二者速度相匹配，但由于价格较高，容量一般只有主存储器的几百分之一。计算机巨量的数据，存储于速度较慢价格较低的外存储器中，外存储器主要有磁盘机和磁带机。存储器的层次结构相对缓和了速度、容量、价格三者之间的矛盾，但给用户带来存储空间调度的困难。为此，一般以硬件自动调度缓存空间，使之透明于用户；以虚拟存储方法（见虚拟存储器），在操作系统软件的支持下，实施主存与外存之间的自动调度。

3. 信息输入输出技术

输入输出设备是计算机送入数据和程序、送出处理结果的手段。输入的基本方法是以穿孔卡片或纸带为载体，经卡片或纸带输入机将数据和程序送入计算机，20 世纪 70 年代初期出现的键控软盘数据输入方法（即数据输入站）已逐渐普及。将文字、数据的印刷（或手写）体直接读入计算机的光文字阅读机已经实现，语音图像直接输入计算机的技术也已取得一定成果。

在输出方面，最普通的是建立在击打技术基础上的各类打印机，但它们的速度受到机械运动的限制。非击打技术的输出设备能显著提高速度，主要有将电压直接加在电介质涂覆纸张以取得静电潜像的静电式打印机；靠激光在光导鼓上扫描而形成静电潜像的激光静电式打印机；利用喷墨雾点带电荷后受电极偏转而形成文字的喷墨式打印机等。作为轻便输出手段，则以利用热敏纸张遇热变色原理的热敏打印机比较流行。人—机对话输出多采用以显像管进行图像文字显示的终端设备。计算机的输入输出技术正向智能化发展。

2.2.4　组装技术

组装技术同计算机系统的可靠性、维修调试的方便性、生产工艺性和信息传递的延迟程度有密切的关系。计算机电子器件的可靠性随着环境温度和湿度的升高而下降，尘埃的积聚可能造成插件或底板的短路或断路，因此制冷和空调是组装技术需要解决的重要问题。常用的方法有：将液态氟里昂引入插件冷却片的直接制冷法；用氟里昂使水冷却，再将冷水引入插件冷却片的水冷法；用氟里昂使空气冷却，再将冷空气送入机箱的强制风冷法等。前两者方法结构较为复杂，故多采用第三种方法——风冷。组装技术需要解决的另一个问题是提高组装密度。计算机器件进入亚纳秒级后，几厘米长的导线所产生的信号延迟已足以影响机器的正常工作，使组装密度问题更加突出。计算机电子器件的变革，对组装技术产生极大影响，组装技术的进步始终与计算机的换代相协调，不断向小型化、微型化发展。在电子管时期，一个“门”即是一个插件，以焊钉、导线钎焊而成。晶体管使组装密度提高一个数量级，每一个插件可包含若干个“门”，组装采用单面或双面印制板。集成电路将过去的插件吸收到器件内部，同时采用多层印制的插件板与底板，以及绕接连线工艺，大大提高了组装密度。大规模和超大规模集成电路门阵列的应用，使组装实现微型化，典型的方法是将集成电路的裸芯片焊接在多达 30 余层的陶瓷片上，构成模块，然后将模块焊接于十余层的印刷底板上。

计算机技术是指运用计算机综合处理和控制文字、声音、图像及活动影像等信息，使多种信息建立起逻辑链接，集成为一个系统并使其具有交互作用。这与传统的多种媒体简单组合是完全不同的。计算机技术是将视听信息以数字信号的方式集成在一个系统中，计算机可以很方便地对它们进行存储、加工、控制、编辑、变换，还可以进行查询、检查。

计算机技术的应用不仅使自身发展，还推动着其他学科发展，现在的各个科学领域的发展都得益于计算机技术的应用。随着微型计算机的发展和迅速普及，计算机的应用已渗透到国民经济各个部门及社会生活的各个方面，现代计算机除了传统的应用外，还应用于生产自动化、日常生活，行政管理等方面。

2.3 计算机技术的应用

1. 数值计算

在科学研究和工程设计中，存在着大量烦琐、复杂的数值计算问题，解决这样的问题经常是人力所无法胜任的。而高速度，高精度地运算复杂的数学问题正是电子计算机的特长。因而，时至今日，数值计算仍然是计算机应用的一个重要领域。

2. 研究方法

计算机科学与技术的各门学科相结合改进了研究工具和研究方法，促进了各门学科的发展。过去，人们主要通过实验和理论两种途径进行科学技术研究。在理论研究方面，计算机是人类大脑的延伸，可代替人脑的若干功能并加以强化。古老的数学靠纸和笔运算，现在计算机成了新的工具，数学定理证明之类的繁重脑力劳动，已可以由计算机来完成或部分完成。

3. 数据处理

数据处理就是利用计算机来加工、管理和操作各种形式的数据资料。数据处理一般总是以某种管理为目的。计算机与有关的实验观测仪器相结合，可对实验数据进行现场记录、整理、加工、分析和绘制图表，显著地提高实验工作的质量和效率，计算机辅助设计已成为工程设计优质化、自动化的重要手段。

4. 计算机辅助设计（CAD）

CAD 就是利用计算机来进行产品的设计。这种技术已广泛应用于机械、船舶、飞机、大规模集成电路版图等方面的设计。利用 CAD 技术可以提高设计质量，缩短设计周期，提高设计自动化水平。例如，计算机辅助制图系统是一个通用软件包，它提供了一些最基本的作图元素和命令，在这个基础上工程技术人员可以开发出各种不同部门应用的图库。这就使工程技术人员从繁重的重复性工作中解放出来，从而加速产品的研制过程，提高产品质量。CAD 技术迅速发展，其应用范围日益扩大，又派生出许多新的技术分支，如计算机辅助制造（CAM）、计算机辅助教学（CAI）等。

5. 实时控制

实时控制也叫过程控制，就是用计算机对连续工作的控制对象实行自动控制。要求计算机能及时搜集信号，通过计算处理，发出调节信号对控制对象进行自动调节。过程控制应用中的计算机对输入信息的处理结果的输出总是实时进行的。例如，在导弹的发射和制导过程中，总是不停地测试当时的飞行参数，快速地计算和处理，不断发出控制信号控制导弹的飞行状态，直至到达既定的目标为止。实时控制在工业生产自动化、农业生产自动化、航空航天、军事等方面应用十分广泛。

6. 模式识别

模式识别是一种计算机在模拟人的智能方面的应用。例如，根据频谱分析的原理，利用计算机对人的声音进行分解、合成，使机器能辨识各种语音，或合成并发出类似人的声音。又如，利用计算机来识别各类图像、甚至人的指纹等。

7. 通信和图像、文字处理

计算机在通信和文字处理方面的应用越来越显示出其巨大的潜力，依靠由多台计算机、通信工作站和终端组成的计算机网络，可以存储和传送信息，实现信息交换、信息共享、前端处理、文字处理、语音和影像输入输出等工作。文字处理包括文字信息的产生、修改、编辑、复制、保存、检索和传输。通信和文字处理是实现办公自动化、电子邮件、计算机会议和计算机出版等新技术的必由之路。

8. 多媒体技术

随着微电子、计算机、通信和数字化声像技术的飞速发展，多媒体计算机技术应运而生并迅速崛起。特别是进入 20 世纪 90 年代以来，多媒体计算机技术在信息社会的地位越来越重要，多媒体技术与计算机相结合，使其应用几乎渗透到人类活动的各个领域。随着应用的深入，人机之间的界面不断改善，信息表示和传播的载体由单一的文字形式向图形、声音、静态图像、动画、动态图像等多媒体方面发展。

9. 网络技术与信息高速公路

随着信息技术的迅速发展与美国的国家信息基础设施——信息高速公路的建成，我国加紧进行国家级信息基础建设。我国以若干"金"字工程为代表的信息化建设正逐步走向深入（如金卡工程），形成了整个信息网络技术前所未有的大发展局面。所谓计算机网络是指把分布在不同地域的独立的计算机系统用通信设施连接起来，以实现数据通信和资源共享。网络根据地域范围大小分为局域网和广域网。互联网已成为最大的国际性广域网，它的业务范围主要有远程使用计算机、传送文件、电子邮件、资料查询、电子商务、远程合作、远程教育等。

10. 教育

计算机在教育中的应用是通过科学计算、事务处理、信息检索、数据管理等多种功能的结合来实现的。这些应用包括计算机辅助教学、知识信息系统、自然语言处理等。计算机辅助教学生动、形象、易于理解，是提高教学效果的重要手段之一。借助家用计算机、个人计算机、计算机网、数据库系统和各种终端设备，人们可以学习各种课程，获取各种情报和知识，越来越多的人在工作、学习和生活中将与计算机发生直接的或间接的联系，用于娱乐、教育、金融、通信、个人数据库等方面。

2.4　计算机技术的特点

计算机技术发展的历史并不短，不同阶段的计算机技术的特点一定也因机器本身及技术背景的差异而不同。而只说电子计算机之后的计算机技术的特点，主要是因为在电子计算机诞生之后，计算机的概念才开始与人们的生活、工作及学习紧密联系，引起了人们的极大关注。"高技术"一词首先见诸于 20 世纪 60 年代的建筑业，现在的"新的技术领域"通常包括信息技术、生物技术、新材料技术、新能源技术、空间技术和海洋技术等。

计算机技术作为信息技术的核心技术，自然具有"高技术"的特征：①高度的创新性；②高度的战略性；③高度的增值性；④高度的渗透性；⑤高度的风险性。有关这些特征的描述很多，不详细展开。

除了具有高技术的共性之外，计算机技术还具有以下特性。

（1）计算机技术是一个复杂的技术体系。计算机技术总是和其他一系列技术的发明和应用密切联系着，这些技术之间，依着社会目的和自然规律的要求相互联系起来，形成了一个整体。

（2）计算机技术是现代科技发展的一个技术平台。计算机不仅具有非凡的计算能力，而且具有丰富的记忆能力和判断能力，它是人类大脑的延伸，可广泛地用于事务管理、文字处理、图像处理、自动控制等领域，是信息时代的技术支柱。计算机产业和信息产业在当今国民经济和社会发展中的作用极为重要且不断增长。计算机技术与通信、光纤、航天技术等不断结合应用，更使得计算机技术的基础作用不断加强，称之为技术平台并不过分。

（3）计算机技术发展潜力巨大。虽然电子计算机的发展可能到了电子芯片的物理极限，然而由于光子学、量子学及生物技术的进步，使得现代计算机的发展前景一片光明。

（4）计算机技术文化已经形成。计算机在悄悄地走入人们的生活与工作的同时，也在渐渐影响着人们的思维，改变着人们的生存方式。作为一种信息的载体、文化的载体，通过网络，将人们的视野扩大到了整个世界，将整个世界缩小到了一个"地球村"，因而人们不能再将计算机仅仅看为一种工具或者一种技术，而应把它看作一种文化，是 21 世纪人类的生存方式。计算机技术正是具有了上述特点决定了它仍会作为社会的热点，备受关注。可见计算机技术仍处于技术生命周期的成长期，仍有很大的空间任由计算机技术渗透并发挥作用。

2.5　信息技术与计算机技术

随着"第三次浪潮"的兴起和"第四次工业革命"的推进，人类社会开始进入一个利用信息资源和开发信息资源的信息社会。IT（信息技术）这个英语词汇已经由一个专业术语变成了日常用语。而人们一提信息技术就想到计算机技术，反之一提到计算机技术，人们就联想到信息技术，似乎二者是一回事。但认真分析，二者其实既有联系又有区别。

计算机技术主要包括计算机系统技术、计算机器件技术、计算机部件技术和计算机组装技术。当代计算机技术发展十分迅速，具有明显的综合特性。它与电子工程和微电子技术、应用物理、机械工程、现代通信技术、数学等紧密结合。它是在许多学科和工业技术的基础上产生和发展起来的，又几乎在所有学科和国民经济领域中得到广泛应用，已成为一个国家现代化的重要标志。信息技术是关于信息的产生、获取、传输、接收、变换、识别、控制等应用技术的总称，主要包括传感技术，通信技术，计算机技术和缩微技术等，是在信息科学的基本原理和方法的指导下扩展人类信息处理功能的技术。其主要支柱是通信技术、计算机技术和控制技术，即"3C"技术。

通过对以上两个概念的解读可知，二者的联系主要有：①计算机技术是信息技术的核心技术之一，计算机是信息接收、处理、存储的主要载体；②计算机技术和信息技术都是一项高技术，都具有高技术的一些特征；③计算机技术人才不能不懂 IT，而 IT 人才更是离不开计算机，这使得二者的界限变得越来越模糊。

尽管二者联系紧密，但仍有区别，主要如下。

（1）主要内容不同。计算机技术主要包含硬件、软件及应用 3 个方面的技术，以离散数学、算法论、语言理论、控制论、信息论、自动机理论等理论为基础。信息技术主要强调对"信息"进行操作的技术，其主要支柱是通信技术、计算机技术和控制技术，即"3C"技术。

（2）发展的历程不同。信息技术处理的是信息，没有计算机之前，也存在着信息技术，如电报、电话等。甚至最早期的火信号、鸽子传书都属于信息技术，可以说有信息的交换就有信息技术。制造计算机的初衷是为了完成大量复杂的计算，从第一台电子计算机埃尼阿克（ENIAC）发展至今才经历了短短不到一百年的时间，即使从 1642 帕斯卡（Pascal）的加法器开始，也才不到 400 年的历史。

（3）应用范围不同。计算机技术作为信息技术的子技术，可以说计算机技术的应用就是信息技术的应用，反之并不成立。信息技术是一个外延极大的概念，不仅包括计算机技术，还包括电视、录音、光盘及网络技术等。投影仪、视频展台、数码相机、数码摄像机、扫描仪、光电阅卷机也都属于信息技术的范畴，而这些技术的应用，即是信息技术的应用，却能称之为计算机技术的应用。因而笔者认为，计算机技术的应用范围是信息技术应用范围的一部分。

计算机技术主要是以计算机这个实体为研究对象，对它的发展阶段、趋势、影响因素进行阐释，虽然它是信息技术的一个核心子技术，但并不能抹杀计算机技术的特性及自身的发展规律和轨迹。

2.6　计算机技术的发展

计算机技术面临着一系列新的重大变革。

微电子学家认为，集成度的提高如今似乎已经达到了物理和技术上所能容许的极限。为了把更大的计算能力塞到更小的电路板上，微小的电路终将挤得太密，导致硅芯片变得过热而熔融。因此在一块给定尺寸硅芯片上的元件数是有限度的，而且门电路的剧增，势必导致工艺复杂、价格昂贵。由于传统的集成电路受到了高集成度的严重挑战，其成为其继续发展不可逾越的障碍。

冯·诺依曼体制的简单硬件与专门逻辑已不能适应软件日趋复杂、课题日益繁杂庞大的趋势，这就要求创造服从于软件需要和课题自然逻辑的新体制。并行、联想、专用功能化，以及硬件、固件、软件相复合，是新体制的重要实现方法。

因此科学家把注意力从电子转移到量子、光子、生物分子等，并努力开发各种信号载体，为新生代的计算机早日实现不断探索。计算机将由信息处理、数据处理过渡到知识处理，知识库将取代数据库。自然语言、模式、图像、手写体等进行人—机会话将是输入输出的主要形式，使人—机关系达到高级的程度。砷化镓器件将取代硅器件。

因为以后的计算机创新都需要以现代高科技为依托，所以将其称之为"现代计算机"。

2.6.1　主要发展方向

1．生物计算机

生物计算机的运算过程就是蛋白质分子与周围物理化学介质的相互作用的过程。计算机的转换开关由酶来充当，而程序则在酶合成系统本身和蛋白质的结构中极其明显地表示出来。DNA 核酶是一种通过体外进化筛选出来的具有特定酶活性的核酸结构，在该项研究中采用的是具有 DNA 水解酶活性的 DNA 核酶。这种具有锤头状结构的核酶可以在铜离子辅助下催化氧化并切割底物 DNA。DNA 逻辑门即是在这种 DNA 核酶结构基础上通过模块设计（Modules. Design）研制出来的。输入信号通过特定的生物分子传感可以产生输出信号，从而实现"YES""NOT"等逻辑判断，并可以组合成复杂的三输入逻辑门"AND（A），NOT（B），NOT（C）"。该逻辑门系统的新特色在于排除以往 DNA 逻辑门设计中 RNA 核的参与，仅单纯应用 DNA 分子，从而避免了 RNA 核所带来的系统不稳定性，这就为生物计算机的诞生奠定了基础。与传统计算机相比，DNA

计算机真正的优势在于它可以同时对整个分子库里的所有分子进行处理，而不必按照次序一个一个地分析所有可能的答案，也就是说它具有很强的并行计算能力。DNA 计算机消耗的能量非常小，只有电子计算机的十亿分之一。它以生物芯片取代在半导体硅片上集成数以万计的晶体管制成的计算机。它的主要原材料是生物工程技术产生的蛋白质分子，并以此作为生物芯片。生物计算机芯片本身还具有并行处理的功能，其运算速度要比当今最新一代的计算机快 10 万倍，能量消耗却仅相当于普通计算机的十亿分之一，存储信息的空间也仅占百亿亿分之一。无疑，DNA 计算机的出现将给人类文明带来质的飞跃，给整个世界带来巨大的变化，有着无限美好的应用前景。现阶段由于受目前生物技术水平的限制，DNA 计算过程中，前期 DNA 分子链的创造和后期 DNA 分子链的挑选，要耗费相当的工作量。因而，DNA 计算机真正进入现实生活尚需时日，预计 10~20 年后 DNA 计算机将进入实用阶段。

2. 光子计算机

光子计算机即全光数字计算机，以光子代替电子，光互连代替导线互连，光硬件代替计算机中的电子硬件，光运算代替电运算。与电子计算机类似，同样应当由具有计算功能的逻辑电路、记忆功能的存储装置和信息处理的传输系统 3 个部分组成。由激光的放大和抑制，可以实现"与""或""非" 3 种基本的逻辑运算，还可制成加法器、双向振荡器、单稳态和双稳态触发器等逻辑器件，以实现光运算。利用材料在激光的作用下光学性质发生变化的原理可以实现信息存取。由低损耗的光传输纤维和微激光器件、光学器件等构成的集成光路可实现光信息的传输和处理。虽然光子计算机还未诞生，但随着光子学和光子技术的发展，人们已能认识到光子计算机和电子计算机相比有其独特的优点。其优势主要如下。

（1）并行处理能力强，运算速度高，比电子计算机快 1000 倍。

（2）高速电子计算机由于产生热量而影响速度，只能在低温下工作；而光脑可以在室温下工作。

（3）光子不需要导线，即使光线交接也不会产生相互影响。作为"无导线计算机"传递信息的平行通道，其密度是无限的。

（4）一台光脑只需很小能量就能驱动，耗能相当于电子计算机的几十分之一。这些优势将不断激发起人们对光子计算机的热情。

3. 量子计算机

量子计算机是基于量子效应基础上开发的，它利用一种链状分子聚合物的特性来表示开与关的状态，利用激光脉冲来改变分子的状态，使信息沿着聚合物移动，从而进行运算。量子计算机中数据用量子位存储，由于量子叠加效应，一个量子位可以是 0 或 1，也可以既存储 0 又存储 1。因此一个量子位可以存储 2 个数据，同样数量的存储位，量子计算机的存储量比普通计算机大许多。同时量子计算机能够实行量子并行计算，其运算速度可能比目前个人计算机的 Pentium Ⅲ芯片快 10 亿倍。

当科学家们意识到传统的电子计算机已经快发展到技术的顶点时，研制量子计算机的想法就开始出现，但量子计算机的实验研制上却存在着巨大的困难：①去相干问题；②纠错。随着研究的深入，问题总能想到解决的方法。随着肖尔（Shor）量子纠错思想的提出，各种量子纠错码接二连三地在此基础上被提出。而最新的结果表明，在量子计算机中，只要门操作和线路传输中的错误率低于一定的阈值，就可以进行任意精度的量子计算。这就表明在通往量子计算机的路上不存在任何原则性的障碍。近年对量子计算机相关概念——光量子、量子平行、量子比特、量子陷阱、量子算法的研究，推动着量子计算机的不断探索。

1996 年，美国《科学》周刊科技新闻中报道，量子计算机引起了计算机理论领域的革命。

同年，量子计算机的先驱之一——班纳特（Bennett）在英国《自然》杂志新闻与评论栏声称，量子计算机将进入工程时代。

1999 年 10 月，美国马萨诸塞州技术研究所与洛斯阿拉莫斯国家实验室的科研人员利用量子学理论，研制出了量子计算机运算器的雏形，其运算速度是目前的上千倍。2000 年，量子计算机研究捷报频传。先是郭光灿领导的中科院知识创新工程开放实验室成功研制出 4 个量子位的演示用量子计算机。之后，美国 IBM 公司又推出 5 个量子位的演示用量子计算机。

2001 年，IBM 阿尔马升研究中心的科学家们完成了迄今为止世界上最复杂的量子计算机运算。加拿大 D.Wave 公司于 2007 年已成功研制出一个具有 16 量子比特的"猎户星座"量子计算机。量子计算机在实验室中只能成功运算数千次，稳定度仍然不够。D.Wave 公司目前设计的 16 量子比特计算机是用贵金属铌制成，并必须在零下 273 度（绝对零度）下运行。虽然其运行条件苛刻，但这些研究表明量子计算机研制已见曙光。

2016 年 8 月，中国量子计算机取得突破性进展。中国科技大学量子实验室成功研发了半导体量子芯片和量子存储，量子芯片相当于未来量子计算机的大脑，研制成功后可实现量子计算机的逻辑运算和信息处理，量子储存则有助于实现超远距离量子态量子信息传输。这是量子计算机领域取得的又一个重要进展。

4. 纳米计算机

纳米技术是从 20 世纪 80 年代初迅速发展起来的新的前沿科研领域，应用纳米技术研制的计算机内存芯片，其体积不过数百个原子大小，相当于人的头发丝直径的千分之一。纳米计算机不仅几乎不需要耗费任何能源，而且其性能要比今天的计算机强大许多。目前，纳米计算机的成功研制已有一些鼓舞人心的消息，惠普实验室的科研人员已开始应用纳米技术研制芯片，一旦他们的研究获得成功，将为其他缩微计算机元件的研制和生产铺平道路。人们还在可穿戴计算机的研究方面取得突破。

据预测：在今后 10 年内，现在的芯片生产技术将达到极限，加之经济因素也将使芯片制造业走到尽头。要建造一个大型芯片生产厂造价昂贵，就是国际芯片巨头也不堪负担。相比下，采用纳米技术生产芯片成本十分低廉。因为它既不需要建设超洁净生产车间，也不需要昂贵的实验设备和庞大的生产队伍。只需在实验室里将设计好的分子混合在一起就可以造出芯片。芯片制造商将因此节省数百万美元的生产成本，同时芯片价格将急剧下降，以至于日用电子设备，甚至玩具都能采用功能强大的微处理器。

2.6.2　主要发展领域

（1）光子计算机。它能用光子的转换和传输来代替电子的转换和传播。能量消耗较低，带宽宽、传输和处理信息量极大，失真小，向集成光路的发展。

（2）智能及神经网络计算机。根据大脑的工作模型来设计研制的神经网络计算机，使计算机能像人一样分析、综合判断问题。

（3）模糊逻辑和多值处理计算机。它将实现用电子计算机判断模拟，具有更好地模仿人的思维活动的、模糊的处理概括能力。

计算机未来的发展前景和多种科学领域的研究需要紧密结合在一起，主要有如下方面。

1. 高性能计算器件

根据摩尔定律估计 10~15 年以后现有计算器件一定会被取代，那么到底下一代的器件是什么？这是我们需要进行研究的一个前沿问题。

2. 高性能计算机的体系结构

计算机是一个组合体，是一个具有不同功能的体系结构。真正让软件把所有的 CPU 都运行起来，这是非常困难的。其中，当前计算机主流的体系结构是并行计算，可以同时处理不同的问题，几乎所有的大型工作站或微型计算机都具备此功能；此外，对于大型计算机来说，另一种发展趋势是集群系统，它能够给用户提高可靠性和相融性，怎么样做好并行处理的软件和系统，这是今后比较难的一个需要攻克的问题。

3. 高性能的软件

对于计算机来说，软件是非常重要的。将目前主流的操作系统和计算机硬件性能作对比，其性能作用是卓著的。用实际使用系统来说，属于微软的都形成了工业台式计算机的占多数的实际使用系统，还能促进对企业工程区域的进展。数据库的作用越来越完整，不过针对数据内容的解决会脱离仅仅限制在数字与符号等，对于多媒体消息的解决还可以超过仍然还处于单一的进制代码文件的储备。程序语言是软件性能的主要构成类别，因为互联网的通用性，多种类的语言逐一实行从而支撑互联网新技术。计算机协调工作性能同样仍然是现在软件技术进展的相同目标，基于网络技术，可以使不同地方的人合作做好全部工作。做一般的软件不是很难，但是要做真正特别好的软件（比较可靠，智能化程度高），还有很多需要研究的问题。

4. 和谐的人机交互环境

和谐的人机交互环境即智能接口，也就是要利用人工智能的一些技术，使人机交互变得更和谐，更友好，比如可以通过计算机视觉、语音识别、虚拟现实等技术，使人与计算机更容易交互。

5. 大力发展纳米技术

由于纳米技术不受计算机集成以及处理速度这两方面的限制，因此需要大力发展该项技术。随着纳米技术的发展，可以产生量子计算机和生物计算机，无论它们的运算速度，还是它们的存储能力都远远超过目前的计算机。

6. 网络技术与多媒体性能

如今计算机网络技术的广泛应用，促进了人们的生活方式及生活内容的改变，这最主要的原因就是通过网络，人们可以进行商品的交易、娱乐，了解更多的信息。因此，大力发展网络技术有利于计算机的发展。随着科技的进步，人们将步入物联网、智能电网的时代，这些都必须基于先进的网络技术。多媒体性能的开拓与进展把服务器、路由器以及转换器等诸多互联网需要的设施的技术明显提高，其中包含用户端、内存及诸多硬件性能。互联网使用者不再像原来一样被动地接受解决信息的形态，而是以更加主动的形式来进入现在的互联网空间。除此以外还有蓝牙技能的发明运用，令多媒体无线电通信技术、数字信息、个人区域网络、无线宽带局域网等快速更新。基于下一代的互联网络的多媒体软件开发，结合以前的各类多媒体工作，便可以令 PC 无线网络发挥得淋漓尽致，兴起互联网新时期的潮流。多媒体末尾的部件化、智慧化和嵌入化不断发展，多媒体计算机硬件系统构造和各种软件持续改善发展，使得多媒体计算机技术标准再次提升。

习　题

1. 现代计算机的数学模型是如何建立的？
2. 简述计算机诞生所经历的主要阶段。其主要特征是什么？

3．计算机发展所经历的主要阶段是什么？其主要特征是什么？

4．计算机技术的分类及意义是什么？

5．计算机技术的主要特征是什么？

6．计算机最基层的逻辑线路是什么？

7．计算机部件技术包含哪些部分？

8．计算机技术应用主要为哪些方面？

9．信息技术与计算机技术相互联系与区别是什么？

10．如何认识冯·诺依曼体系结构面临的挑战？

11．计算机技术主要发展方向有哪些？

12．计算机技术重点发展的领域有哪些？需要解决的问题是什么？

第 3 章
软件技术

计算机发展的初期目的就是解决科学计算的问题，比如原子弹爆炸所需要时间的问题，其核心是数据、计算和存储，即利用计算机软硬件来实现数据的表示、处理和存储。软件技术是实现这一切的灵魂。本章将展示计算机软件中的数据表示技术、存储技术，以及生成软件的技术。

3.1　数据表示技术

最早的计算机只处理二进制数据，再后来转向字符表示的数据，早期计算机只能处理简单的数字和字母，20 世纪 90 年代后，计算机的处理能力得到了极大的提高，"多媒体技术"也就随之流行开来。

3.1.1　多媒体技术

现实物理世界不只是数字和字母，而是充满了多种媒体，如图像、声音、视频、气味等。它们时刻作用到人们的眼睛、耳朵、皮肤，以及更深入的器官中，最终在人的大脑中形成丰富、立体、生动的世界。

ITU（国际电信联盟）曾对媒体做了如下分类。

（1）感觉媒体（Perception Medium）：指能直接作用于人的感官，使人直接产生感觉的一类媒体。例如，人类的各种语言、音乐、自然界的各种声音、图形、图像，以及计算机系统中的文字、数据和文件等都属于感觉媒体。

（2）表示媒体（Representation Medium）：是为了加工、处理和传输感觉媒体而人为研究、构造出来的一种媒体，目的是更有效地将感觉媒体从一地向另外一地传送，便于加工和处理。表示媒体是指各种编码，如语音编码、文本编码、图像编码等。

（3）表现媒体（Presentation Medium）：是指感觉媒体和用于通信的计算机之间转换用的一类媒介，如键盘、摄像机、话筒、显示器、喇叭、打印机、扫描仪等。表现媒体又分为输入表现媒体和输出表现媒体。

（4）存储媒体（Storage Medium）：是用于存放数据，以便计算机随时处理加工和调用信息编码的媒体，如软盘、硬盘和 CD-ROM 等。

（5）传输媒体（Transmission Medium）：是用来将媒体从一处传送到另一处的处理载体。传输媒体是通信的信息载体，如双绞线、同轴电缆、光纤等。

"多媒体"一词译自英文"Multimedia"。媒体（Medium）原有两重含义：一是指存储信息的实体，如磁盘、光盘、磁带、半导体存储器等，中文常译作媒质；二是指传递信息的载体，如数字、文字、声音、图形等，中文译作媒介。从字面上看，多媒体就是由单媒体复合而成的。

多媒体技术从不同的角度有着不同的定义。有人定义多媒体计算机是一组硬件和软件设备，结合了各种视觉和听觉媒体，能够产生令人印象深刻的视听效果。在视觉媒体上，包括图形、动画、图像和文字等媒体，在听觉媒体上则包括语言、立体声响和音乐等媒体。用户可以从多媒体计算机接触到各种各样的媒体来源。也有人定义多媒体是"文字、图形、图像和逻辑分析方法等与视频、音频以及为了知识创建和表达的交互式应用的结合体"。

多媒体技术利用计算机把文字、图形、影像、动画、声音及视频等媒体信息数字化，并将其整合在一定的交互式界面上，使计算机具有交互展示不同媒体形态的能力。它极大地改变了人们获取信息的传统方法，符合人们在信息时代的阅读习惯。

多媒体技术有着重要的意义，具体如下。

（1）多媒体技术使计算机可以处理人类生活中最直接、最普遍的信息，从而使计算机应用领域及功能得到了极大的扩展。

（2）多媒体技术使计算机系统的人机交互界面和手段更加友好和方便，非专业人员也可以方便地使用和操作计算机。

（3）多媒体技术使音像技术、计算机技术和通信技术三大信息处理技术紧密地结合起来，为发展信息处理技术奠定了新的基石。

多媒体技术已经有多年历史，到目前为止，声音、视频、图像压缩方面的基础技术已逐步成熟，并形成产品进入了市场，现在热门的技术，如模式识别、MPEG 压缩技术、虚拟现实技术，正在逐步走向成熟，相信不久也会进入市场。

3.1.2　人机交互

第 86 届奥斯卡金像奖最佳原创剧本奖电影《她》讲述了男作家西奥多的故事，西奥多在结束了一段令他心碎的爱情长跑之后，爱上了操作系统里的女生，这个叫"萨曼莎"的姑娘有着一副略微沙哑的性感嗓音，她不仅有见地、敏感，而且还出奇地有趣，这让孤独的宅男主角魂牵梦绕。随着男主角对她的深入了解，他们之间的感情也在不断加深，并最终爱上彼此。电影向我们展示了一种面向未来的人类和机器之间的互动，其核心技术则为人机交互。

人机交互（Human-Computer Interaction，HCI）是指人与计算机之间使用某种对话语言，以一定的交互方式，为完成确定任务的信息交换过程。有很多著名公司和学术机构正在研究人机交互。在计算机技术高速发展的今天，人们花费越来越多的精力来研究如何提高计算机的易用性，人机交互成为使用数据的重要方式。HCI 是未来的计算机科学和技术。人们已经花费了至少 50年的时间来学习如何制造计算机，以及如何编写计算机程序。下一个新领域自然是让计算机服务并适应于人类的需要，而不是强迫人类去适应计算机。

人机交互（HCI）的一个重要问题是不同的计算机用户具有不同的使用风格——他们的教育背景不同、理解方式不同、学习方法和具备技能都不相同，如一个左撇子和普通人的使用习惯就完全不同。另外，还要考虑文化和民族的因素。研究和设计人机交互还需要考虑的是用户界面技术变化迅速，提供的新的交互技术可能不适用于以前的研究。还有，当用户逐渐掌握新的接口时，他们可能会提出新的要求。

1959 年美国学者沙可尔（B.Shackel）从人在操作计算机时如何才能减轻疲劳出发，提出了被认为是人机界面的第一篇文献的关于计算机控制台设计的人机工程学论文。1960 年，有关学者首次提出人机紧密共栖（Human-Computer Close Symbiosis）的概念，被视为人机界面学的启蒙观点。1969 年英国剑桥大学召开了第一次人机系统国际大会，同年第一份专业杂志国际人机研究（IJMMS）创刊。可以说，1969 年是人机界面学发展史的里程碑。1970 年成立了两个 HCI 研究中心：一个是英国的拉夫堡（Loughbocough）大学的 HUSAT 研究中心，另一个是美国 Xerox 公司的帕罗奥图（Palo Alto）研究中心。1970—1973 年四本与计算机相关的人机工程学专著的出版，为人机交互界面的发展指明了方向。

20 世纪 80 年代初期，学术界相继出版了六本专著，并对最新的人机交互研究成果进行了总结。人机交互学科逐渐形成了自己的理论体系和实践范畴的架构。在理论体系方面，从人机工程学独立出来，更加强调认知心理学以及行为学和社会学的某些人文科学的理论指导；在实践范畴方面，从人机界面（人机接口）拓延开来，强调计算机对于人的反馈交互作用。人机界面一词被人机交互所取代。HCI 中的 I，也由界面/接口（Interface）变成了交互（Interaction）。

20 世纪 90 年代后期以来，随着高速处理芯片、多媒体技术和 Internet Web 技术的迅速发展和普及，人机交互的研究重点放在了智能化交互，多模态（多通道）—多媒体交互，虚拟交互以及人机协同交互等方面，也就是放在以人为中心的人机交互技术方面。

人机交互的发展历史，是从人适应计算机到计算机不断适应人的发展史，人机交互发展经历了以下 4 个阶段。

（1）基于键盘和字符显示器的交互阶段

这一阶段所使用的主要交互工具为键盘及字符显示器，交互的内容主要有字符、文本和命令，交互过程显得呆板和单调。这一阶段可称为第一代人机交互技术。

（2）基于鼠标和图形显示器的交互阶段

这一阶段所使用的主要交互工具为鼠标及图形显示器，交互的内容主要有字符、图形和图像。20 世纪 70 年代发明的鼠标，极大地改善了人机之间的交互方式，在窗口系统大量使用的今天几乎是必不可少的输入设备。应该说，鼠标和窗口系统的出现，是人机交互技术发展历史上的一次技术革命。这一阶段可称为第二代人机交互技术。

（3）基于多媒体技术的交互阶段

20 世纪 80 年代末出现的多媒体技术，使计算机产业出现了前所未有的繁荣，声卡、显卡等硬件设备的出现使得计算机处理声音及视频图像成为可能，从而使人机交互技术开始向声音、视频过渡。

（4）第四代人机自然交互与通信阶段

第四代人机自然交互是一种以多模信息交互为输入输出，以 Agent 为交互通信界面，具有基于知识对话的网络信息交互和检索能力，并具有二维和三维虚拟交互环境可视化显示的人机交互技术。也是未来我们人机交互最重要的方式。

第四代人机交互不仅需要软件的突破，而且更需要硬件的突破，是软硬结合的未来技术革命。近年来涌现了相当多具有潜力的交互技术，如互动投影技术（见图 3.1）、虚拟现实技术（VR）（见图 3.2）、增强现实技术（AR）（见图 3.3）等。在不远的将来，如电影钢铁侠中的人机交互将不再是梦想。

图 3.1　互动投影的人机交互

图 3.2　虚拟现实头盔

图 3.3　增强现实试衣间

未来的人机交互将以用户为中心，让设备能够时刻感知用户需求的本质来源，分析用户行为动机，并随之快速做出如下合理的反应。

（1）设备了解用户。设备会永久地记忆用户的行为习惯和各类偏好，并能在之后的生活中不断地进行调整，就好比用户身边最亲密的朋友或者家人一样，知道用户的一切喜好。

（2）让用户的生活变得更简单舒适。在用户遇到某些烦恼时，设备能够智能地推荐相应的解决方案，但不绑架用户的选择。在电影中，操作系统萨曼莎会主动跳出来询问主人的心情如何，能够猜出主人心情不佳的原因，并且还能帮助他出谋划策以解决一些问题。这些都让西奥多无比依赖这个操作系统，甚至有时候超过了对人的依赖。

（3）只在用户需要的时候才出现。在未来全面智能化的生活中，如果所有的智能设备都在同一时间点随意蹦出来，身处其中的用户可能会立刻疯掉。所以，这就特别需要各类交互深度交融，只在对的时间，对的地方出现，或者说，只按照用户指令的要求出现。

（4）总是能给用户特别多惊喜。当用户以语音的方式告诉可穿戴设备之后，它就能理解用户的想法，并通过后台大数据与人工智能的融合，以最快的方式为用户呈现用户想要的结果。比如当用户想去旅行的时候，设备能根据平日里用户浏览的网页、说话中描述某个地方时的情绪以及出现的频次、经济条件等信息，帮用户规划最佳的旅行路线，甚至为用户找好最佳的旅行伙伴，而这会给用户带来足够多的惊喜。

3.2 数据存储技术

3.2.1 关于数据

下面这组数据，是英国纪录片《人类足迹》的制片人瓦特斯和他的制作小组，耗费了两年时间对数百种统计数据进行编辑整理而得出的。

人一生中一些重要的数据如下。

平均寿命：78.5

两岁半之前用掉的尿布件数：3796

女人每天说的单词个数：6400~8000

男人每天说的单词个数：2000~4000

交友个数：1700

洗澡次数：7163

吃掉的苹果个数：5272

做梦的次数：104 390

读书的本数：533

吃掉的牛只数：4.5

吃掉的鸡只数：1201

吃掉的羊只数：21

吃掉的猪只数：15

喝茶的杯数：74 802

驾驶的公里数：452 663

步行的公里数：15 464

从上面这些数据可以看出，人一生产生的数据可能非常少，但事实上人每时每刻都会产生很多未被记录的数据。作为人类重要的助手——计算机，同样需要从少到多地存储和处理这些数据，其存储的最重要的处理方式是文件和数据库。

3.2.2 从文件到数据库

计算机文件（或称文件、电脑档案、档案），是存储在某种长期存储设备或临时存储设备中的一段数据流，并且归属于计算机文件系统管理之下（见图3.4）。所谓"长期存储设备"一般指磁盘、光盘、磁带等。而"临时存储设备"一般指计算机存储器。需要注意的是，存储于长期存储设备的文件不一定是长期存储的，有些也可能是程序或系统运行中产生的临时数据，并于程序或系统退出后删除。

图 3.4　典型 Windows 文件结构

现如今，每个人每天都在生成各种文件，从办公文档到个人照片，从爱好的音乐到自己的声音。计算机中的文件（或者说数据）越来越多，如何管理各种数据成为必然要求。

类比计算机数据和现实生活的书籍，当现实生活中的书籍越来越多，人们会通过图书馆来完成书籍的管理和检索，在计算机技术领域，数据库则用于解决数据越来越多这个问题。

数据库系统的萌芽出现于 20 世纪 60 年代，当时计算机开始广泛地应用于数据管理，对数据的共享提出了越来越高的要求。传统的文件系统已经不能满足人们的需要，能够统一管理和共享数据的数据库管理系统（DBMS）应运而生。

数据库是以一定方式存储在一起、能为多个用户共享、具有尽可能小的冗余度、与应用程序彼此独立的数据集合。传统的数据库模型有以下 3 种。

（1）层次模型

层次模型是一种树结构模型，它把数据按自然的层次关系组织起来，以反映数据之间的隶属关系。层次模型是数据库技术中发展最早、技术上比较成熟的一种数据模型。它的特点是地理数据组织成有向有序的树结构，也叫树形结构。结构中的结点代表数据记录，连线用于描述位于不同结点数据间的从属关系（一对多的关系）。

（2）网状数据模型

网状模型将搜索数据组织成有向图结构，图中的结点代表数据记录，连线用于描述不同结点数据间的联系。这种数据模型的基本特征是，结点数据之间没有明确的从属关系，一个结点可与其他多个结点建立联系，即结点之间的联系是任意的，任何两个结点之间都能发生联系，可表示多对多的关系。

（3）关系数据模型

关系模型可以简单、灵活地表示各种实体及其关系，其数据描述具有较强的一致性和独立性。在关系数据库系统中，对数据的操作是通过关系代数实现的，具有严格的数学基础。

由于关系数据库结构简单、操作方便、有坚实的理论基础，所以其发展很快，20 世纪 80 年代以后推出的数据库管理系统几乎都是关系型的。

3.2.3　关系数据库

有这样一个故事：一家德国报纸接受了一项挑战，要帮法兰克福的一位土耳其烤肉店老板找到他和他最喜欢的影星马龙·白兰度的关联。结果经过几个月，报社的员工发现，这两个人只经过不超过六个人的私交，就建立了人脉关系。原来烤肉店老板是伊拉克移民，有个朋友住在加州，刚好这个朋友的同事是电影《这个男人有点色》的制作人的女儿在女生联谊会的结拜姐妹的男朋友，而马龙·白兰度主演了这部片子。

这个故事引出了著名的六度空间理论（Six Degrees of Separation），它来自一个数学猜想：你和任何一个陌生人之间所间隔的人不会超过六个，也就是说，最多通过六个人你就能够认识任何一个陌生人。这也叫六度分割理论，或小世界理论。

六度空间理论是社交网络的重要基石。它告诉人们联系的普遍性是指一切事物都与周围的其他事物有条件地联系着，整个世界就是一个普遍联系的有机整体。人与人之间如此，数据与数据之间也如此。人与人之间有关系，数据与数据之间也必然有关系。本节将介绍专注于实体与联系之间表达的一种数据库：关系数据库。

关系数据库是现今最重要的数据库，是数据库的主流。在几十年的发展中，已经出现了非常多的数据库，但影响最广泛的数据库有如下 5 种。

（1）FoxPro 系列

Visual FoxPro 原名 FoxBase，最初是由美国 Fox Software 公司于 1988 年推出的数据库产品，在 DOS 上运行，与 xBase 系列兼容。FoxPro 是 FoxBase 的加强版，最高版本为 FoxPro 2.6。1992 年，Fox Software 公司被 Microsoft 收购，使其得以发展，可以在 Windows 上运行，并且更名为 Visual FoxPro。

FoxPro 系列存在多年，虽现在已基本被淘汰，但就我国而言，几乎所有的数据库专家都从它们开始，所以 FoxPro 影响深远。

（2）SQL Server

SQL Server 是 Microsoft 公司推出的关系型数据库管理系统，具有使用方便、可伸缩性好、与相关软件集成程度高等优点，可在从运行 Microsoft Windows 98 的膝上型计算机到运行 Microsoft Windows Server 2016 大型多处理器服务器等多种平台使用。

Microsoft SQL Server 是一个全面的数据库平台，使用集成的商业智能（BI）工具提供了企业级的数据管理。Microsoft SQL Server 数据库引擎为关系型数据和结构化数据提供了更安全可靠的存储功能，用户可以构建和管理用于业务的高可用和高性能的数据应用程序。

（3）Oracle

Oracle DataBase，又名 Oracle RDBMS（Relational Database Management System，RDBMS），或简称 Oracle，是甲骨文公司的一款关系数据库管理系统，它在数据库领域一直处于领先地位。可以说 Oracle 数据库系统是目前世界上流行的关系数据库管理系统，其系统可移植性好、使用方便、功能强，适用于各类大、中、小、微机环境。它是一种高效率、可靠性好、适应高吞吐量的数据库解决方案。

（4）DB2

IBM DB2 是美国 IBM 公司开发的一套关系型数据库管理系统，它主要的运行环境为 UNIX（包括 IBM 自家的 AIX）、Linux、IBM i（旧称 OS/400）、z/OS，以及 Windows 服务器版本。

DB2 主要应用于大型应用系统，具有较好的可伸缩性，可支持从大型机到单用户环境的各类平台，应用于所有常见的服务器操作系统平台下。DB2 提供了高层次的数据利用性、完整性、安全性、可恢复性，以及小规模到大规模应用程序的执行能力，具有与平台无关的基本功能和 SQL 命令。DB2 采用了数据分级技术，能够使大型机数据很方便地被下载到 LAN 数据库服务器，使得客户机/服务器用户和基于 LAN 的应用程序可以访问大型机数据，并使数据库本地化及远程连接透明化。DB2 以拥有一个非常完备的查询优化器而著称，其外部连接改善了查询性能，并支持多任务并行查询。DB2 具有很好的网络支持能力，每个子系统可以连接十几万个分布式用户，可同时激活上千个活动线程，对大型分布式应用系统尤为适用。

（5）MySQL

MySQL 是一个关系型数据库管理系统，由瑞典 MySQL AB 公司开发，目前属于 Oracle 旗下公司。MySQL 是最流行的关系型数据库管理系统，在 Web 应用方面，MySQL 是最好的关系数据库管理系统应用软件之一。MySQL 软件采用了双授权政策，它分为社区版和商业版，由于其体积小、速度快、总体拥有成本低，尤其是开放源码这一特点，使得一般中小型网站的开发都选择 MySQL 作为网站数据库。MySQL 社区版的性能卓越，使用非常广泛。

3.2.4　SQL

所有的关系数据库，都使用了标准的数据处理方式进行数据处理操作，这种数据处理方式被称为 SQL。

结构化查询语言（Structured Query Language，SQL）是一种特殊目的的编程语言，是一种数据库查询和程序设计语言，用于存取数据以及查询、更新和管理关系数据库系统；同时也是数据库脚本文件的扩展名。

结构化查询语言是高级的非过程化编程语言，允许用户在高层数据结构上工作。它不要求用户指定对数据的存放方法，也不需要用户了解具体的数据存放方式，所以具有完全不同底层结构的不同数据库系统。它可以使用相同的结构化查询语言作为数据输入与管理的接口。结构化查询语言语句可以嵌套，这使它具有极大的灵活性和强大的功能。

1986 年 10 月，美国国家标准协会对 SQL 进行规范后，以此作为关系式数据库管理系统的标准语言（ANSI X3. 135-1986），1987 年在国际标准组织的支持下此标准语言成为国际标准。不过各种通行的数据库系统在其实践过程中都对 SQL 规范做了某些编改和扩充，所以实际上不同数据库系统之间的 SQL 不能完全相互通用。

3.2.5　结构化数据与非结构化数据

几乎所有来自 SQL 数据库的数据都被称为结构化数据，这也是 SQL 被称为结构化查询的原因。结构化数据可以组织成行列结构，是可识别的数据。这类数据通常是一条记录，或者是一个文件，或者是被正确标记过的数据中的某一个字段，并且可以被精确地定位。结构化数据通常具有以下两个重要特征。

（1）排序

想象一下在这本书中找出"花"字，再对比一下在一本字典中找出"花"字。这就是排序的威力，排序的数据使得它有结构，能快速进行定位。

（2）索引

索引是更加特殊的排序。它将有助于用户更快地进行数据定位操作。比如：新华字典的部首索引、笔画索引将非常快速地让用户定位难以被基本排序定位的数据。

然而在现实生活中，绝大多数据都没有被排序和索引，这样的数据通常难以被计算机直接处理，这样的数据被称为非结构化数据。

非结构化数据库是指字段长度可变，并且每个字段的记录又可以由可重复或不可重复的子字段构成的数据库，用它不仅可以处理结构化数据（如数字、符号等信息），而且更适合处理非结构化数据（如文本、图像、声音、影视、超媒体等信息）（见图 3.5）。

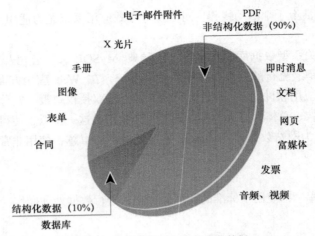

图 3.5　结构化数据与非结构化数据

　　在过去的几十年，人们主要的工作是处理各种结构化数据。而随着互联网的普及，处理非结构化数据成为越来越重要的工作。

3.3　生产软件的技术——软件工程

3.3.1　人月神化

　　软件是计算机的灵魂，但软件的开发和运行常受到计算机系统的限制，且对计算机系统有着不同程度的依赖性。

　　在很多外行人的心目中，开发一个软件，加入一个功能是一件理所当然的事情，应当是直观和轻松的。然而事实并非如此，软件的开发至今尚未完全摆脱手工艺的开发方式。但经历了几十年的发展，一般认为软件开发经历了以下 3 个阶段。

　　（1）第一个阶段是 1950—1960 年，是程序设计阶段，基本采用个体手工劳动的生产方式。这个时期，一个程序是为一个特定的目的而编制的，软件的通用性很有限。软件往往带有强烈的个人色彩。早期的软件开发没有什么系统的方法可以遵循，软件设计是在某个人的头脑中完成的一个隐藏的过程。而且，除了源代码往往没有软件说明书等文档，因此这个时期尚无软件的概念，基本上只有程序、程序设计的概念，且程序员不重视程序设计方法。设计的程序主要是用于科学计算，规模很小、采用简单的开发工具（基本上采用低级语言），硬件的存储容量小、运行可靠性差。

　　（2）第二阶段是 1960—1970 年，是软件设计阶段，采用小组合作生产方式。在这一时期，软件开始作为一种产品被广泛使用，出现了"软件作坊"。这个阶段，基本采用高级语言开发工具，人们开始提出结构化方法。硬件的速度、容量、工作可靠性有明显提高，而且硬件的价格降低。人们开始使用软件产品（可购买），从而建立了软件的概念。程序员数量猛增，但是开发技术没有新的突破，软件开发的方法基本上仍然沿用早期的个体化软件开发方式，软件需求日趋复杂，维护的难度越来越大，开发成本令人吃惊的高，开发人员的开发技术不适应规模大、结构复杂的软件开发，失败的项目越来越多。

（3）第三个阶段是从 1970 年至今，为软件工程时代 ，采用工程化的生产方式。这个阶段的硬件向超高速、大容量、微型化以及网络化方向发展，第三四代语言出现。数据库、开发工具、开发环境、网络、分布式、面向对象技术等工具方法都得到应用。软件开发技术有很大进步，但未能获得突破性进展，软件开发技术的进步一直未能满足发展的要求。软件的数量急剧膨胀，一些复杂的、大型的软件开发项目被提出来，在那个时代，很多软件最后都造成了一个悲惨的结局。很多软件项目开发时间大大超出了规划的时间表，一些项目导致了财产的流失，甚至某些软件导致人员伤亡。同时软件开发人员也发现软件开发的难度越来越大，在软件开发中遇到的问题找不到解决的办法，使问题积累起来，形成了尖锐的矛盾，失败的软件开发项目屡见不鲜，因此导致了软件危机。

最为突出的例子是美国 IBM 公司开发的 IBM360 系列机的操作系统。难怪该项目的负责人佛瑞德·布鲁克斯（Fred Brooks）在总结该项目时无比沉痛地说：“……正像一只逃亡的野兽落到泥潭中作垂死挣扎，越是挣扎，陷得越深，最后无法逃脱灭顶的灾难，……程序设计工作正像这样一个泥潭……一批批程序员被迫在泥潭中拼命挣扎，……谁也没有料到问题竟会陷入这样的困境……” IBM360 操作系统的历史教训已成为软件开发项目中的典型事例被记入历史史册。

布鲁克斯后来将其实践经验写入一本项目总结的书籍——《人月神话》。《人月神话》探索了达成一致性的困难和解决的方法，并探讨了软件工程管理的其他方面。作为软件工程的经典著作，《人月神话》的主要贡献是对软件开发过程的 5 个重要关键点提出了独到的见解。这 5 个关键内容如下。

（1）提倡外科手术式的团队组织

在软件开发组织上的过分民主，往往带来的是没有效率和责任，参与其中的人想法太多，层面参差不齐。所以，软件开发的组织，应该借鉴外科手术式的团队方式，有一个主要的负责人，其他人都是分工协作的副手，这样效率最好，结果最好。

（2）软件项目的核心概念要由很少的人来完成，以保证概念的完整性

少就是多，要权衡项目的定位需要和功能的多少。太多的想法，使项目没有焦点，什么都要放进去，结果什么都做不像。

（3）软件开发过程中必要的沟通手段

软件开发中最大的风险往往不是技术的缺陷，而是缺少沟通。

（4）如何保持适度的文档

在开发中，要保持适度的文档。喜欢过多文档的人，忘记了文档不是最终的产品，不是用户需要的，最后以为文档好，就是好的开发，其实完全不是。

（5）在软件开发的过程中要适度改进

在软件开发的过程中，重要的不是采用了什么工具，而是不论用何种工具，都要达到项目本身的客户需求。任何方法论之前，先要探求问题的来源，否则对各种方法论的依赖或滥用有害而无益。

1968 年北大西洋公约组织的计算机科学家在联邦德国召开的国际学术会议上第一次提出了“软件危机”（Softwarecrisis）这个名词。同时讨论和制定摆脱“软件危机”的对策。在这次会议上第一次提出了软件工程（Software Engineering）这个概念，从此一门新兴的工程学科——软件工程学，为研究和克服软件危机应运而生。

3.3.2　软件工程的概念

软件工程一直以来都缺乏一个统一的定义，很多学者、组织机构都分别给出了自己认可的定义。

电气和电子工程师协会（IEEE）在软件工程术语汇编中的定义是：软件工程是①将系统化的、严格约束的、可量化的方法应用于软件的开发、运行和维护，即将工程化应用于软件；②在①中所述方法的研究。

《计算机科学技术百科全书》中的定义是：软件工程是应用计算机科学、数学、逻辑学及管理科学等原理，开发软件的工程。软件工程借鉴传统工程的原则、方法，以提高质量、降低成本和改进算法为目的。其中，计算机科学、数学用于构建模型与算法，工程科学用于制定规范、设计范型（Paradigm）、评估成本及确定权衡，管理科学用于计划、资源、质量、成本等的管理。

ISO 9000 对软件工程的定义：软件工程是输入转化为输出的一组彼此相关的资源和活动。

人们比较认可的一种定义是：软件工程是研究和应用如何以系统性的、规范化的、可定量的过程化方法去开发和维护软件，以及如何把经过时间考验而证明正确的管理技术和当前能够得到的最好的技术方法结合起来。

一般认为，软件工程中重要的问题是如何解决软件过程和进行软件管理。

3.3.3　软件过程

软件制造是个复杂的过程，于是人们借鉴工程管理的经验引入了软件过程。软件过程（Software Process）是指为建造高质量软件所需完成的任务的框架，即形成软件产品的一系列步骤，包括中间产品、资源、角色及过程中采取的方法、工具等范畴。

为实现软件过程管理，几十年来人们引入了很多模型，其中最为著名的当属瀑布模型。1970年温斯顿·罗伊斯（Winston Royce）提出了著名的"瀑布模型"，直到 20 世纪 80 年代早期，它一直是唯一被广泛采用的软件开发模型。瀑布模型的核心思想是按工序将问题化简，将功能的实现与设计分开，将软件生命周期划分为需求分析、架构设计、详细设计、编码、测试和维护 6 个基本活动，并且规定了它们自上而下、相互衔接的固定次序，如同瀑布流水，逐级下落，如图3.6 所示。

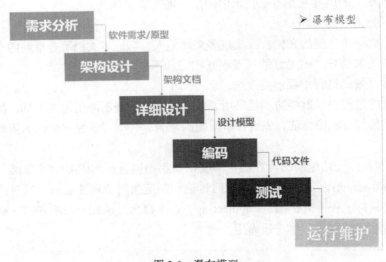

图 3.6　瀑布模型

瀑布模型有以下明显的优点。

（1）通过设置里程碑，明确每阶段的任务与目标。

（2）可为每阶段制订开发计划，进行成本预算，组织开发力量。

（3）通过阶段评审，将开发过程纳入正确轨道。

（4）严格的计划性保证软件产品的按时交付。

瀑布模型也有以下缺点。

（1）缺乏灵活性，不能适应用户需求的改变。

（2）开始阶段的小错误被逐级放大，可能导致软件产品报废。

（3）返回上一级的开发需要十分高昂的代价。

（4）随着软件规模和复杂性的增加，软件产品成功的机率大幅下降。

尽管瀑布模型招致了很多批评，但是它对很多类型的项目而言依然是有效的，如果正确使用，可以节省大量的时间和金钱。

3.3.4　软件项目管理

20 世纪的软件危机让人们认识到软件生产不仅是一个技术问题，还是一个组织管理问题。因此软件项目管理也就应运而生。

软件项目管理是为了使软件项目能够按照预定的成本、进度、质量顺利完成，而对人员（People）、产品（Product）、过程（Process）和项目（Project）进行分析和管理的活动。

软件项目管理的根本目的是让软件项目尤其是大型项目的整个软件生命周期（从分析、设计、编码到测试、维护全过程）都能在管理者的控制之下，以预定成本按期、按质地完成软件，交付用户使用。而研究软件项目管理是为了从已有的成功或失败的案例中总结出能够指导今后开发的通用原则、方法，同时避免前人的失误。

软件项目管理是在 20 世纪 70 年代中期提出的，当时美国国防部专门研究了软件开发不能按时提交、预算超支和质量达不到用户要求的原因，结果发现 70%的项目是因为管理不善引起的，而非技术原因。于是软件开发者开始逐渐重视起软件开发中的各项管理。到了 20 世纪 90 年代中期，软件研发项目管理不善的问题仍然存在。据美国软件工程实施现状的调查显示，软件研发的情况仍然很难预测，大约只有 10%的项目能够在预定的费用和进度下交付。

据统计，1995 年美国共取消了 810 亿美元的商业软件项目，其中 31%的项目未做完就被取消，53%的软件项目进度通常要延长 50%的时间，只有 9%的软件项目能够及时交付并且费用也控制在预算之内。

软件项目管理和其他项目管理相比有较大的特殊性。首先，软件是纯知识产品，其开发进度和质量很难估计和度量，生产效率也难以预测和保证。其次，软件系统的复杂性也导致开发过程中各种风险的难以预见和控制。Windows 操作系统有 1500 万行以上的代码，同时有数千个程序员在进行开发，项目经理也有上百个。这样庞大的系统如果没有很好的管理，其软件质量是难以想象的。

软件项目管理的内容主要包括：人员的组织与管理，软件度量，软件项目计划，风险管理，软件质量保证，软件过程能力评估，软件配置管理等。

在软件项目管理过程中引入 CMM 可以帮助提高管理控制。CMM 模型是指"能力成熟度模型"，其英文全称为 Capability Maturity Model for Software，英文缩写为 SW-CMM。它是对软件组织在定义、实施、度量、控制和改善其软件过程实践中各个发展阶段的描述。CMM 的核心是把软件开发视为一个过程，并根据这一原则对软件开发和维护进行过程监控和研究，以使其更加科学化、标准化，使企业能够更好地实现商业目标。CMM 有以下 5 个等级。

（1）初始级。软件过程是无序的，有时甚至是混乱的，对过程几乎没有定义，成功只取决于个人努力。此等级的管理是反应式的。

（2）可重复级。建立了基本的项目管理过程来跟踪费用、进度和功能特性。制定了必要的过程纪律，能重复早先类似应用项目取得的成功。

（3）已定义级。已将软件管理和工程两方面的过程文档化、标准化，并综合成该组织的标准软件过程。所有项目均使用经批准、剪裁的标准软件过程来开发和维护软件。

（4）定量管理级。收集对软件过程和产品质量的详细度量数据，对软件过程和产品都有定量的理解与控制。

（5）优化级。过程的量化反馈和先进的新思想、新技术促使过程不断改进。

CMM 对软件过程和项目管理都有很大的帮助，但在敏捷管理上太过烦琐和复杂，且 CMM 在近年有弱化的趋势。

习　题

1. 什么是多媒体？电视是多媒体吗？
2. 什么是人机交互？它的本质是什么？
3. 谈谈你觉得很有前途的新兴人机交互形式。
4. 常用的数据库有哪些类型？主流形式有哪些？
5. 在软件开发中不断投入财力和人力就能让软件很快完成吗？为什么？
6. 什么是软件项目管理？如何衡量它的质量？

第4章
云计算与大数据

最近十年来，计算机技术长足发展，涌现出了非常多的改变人们生活乃至改变人类社会的革新。其中有人们非常熟悉、天天接触的各类技术（如智能手机、移动设备等），也有人们少有直面而在背后默默支持的技术。这其中，渐渐广为人知的技术当推云计算与大数据。本章将向大家展示这两种技术的历史、现在和未来。

4.1　云计算

4.1.1　云计算的由来

早在 20 世纪 60 年代麦卡锡（John McCarthy）就提出了把计算能力作为一种像水和电一样的公用服务提供给用户。云计算的第一个里程碑是，1999 年 Salesforce.com 提出的通过一个网站向企业提供企业级应用的概念。另一个重要进展是 2002 年亚马逊（Amazon）提供的一组包括存储空间、计算能力甚至人力智能等资源服务的 Web Service。 2005 年亚马逊又提出了弹性计算云（Elastic Compute Cloud），也称亚马逊 EC2 的 Web Service，允许小企业和私人租用亚马逊的计算机来运行他们自己的应用。

在长达 50 年的计算机发展中，从阿帕网到因特网（Internet），从磁带存储到海量硬盘存储，人们终于完成了所有前期的技术、工业和社会的准备。2006 年 8 月 9 日，Google 首席执行官埃里克·施密特（Eric Schmidt）在搜索引擎大会（SES San Jose 2006）上首次提出"云计算"（Cloud Computing）的概念。Google "云端计算"源于 Google 工程师克里斯托弗·比希利亚所做的 "Google 101" 项目。

2007 年 10 月，Google 与 IBM 开始在美国大学校园，包括卡内基梅隆大学、麻省理工学院、斯坦福大学、加州大学柏克莱分校及马里兰大学等，推广云计算计划，这项计划希望能降低分布式计算技术在学术研究方面的成本，并为这些大学提供相关的软硬件设备及技术支持（包括数百台个人计算机及 BladeCenter 与 System X 服务器，这些计算平台将提供 1600 个处理器，支持 Linux、Xen、Hadoop 等开放源代码平台），学生则可以通过网络实施各项以大规模计算为基础的研究计划。

4.1.2　概念

云计算（Cloud Computing）是基于互联网的相关服务的增加、使用和交付模式，通常涉及通过互联网来提供动态易扩展且经常是虚拟化的资源。云是网络、互联网的一种比喻说法。过去在图中往往用云来表示电信网，后来也用来表示互联网和底层基础设施的抽象。因此，云计算甚至可以让用户体验每秒 10 万亿次的运算能力，拥有这么强大的计算能力可以模拟核爆炸、预测气候变化和市场发展趋势。用户通过计算机、手机等方式接入数据中心，按自己的需求进行运算。

对云计算的定义有多种说法。对于到底什么是云计算，可以找到多种解释。现阶段广为接受的是美国国家标准与技术研究院（National Institute of Standardsand Technology，NIST）的定义：云计算是一种按使用量付费的模式，这种模式提供可用的、便捷的、按需的网络访问，进入可配置的计算资源共享池（资源包括网络、服务器、存储、应用软件、服务），这些资源能够被快速提供，只需投入很少的管理工作，或与服务供应商进行很少的交互。

4.1.3　特点

云计算使计算分布在大量的分布式计算机上，而在非本地计算机或远程服务器中，企业数据中心的运行将与互联网更相似。这使得企业能够将资源切换到需要的应用上，并根据需求访问计算机和存储系统。

例如，从古老的单台发电机模式转向电厂集中供电的模式，这意味着计算能力也可以作为一种商品进行流通，就像煤气、水电一样，取用方便，费用低廉。最大的不同在于，它是通过互联网进行传输的。

被普遍接受的云计算的特点如下。

（1）超大规模

"云"具有相当大的规模，Google 云计算已经拥有 100 多万台服务器，亚马逊（Amazon）、国际商业机器公司（IBM）、微软、雅虎（Yahoo）等的"云"均拥有几十万台服务器。企业私有云一般拥有数百上千台服务器。"云"能赋予用户前所未有的计算能力。

（2）虚拟化

云计算支持用户在任意位置、使用各种终端获取应用服务。用户请求的资源来自"云"，而不是固定的有形的实体。应用在"云"中某处运行，但实际上用户无需了解、也不用担心应用运行的具体位置。只需要一台计算机或者一个手机，用户就可以通过网络服务来实现需要的一切，甚至包括超级计算这样的任务。

（3）高可靠性

"云"使用了数据多副本容错、计算节点同构可互换等措施来保障服务的高可靠性，使用云计算比使用本地计算机更可靠。

（4）通用性

云计算不针对特定的应用，在"云"的支撑下可以构造出千变万化的应用，同一个"云"也可以同时支撑不同的应用运行。

（5）高可扩展性

"云"的规模可以动态伸缩，满足应用和用户规模增长的需要。

（6）按需服务

"云"是一个庞大的资源池，可按需购买；"云"可以像自来水、电、煤气那样计费。

（7）廉价

由于"云"的特殊容错措施可以采用极其廉价的节点来构成云，"云"的自动化集中式管理使大量企业无需负担日益高昂的数据中心管理成本，"云"的通用性使资源的利用率较之传统系统大幅提升，因此用户可以充分享受"云"的低成本优势，只要花费几百美元、几天时间就能完成以前需要数万美元、数月时间才能完成的任务。

云计算可以彻底改变人们未来的生活，但同时也要重视环境问题，这样才能真正为人类进步做贡献，而不是简单的技术提升。

4.1.4　云计算的模式

根据美国国家标准与技术研究院的权威定义，云计算的服务模式有基础设施即服务（IaaS）、平台即服务（PaaS）和软件即服务（SaaS）这 3 个大类或层次。这是目前被业界最广泛认同的划分（见图 4.1）。

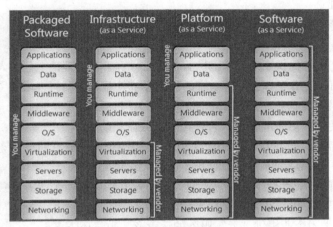

图 4.1　云计算的层次/模式

1. IaaS

位于云计算最底层的是基础设施即服务（Infrastructure-as-a-Service，IaaS），有时候也叫 Hardware-as-a-Service（硬件即服务）。例如：传统的网站服务需要客户计算 CPU、内存、存储、网络和其他基本的计算资源，并自己购买昂贵的服务器，然后将其托管到运营商机房之中，通过远程摄像头，客户的 IT 维护人员可以监控自己服务器的运行情况。使用 IaaS 后用户可以购买服务器基础服务，使用即可。这个服务器可能只是虚拟的，是一个庞大服务器集群的一部分，但对用户而言，它就像自己真正的服务器一样，可以自由安装和定制任意操作系统（如 Windows 或 Linux）。使用 IaaS 的好处在于：用户不用理会其他如服务器硬件购买、托管、监控、维护等工作，只需专注于自己的网站即可。

2. PaaS

第二层就是所谓的平台即服务（Platform-as-a-Service，PaaS）。此服务层次向用户提供基础软件，如分布式操作系统、分布式数据库等基础服务。公司所有的开发都可以在这一层进行，节省了时间和资源。由于基础硬件和基础软件很多时候密不可分，因此 PaaS 公司一般同时提供第一层次（IaaS）和第二层次（PaaS）的服务。PaaS 公司在 Internet 上提供各种开发和分发应用的解决方案，如虚拟服务器和操作系统。这节省了硬件上的费用，也让分散的工作室之间的合作变得更加容易。

亚马逊公司因为创立了 PaaS 商业模式而被商业周刊评为 2008 年的创新企业，亚马逊本来是个以出售图书起家的电子商务公司，后来亚马逊发现自己的电子商务平台是可以租给别人用的。

比如，另外有一家电子产品的公司希望利用他们的平台，而不用自己花钱去建立 IT 和应用主题，这时仅需对亚马逊的平台进行一些个性化的配置即可，做一些信用调查，支付后即可利用现成的平台。

3. SaaS

第三层就是所谓的软件即服务（Software-as-a-Service，SaaS）。这一层是人们在生活中每天都要接触的一层，大多是通过网页浏览器来实现。任何一个远程服务器上的应用都可以通过网络来运行，这就是 SaaS。用户消费的服务完全是从桌面系统或智能手机中获取，如微信、微博、云存储、在线视频，对国外用户而言则是通过 Netflix、MOG、Google Apps、Box.net、Dropbox 或者从苹果的 iCloud 进入这些分类。尽管这些网页服务是用作商务和娱乐或者两者都有，但这也算是云技术的一部分。

从云服务的部署方式来看云又可以分为如下 3 种。

（1）公有云

公有云是云计算服务提供商为公众提供服务的云计算平台，理论上任何人都可以通过授权接入该平台。公有云可以充分发挥云计算系统的规模经济效益，但同时也增加了安全风险；私有云则是云计算服务提供商为企业在其内部建设的专有云计算系统。

公有云非常方便，但对企业来说，它存在以下致命缺陷。

① 政府没有运营"云"的有关法律、法规。集团性企业一般有明显的竞争对手和重要数据等需要保密的信息，如果用公有云，数据出了问题无法追究责任。

② "云"运营商计费标准不统一，流量计费千差万别。集团企业需要独立的专线，费用谁来承担尚无标准，不像供电、供水那么标准化。

③ 目前具备给集团企业提供"云"服务的运营商，数量还不多。

④ 一旦更换云服务商，数据迁移是个大问题（数据标准不同、集团企业数据量一般都很大）。

（2）私有云

私有云系统存在于企业防火墙之内，只为企业内部服务。与公有云相比，私有云的安全性更好，但成本也更高。云计算的规模经济效益也受到了限制，整个基础设施的利用率要远低于公有云。

（3）混合云

混合云则是同时提供公有和私有服务的云计算系统，它是介于公有云和私有云之间的一种折中方案。

这其中，公有云与私有云之间存在很大的争议。公有云与私有云的区别包括如下 3 个方面。

① 从云的建设地点划分，公有云是互联网上发布的云计算服务；私有云是企业内部（专网）发布的云服务。

② 从云服务的协议开发程度划分，公有云是协议开放的云计算服务，不需要专有的客户端软件解析，号称 no software，所有应用都是以服务的形式提供给用户的，而不是以软件包的形式提供。私有云则最终用户可能需要有专用的软件。

③ 从服务对象划分，私有云是为"一个"客户单独使用而构建的，因而提供对数据、安全性和服务质量的最有效控制；该公司拥有基础设施，并可以控制在此基础设施上部署应用程序的方式；私有云可部署在企业数据中心的防火墙内，也可以部署在一个安全的主机托管场所；私有云可由云提供商进行构建，通过托管模式，构筑一个公司企业数据中心内的专用云。而公有云则是针对外部客户，通过网络方式提供可扩展的弹性服务。

从目前看无论哪种云都有各自的优缺点，也都有各自的生存空间。

4.1.5　云计算的核心技术

云计算不是一种全新共享基础架构的方法，是网格计算、分布式计算、并行计算、效用计算、网络存储、虚拟化、负载均衡等传统计算机技术和网络技术发展融合的产物。云计算的核心技术非常繁多，其中以虚拟化技术、大规模数据处理技术、云计算平台管理技术、绿色节能技术最为关键。

1. 虚拟化技术

虚拟化是云计算最重要的核心技术之一，它为云计算服务提供基础架构层面的支撑，是 ICT 服务快速走向云计算的最主要驱动力。可以说，没有虚拟化技术也就没有云计算服务的落地与成功。随着云计算应用的持续升温，业内对虚拟化技术的重视也到了一个新的高度。与此同时，调查发现，很多人对云计算和虚拟化的认识都存在误区，认为云计算就是虚拟化。事实上并非如此，虚拟化是云计算的重要组成部分但不是全部。

从技术上讲，虚拟化是一种在软件中仿真计算机硬件，以虚拟资源为用户提供服务的计算形式，旨在合理调配计算机资源，使其更高效地提供服务。它把应用系统各硬件间的物理划分打破，从而实现架构的动态化、物理资源的集中管理和使用。虚拟化的最大好处是增强系统的弹性和灵活性，降低成本、改进服务、提高资源利用效率。

从表现形式上看，虚拟化又分两种应用模式：一是将一台性能强大的服务器虚拟成多个独立的小服务器，服务不同的用户；二是将多个服务器虚拟成一个强大的服务器，完成特定的功能。这两种模式的核心都是统一管理，动态分配资源，提高资源利用率。在云计算中，这两种模式都有比较多的应用。

2. 大数据存储及处理技术

云计算的另一大优势就是集中大量的服务器引起的规模效应，主要是提供了海量数据存储和处理的能力。由于云计算集中大量服务器，所以它能够快速、高效地处理海量数据。在数据爆炸的今天，这一点至关重要，最终引爆了大数据的流行。

为了保证数据的高可靠性，云计算通常会采用分布式存储技术，将数据存储在不同的物理设备中。这种模式不仅摆脱了硬件设备的限制，同时扩展性更好，能够快速响应应用用户需求的变化。

从编程模式上讲，云计算是一个多用户、多任务、支持并发处理的系统。高效、简捷、快速是其核心理念，它旨在通过网络把强大的服务器计算资源方便地分发到终端用户手中，同时保证低成本和良好的用户体验。在这个过程中，编程模式的选择至关重要。云计算项目中分布式并行编程模式将被广泛采用。

3. 云计算平台管理技术

云计算采用了分布式存储技术存储数据，那么自然要引入分布式资源管理技术。在多节点的并发执行环境中，各个节点的状态需要同步，并且在单个节点出现故障时，系统需要有效的机制来保证其他节点不受影响。而分布式资源管理系统恰好就是这样的技术，它是保证系统状态的关键。

另外，云计算系统所处理的资源往往非常庞大，少则几百台服务器，多则上万台，同时可能跨跃多个地域。且云平台中运行的应用也数以千计，如何有效地管理这批资源，保证它们正常提供服务，这就需要强大的技术支撑。因此，分布式资源管理技术的重要性可想而知。

全球各大云计算方案/服务提供商们都在积极开展相关技术的研发工作。包括 Google、IBM、微软、Oracle/Sun 等在内的许多厂商都有云计算平台管理方案推出。这些方案能够帮助企业实现基础架构整合，实现企业硬件资源和软件资源的统一管理、统一分配、统一部署、统一监控和统一备份，打破应用对资源的独占，让企业云计算平台价值得以充分发挥。

4. 绿色节能技术

节能环保是全球当今时代的大主题。云计算也以低成本、高效率著称。云计算具有巨大的规模经济效益，在提高资源利用效率的同时，节省了大量能源。绿色节能技术已经成为云计算必不可少的技术，未来越来越多的节能技术还会被引入云计算中。

碳排放披露项目（Carbon Disclosure Project，CDP）发布了一项有关云计算有助于减少碳排放的研究报告。报告指出，迁移至云的美国公司每年就可以减少碳排放 8570 万吨，这相当于 2 亿桶石油所排放出的碳总量。

事实上，为了解决海量服务器集中管理引发的能源问题，尽可能地节约用电，各大互联网公司各出奇招，让人大开眼界。

FaceBook 公司把自己的机房建在北极圈旁，在其他的一些机房中使用风力发电（见图 4.2）。

图 4.2　Facebook 北极圈旁机房内部图

在芬兰的哈密那数据中心，谷歌使用了一个旧的造纸厂，方便利用芬兰湾的海水冷却机房（见图 4.3）。

图 4.3　谷歌的海水冷却机房

杭州阿里巴巴公司的新一代绿色数据中心，使用部分太阳能供电，湖水冷却，设计年均

PUE（评价数据中心能源效率的指标）低于 1.3（见图 4.4）。其冷却水经净化后回流供市政景观用水。

图 4.4　阿里巴巴公司湖水冷却机房

云计算的发展满足了人们不断增长的存储和计算能力的需要，同时更有效地节约了资源、金钱和人力，让人们生活得更环保。

4.1.6　经典云服务提供商

云计算的服务已经深入到国内外各大、中、小企业之中，使用各种云服务已经成为企业的最佳选择。在不断涌现的国内外云服务提供商中，对国人而言，以亚马逊网络服务（AWS）云和阿里云最为经典。

1. AWS

亚马逊网络服务（Amazon Web Services，AWS）云于 2006 年推出，经过多年的工程与应用，现在 AWS 的基础设施功能已经相当丰富，能满足构建超大互联网应用的大多数需求，还可提供开发工具、文档、社区和支持。AWS 的服务简述如下。

（1）基础设施服务

AWS 共提供 14 类 28 项服务，大致可分为计算、存储、应用架构、特定应用、管理这五大类。

① 计算类服务

EC2：虚拟机实例，有标准型、大内存、高运算能力、带 10G 网络的 HPC、GPU 等多种类型虚拟主机，并提供 Windows/Linux OS、主流 Web、应用服务器、数据库等软件类型服务。可自动按需伸缩，本机没有持久化的存储。

Elastic MapReduce：MapReduce 型分析，基于 Hadoop，支持 Hive/Pig，能处理 EC2 和 S3 中的数据。

② 存储类服务

S3：海量文件存储，分高可靠和低可靠两类。

SimpleDB：高可伸缩的简单结构化数据存储，支持极大数据量；强一致和最终一致可选；可条件更新。

RDS：打包好的 MySQL 服务，可做备份和软件维护。

EBS：可作为 EC2 实例的持久性数据块级存储。其具有高可用性和持久性的特点，可用性高达 99.999%。给现有的 EC2 实例扩展新的存储块只需要几分钟的时间，省时省力。每个 EBS 块都被放置在一个特定的可用区内，并且会自动维护一个副本，随时保护数据安全。

ElastiCache：Memcached 缓存服务。分布式自行管理。

Import/Export：在 AWS 和存储设备（如盘阵）间导入导出数据。

SQS：高可靠的消息队列服务，消息可保存 14 天。

③ 应用架构类服务

Cloud Front：CDN 服务，支持静态文件和流媒体。全球共有 20 个点。

SNS：基于 topic 的消息订阅与推送服务，支持 HTTP/E-mail。

SES：发邮件服务。

Elastic Load Balancing：将请求负载均衡到 EC2 实例。

VPC：虚拟私有云。网络/子网/IP/路由表等可配置。

Route 53：DNS 服务。

④ 特定应用类服务

FPS/DevPay：计费服务（不是 AWS 计费，是指应用借助于这个来向用户计费）。

GovCloud：面向政府应用，可提供更好的安全性。

⑤ 管理类服务

CloudWatch：功能丰富的性能监控服务。

（2）开发者服务

AWS 面向开发者提供的工具包、SDK、文档、社区和技术支持等服务也是比较多的，相对于 Google App Engine 和微软 Azure 要丰富不少。主要有：

- Java、PHP、Python、Ruby、Android、iOS、Windows .Net 共 7 大平台功能丰富的 SDK；
- Eclipse 和 Visual Studio 插件，包含应用模板、应用部署与调试等功能；
- 比较齐备的开发文档、教程、教学视频及丰富的范例；
- 比较活跃的开发者论坛，按月付费的一对一技术支持服务。

根据其页面介绍，AWS 已经为全球 190 个国家/地区内成百上千家企业提供了支持，是世界上最大的公有云平台服务提供商。

2. 阿里云

阿里云创立于 2009 年，是中国最大的云计算平台，服务范围覆盖全球 200 多个国家和地区。针对不同行业的特点，阿里云提供了政务、游戏、金融、电商、移动、医疗、多媒体、物联网、O2O 等行业解决方案。

阿里云的服务群体中，活跃着微博、知乎、魅族、锤子科技、小咖秀等一大批明星互联网公司。在天猫"双 11"全球狂欢节、12306 春运购票等极富挑战的应用场景中，阿里云保持着良好的运行纪录。此外，阿里云广泛在金融、交通、基因、医疗、气象等领域输出一站式的大数据解决方案。

2014 年，阿里云曾帮助用户抵御全球互联网史上最大的 DDoS 攻击，峰值流量达到 453.8Gbit/s。在 Sort Benchmark 2015 世界排序竞赛中，阿里云利用自主研发的分布式计算平台 ODPS，377s 完成 100TB 数据排序，刷新了 Apache Spark 1406s 的世界纪录。

阿里云在全球各地部署高效节能的绿色数据中心，利用清洁计算支持不同的互联网应用。目前，阿里云在国内的杭州、北京、青岛、深圳、上海、内蒙古、香港，在新加坡、美国、俄罗斯、日本等国家均设有数据中心，未来还将在欧洲、中东等地设立新的数据中心。

除了以上云服务商外，还有 Google 云、微软 Azure 云、百度云、腾讯云等也颇为著名，广受用户好评。

4.1.7　云计算的应用技术

（1）云物联："物联网就是物物相连的互联网"。这有两层意思，第一，物联网的核心和基础仍然是互联网，是在互联网基础上延伸和扩展的网络；第二，其用户端可以延伸和扩展到任何物品与物品之间，进行信息交换和通信。

（2）云安全：通过网状的大量客户端监测网络中软件行为的异常，获取互联网中木马、恶意程序的最新信息，推送到服务器（Server）端进行自动分析和处理，再把病毒和木马的解决方案分发到每一个客户端。

（3）云存储：它是在云计算（Cloud Computing）概念上延伸和发展出来的一个新的概念，是指通过集群应用、网格技术或分布式文件系统等功能，将网络中大量各种不同类型的存储设备通过应用软件集合起来协同工作，共同对外提供数据存储和业务访问功能。当云计算系统运算和处理的核心是大量数据的存储和管理时，云计算系统中就需要配置大量的存储设备，那么云计算系统就转变成为一个云存储系统，所以云存储是一个以数据存储和管理为核心的云计算系统。

（4）云游戏：云游戏是以云计算为基础的游戏方式，在云游戏的运行模式下，所有游戏都在服务器端运行，并将渲染完毕的游戏画面压缩再通过网络传送给用户。在客户端，用户的游戏设备不需要任何高端处理器和显卡，只需要基本的视频解压能力就可以了。就现今社会，云游戏无法取代家用机（如微软 Xbox 系统、索尼 PS 游戏机系统）和掌机。但是十几年后，云计算取代这些设备成为网络发展的终极方向的可能性非常大。如果这种构想能够成为现实，那么主机厂商将变成网络运营商，他们不需要不断投入巨额的新主机研发费用，只需要拿这笔钱中的很小一部分去升级自己的服务器，但是达到的效果却是相差无几的。对于用户来说，他们可以省下购买主机的开支，但是得到的却是顶尖的游戏画面（当然对于视频输出方面的硬件必须过硬）。你可以想象一台掌机和一台家用机拥有同样的画面，家用机和人们今天用的机顶盒一样简单，甚至家用机可以取代电视的机顶盒而成为未来的电视收看方式。

（5）云教育：慕课（MOOC），译为"大规模开放的在线课程"，是新近涌现出来的一种在线课程开发模式，是云教育的典型应用。"慕课"的"M"代表 Massive（大规模），与传统课程只有几十个或几百个学生不同，一门 MOOC 课程面向的学生动辄上万人，最多达十几万人。它充分利用云计算进行大规模的网络开放教育。2011 年秋，来自世界各地的 16 万人注册了斯坦福大学塞巴斯蒂安·特伦（Sebastian Thrun）与彼得·诺米格（Peter Norvig）联合开出的一门《人工智能导论》的免费课程。许多重要的创新项目，包括 Udacity、Coursera 以及 edX 都纷纷上线，有十几个世界著名大学参与其中。在中国，根据 Coursera 的数据显示，2013 年 Coursera 上注册的中国用户共有 13 万人，位居全球第九，而在 2014 年达到了 65 万人。云教育作为面向未来的重要教育形式正受到越来越多的关注。

（6）云会议：云会议是基于云计算技术的一种高效、便捷、低成本的会议形式。使用者只需要通过互联网界面进行简单易用的操作，便可快速高效地与全球各地团队及客户同步分享语音、数据文件及视频，而会议中数据的传输、处理等复杂技术由云会议服务商帮助使用者进行操作。

（7）云社交：云社交（Cloud Social）是一种物联网、云计算和移动互联网交互应用的虚拟社交应用模式，以建立著名的"资源分享关系图谱"为目的，进而开展网络社交，云社交的主要特征就是把大量的社会资源统一整合、评测，构成一个资源有效池，从而向用户按需提供服务。参与分享的用户越多，云社交能够创造的利用价值就越大。

4.2 大数据

4.2.1 大数据的由来

《美国队长2》中有句台词是"21世纪就是一本数据书"。二十年来，互联网的普及极大地改变了人们的生活。在 Internet、智能手机、物联网进入人们生活的过程中，每时每刻，人们都在产生大量的数据。与传统的结构化数据不同，这些数据不仅是海量的，而且是非结构化的、实时的。现代技术已经能够记录和保存这些数据，对这些海量数据进行再加工和分析的需求迫在眉睫，"大数据"这个词汇也就应运而生。

据统计，2013年中国产生的数据总量超过0.8ZB（相当于8亿TB），相当于2012年数据总量的2倍，相当于2009年全球的数据总量。预计到2020年，中国产生的数据总量将是2013年的10倍，超过8.5ZB（来源：ZDNET《数据中心2013：硬件重构与软件定义》年度技术报告）。

1. 数据单位换算关系

计算机存储的最小基本单位是 Byte，按从小到大的顺序，所有单位为：bit、Byte、KB、MB、GB、TB、PB、EB、ZB、YB、DB、NB，它们按照进率1024（2的十次方）来计算。

1Byte = 8 bit

1 KB = 1,024 Byte

1 MB = 1,024 KB = 1,048,576 Byte

1 GB = 1,024 MB = 1,048,576 KB = 1,073,741,824 Byte

1 TB = 1,024 GB = 1,048,576 MB = 1,099,511,627,776 Byte

1 PB = 1,024 TB = 1,048,576 GB =1,125,899,906,842,624 Byte

1 EB = 1,024 PB = 1,048,576 TB = 1,152,921,504,606,846,976 Byte

1 ZB = 1,024 EB = 1,180,591,620,717,411,303,424 Byte

1 YB = 1,024 ZB = 1,208,925,819,614,629,174,706,176 Byte

1 DB = 1,024 YB = 1,237,940,039,285,380,274,899,124,224 Byte

1 NB = 1,024 DB = 1,267,650,600,228,229,401,496,703,205,376 Byte

2. 企业大数据的主要来源

当今大数据的来源除了专业研究机构产生外（CERN 的离子对撞机每秒运行产生的数据高达40TB），还有来自与企业经营相关的大数据。与企业经营相关的大数据的来源可以划分为以下4个。

（1）物联网

越来越多的机器配备了连续测量和报告运行情况的装置。几年前，跟踪遥测发动机运行仅限于价值数百万美元的航天飞机。现在，汽车生产商在车辆中配置了监视器，用于连续提供车辆机械系统整体运行情况。一旦数据可得，汽车生产商将千方百计地从中渔利。这些机器传感数据属于大数据的范畴。

（2）Internet 查询数据

人们通过手机或计算机进行数据的查询、订阅等行为。这些行为会被以搜索引擎为首的查询机构获取，分析其中可能包含的关于因特网和其他使用者行动和行为的有趣信息，从而提供对他们的愿望和需求潜在的有用信息，提供精准广告等营销手段。

（3）社会化数据

使用者由于自身社会化活动产生的数据、信息。人们通过电邮、短信、微博、微信等产生的文本信息和图像数据。

（4）视频和音频

至今最大的数据是音频、视频和符号数据。这些数据结构松散，数量巨大，很难从中挖掘有意义的结论和有用的信息。

大型以 Internet 为核心的公司，如 Amazon、Google、eBay、Twitter 和 Facebook 正使用这几类海量信息认识消费行为，预测特定需求和整体趋势。

4.2.2　大数据的定义

大数据（Big Data 或 Megadata），或称巨量数据、海量数据、大资料，指的是所涉及的数据量规模巨大到无法通过人工在合理时间内被截取、管理、处理并整理，从而成为人类所能解读的形式的信息。

1. 狭义大数据

狭义的大数据的定义为"所谓大数据，就是用现有的一般技术难以管理的大量数据的集合。"它具有以下 3 个特征（见图 4.5）。

（1）Volume（数据量）

看到大数据这个词，大多数人的第一印象是 Volume（数据量）。从大数据的定义来看，Volume 是指用现有技术无法管理的数据量，从现状来看，基本上是指从几十 TB 到几 PB 的数量级。当然，随着技术的进步，这个数值也会不断增加。

（2）Variety（多样性）

传统的数据库中的数据基本上都是结构化数据，

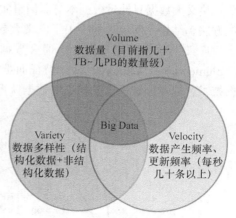

图 4.5　狭义大数据特征

不同于传统的数据库，现代企业特别是互联网企业所采集和分析的数据还包括网站日志数据、社交媒体中的文本数据、GPS（全球定位系统）所产生的位置信息、时刻生成的传感器数据，甚至还有图片和视频，数据的种类和几年前相比已经有了大幅度的增加。其中，近年来爆发式增长的一些数据，如互联网上的文本数据、位置信息、传感器数据、视频等，用企业中主流的关系型数据库是很难存储的，它们都属于非结构化数据。当然，在这些种类的数据中，也有一些是过去就一直存在并保存下来的。

然而，和过去不同的是，这些大数据并非只是存储起来就够了，人们还需要对其进行分析，并从中获得有用的信息。以美国企业为代表的众多企业正在致力于这方面的研究。

监控摄像机的视频数据正是其中之一。近年来，超市、便利店等零售企业几乎都配备了监控摄像机，目的是防止盗窃和帮助抓捕盗窃嫌犯，但最近也出现了使用监控摄像机的视频数据来分析顾客购买行为的案例。例如，美国大型折扣店家庭美元商店（Family Dollar Stores），以及高级文具制造商万宝龙（Montblanc），都开始尝试利用监控摄像头对顾客在店内的行为进行分析。以万宝龙为例，他们过去都是凭经验和直觉来决定商品陈列的布局，但通过分析监控摄像机的数据，将最想卖出去的商品移动到最容易吸引顾客目光的位置，使得销售额提高了20%。

此外，美国移动运营商 T-Mobile 也在其全美 1000 家店中安装了带视频分析功能的监控摄像机，可以统计来店人数，还可以追踪顾客在店内的行动路线、在展台前停留的时间，甚至是试用了哪一款手机、试用了多长时间等，T-Mobile 根据这些数据对顾客在店内的购买行为进行分析。

（3）Velocity（速度）

数据产生和更新的频率，也是衡量大数据的一个重要特征。例如，整个日本的便利店在 24 小时内产生的销货点（Point Of Sales，POS）数据，电商网站中由用户访问所产生的网站点击流数据，高峰时高达每秒 7000 条的 Twitter 推文，日本全国公路上安装的交通堵塞探测传感器和路面状况传感器（可检测结冰、积雪等路面状态）等，每天都在产生着庞大的数据。

在这一类数据中，作为日本特色而尤其值得关注的，就是 Suica 卡和 PASMO 卡等交通 IC 卡所产生的乘车数据和电子货币结算的历史数据。Suica 卡和 PASMO 卡的发行量，截至 2011 年 7 月末已经达到约 5494 万张，平均每月电子货币交易的使用次数高达约 6686 万次，平均每天最高使用次数约为 262 万次。假设白天的时间为 10 小时，则可以算出，每秒发生的交易为 50～100 次，这完全可以堪称是大数据。

2. 广义大数据

狭义大数据只针对数据本身。但事实上，大数据广为人知的原因更多是因为处理大数据的相关方法和结果。所以人们提出了广义大数据的定义，用于表达更多的大数据特征。

广义大数据的定义为，所谓大数据，是一个综合性概念，它包括因具备体积/种类/速度（Volume/Variety/Velocity，3V）特征而难以进行管理的数据，对这些数据进行存储、处理、分析的技术，以及能够通过分析这些数据获得实用意义和观点的人才和组织（见图 4.6）。

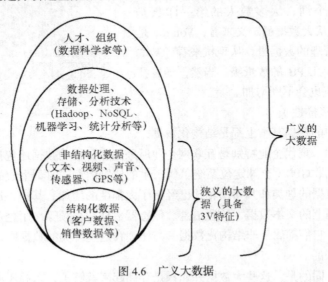

图 4.6　广义大数据

广义大数据的定义能更好地反映大数据的全方位特征，在表达上更加清晰。从这点上看，大数据已经不仅是一个技术性的专业术语，而且富有更多的社会特征，包括营销、人力、财务、风控等方方面面，是人类智慧的顶尖表现。

4.2.3　Hadoop

大数据在近几年能得以广泛的流行，其最大的功臣当属云计算和 Hadoop 技术。云计算的内容在前面已经讲过，本节主要讲解 Hadoop 技术。

1. Hadoop 的概念

Google 是大数据技术的鼻祖。毫不夸张地说，大数据的发展就是世界上其他企业和学校联合起来追赶 Google 的过程。在这个过程中，最重要的软件技术就是 Hadoop。

Hadoop（见图 4.7）是一款支持数据密集型分布式应用并以 Apache 2.0 许可协议发布的开源软件框架。Hadoop 是根据 Google 公司发表的 MapReduce 和 Google 档案系统的论文制作而成的。

图 4.7　Hadoop 标志图

Hadoop 这个名字不是一个缩写，而是一个虚构的名字。该项目的创建者——道·卡廷（Doug Cutting）解释 Hadoop 的得名："这个名字是我孩子给一个棕黄色的大象玩具命名的。我的命名标准就是简短、容易发音和拼写，没有太多的意义，并且不会被用于别处。小孩子恰恰是这方面的高手。"

Hadoop 是一个能够让用户轻松架构和使用的分布式计算平台。用户可以轻松地在 Hadoop 上开发和运行处理海量数据的应用程序。它主要有以下 5 个优点。

（1）高可靠性。Hadoop 按位存储和处理数据的能力值得人们信赖。

（2）高扩展性。Hadoop 是在可用的计算机集簇间分配数据并完成计算任务的，这些集簇可以方便地扩展到数以千计的节点中。

（3）高效性。Hadoop 能够在节点之间动态地移动数据，并保证各个节点的动态平衡，因此处理速度非常快。

（4）高容错性。Hadoop 能够自动保存数据的多个副本，并且能够自动将失败的任务重新分配。

（5）低成本。与一体机、商用数据仓库以及 QlikView、Yonghong Z-Suite 等数据集市相比，Hadoop 是开源的，项目的软件成本因此会大大降低。

Hadoop 带有用 Java 语言编写的框架，因此在 Linux 生产平台上运行是非常理想的。Hadoop 上的应用程序也可以使用其他语言编写，如 C++。

2. Hadoop 平台的核心技术

Hadoop 核心技术基本上都依照 Google 的大数据系统，普遍认为整个 Apache Hadoop 平台包括 Hadoop 内核、MapReduce、Hadoop 分布式文件系统（HDFS）以及一些相关项目，如 Apache Hive 和 Apache HBase 等。

（1）HDFS

如同 Windows 使用 NTFS 文件系统一样，Hadoop 首要任务是存储分布式的文件数据。为实现稳定、可靠和性能较优良的文件存储，Hadoop 提供了自己的文件系统——分布式文件系统（Hadoop Distributed File System，HDFS）。

HDFS 位于 Hadoop 的底层，它存储 Hadoop 集群中所有存储节点上的文件。HDFS 是一个主/从（Mater/Slave）体系结构，从最终用户的角度来看，它就像传统的文件系统一样，可以通过目录路径对文件执行创造、阅读、更新和删除（Create、Read、Update 和 Delete，CRUD）操作。但由于分布式存储的性质，HDFS 集群拥有一个 NameNode 和一些 DataNode。NameNode 管理文件系统的元数据，DataNode 存储实际的数据。客户端通过 NameNode 和 DataNodes 的交互访问文件系统。

HDFS 具有以下特点。

① 可靠的数据存储

HDFS 中的任意一份数据，理论上都至少存放 3 份以上的副本。任何一份副本的失效都不会影响数据访问。

② 处理超大文件

这里的超大文件通常是指几百 MB 甚至数百 TB 大小的文件。目前在实际应用中，HDFS 已经能用来存储管理 PB 级的数据。

③ 流式的访问数据

HDFS 的设计建立在更多地响应"一次写入、多次读写"任务的基础上。这意味着一个数据集一旦由数据源生成，就会被复制分发到不同的存储节点中，然后响应各种各样的数据分析任务请求。在多数情况下，分析任务都会涉及数据集中的大部分数据，也就是说，对 HDFS 来说，请求读取整个数据集要比读取一条记录更加高效。

④ 运行于廉价的商用机器集群上

Hadoop 设计对硬件需求比较低，只需运行在低廉的商用硬件集群上，而无需昂贵的高可用性机器。廉价的商用机也就意味着大型集群中出现节点故障情况的概率非常高。这就要求设计 HDFS 时要充分考虑数据的可靠性、安全性及高可用性。

（2）MapReduce

如果说 HDFS 解决了分布式存储的问题，那么 MapReduce 则解决了分布式计算问题。以 C++程序为主的传统分布式计算编程都非常复杂，对程序员的编程要求都非常高，这使得程序的编写和调试都有相当大的难度，而 MapReduce 的出现使得这个问题得到了极大的解决。

Hadoop 的 MapReduce 模仿 Google 的 MapReduce 实现原理，是一个使用简易的分布式计算框架，基于它写出的应用程序能够运行在由上千个商用机器组成的大型集群上，并以一种可靠容错的方式并行处理上 T 级别的数据集。

例如，用户想数出一摞牌中有多少张黑桃（见图 4.8）。直观方式是一张一张检查并且数出有多少张是黑桃，而 MapReduce 方法如下。

Step1：给在座的所有玩家分配这摞牌；

Step2：让每个玩家数自己手中的牌有几张是黑桃，然后把这个数目汇报给用户；

Step3：用户把所有玩家说的数字加起来，得到最后的结论。

图 4.8　扑克牌统计

MapReduce 合并了两种经典函数——映射和化简。

映射（Mapping）对集合里的每个目标应用同一个操作，即每个玩家分配计算中的黑桃，简单地说，编写程序（函数）来对自己手中的黑桃加一的操作就属于 Mapping。很明显，人越多数得越快，对应程序而言，机器越多则越快。

化简（Reducing）遍历集合中的元素来返回一个综合的结果，即将每个人的牌数进行汇总统计，所有这个操作都属于 Reducing。很明显，指定汇总的人较多，也会加快汇总速度，当所有汇总完成后才能得到最终结果。此过程对机器也一样。

图 4.9 展示了 Mapping-Reducing 的工作原理。

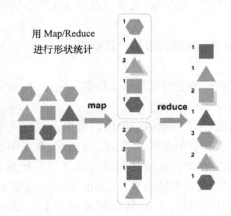

图 4.9　Mapping-Reducing 工作原理示意图

MapReduce 能使用广受欢迎的 Java 语言进行程序设计，大大降低了程序设计的门槛，规避了类如 C++语言容易出现各种内存问题的风险，从而获得了极为广泛的使用。

（3）其他子项目

一个完整的大数据框架内容是非常丰富的。就 Hadoop 而言，除了 HDFS 和 MapReduce 这两个核心项目外，它还有以下一些广为人知的子项目。

① Hadoop Common。在 0.20 及以前的版本中，包含 HDFS、MapReduce 和其他项目公共内容，从 0.21 开始，HDFS 和 MapReduce 被分离为独立的子项目，其余内容为 Hadoop Common。

② Hive。数据仓库工具，由 Facebook 贡献。

③ Zookeeper。分布式锁设施，提供类似 Google Chubby 的功能，由 Facebook 贡献。

④ Avro。新的数据序列化格式与传输工具，将逐步取代 Hadoop 原有的 IPC 机制。

⑤ Pig。大数据分析平台，为用户提供多种接口。

⑥ Ambari。Hadoop 管理工具，可以快捷地监控、部署、管理集群。

3. Hadoop 的发展趋势

Hadoop 从 2007 年诞生到现在已经有近十个年头了，虽然广为人知才是近几年的事，但事实上，近年来随着计算机软硬件技术的不断更新，Hadoop 已经发展得与当初有相当大的区别了。一般说来 Hadoop 有以下 2 个趋势需要关注。

（1）从离线计算到实时计算

以 MapReduce 为基础的计算有一点让它颇受诟病，即计算花费时间较长。事实上，MapReduce 的计算时间通常都是以小时为单位的。我们无法忍受一个任务（如买车票推荐）需要长时间的等待，这也就决定了它只能用于离线计算环节。例如，我们可以在线下完成相关的推荐处理并把结果放入数据库中，用户只需要查询结果即可。也就是说 MapReduce 是事实上的批处理框架。

近年来，人们越来越来希望实时获得计算结果。大数据实时计算也成为大数据发展的重要方向。

（2）从数据库到数据挖掘

HDFS 只提供了分布式数据存储的功能，在它之上的 HBase/Hive 提供了数据库的相关功能。但它们都不能算商务智能。在数据分析中经常使用各种经典的商务智能算法，如分类、聚类、预测等数据挖掘算法都需要按 Hadoop 的要求重写并优化。同时，Hadoop 的使用也进一步促进了数据挖掘技术的发展。

本小节将讨论以下一些颇有前途的大数据计算框架。

① Storm

Storm 是一个分布式的、容错的实时计算流式框架，它由 Twitter 提供。它被托管在 GitHub上，遵循 Eclipse Public License 1.0。

Storm 为分布式实时计算提供了一组通用原语，可用于"流处理"，实时处理消息并更新数据库。这是管理队列及工作者集群的另一种方式。Storm 也可用于"连续计算"（Continuous Computation），对数据流做连续查询，在计算时就将结果以流的形式输出给用户。它还可用于"分布式 RPC"，以并行的方式运行昂贵的运算。Storm 的主工程师 Nathan Marz 表示：Storm 可以方便地在一个计算机集群中编写与扩展复杂的实时计算，Storm 用于实时处理，就好比 Hadoop 用于批处理。Storm 保证每个消息都会得到处理，而且它很快——在一个小集群中，每秒可以处理数以百万计的消息。

Storm 的主要特点如下。

- 简单的编程模型。类似于 MapReduce 降低了并行批处理复杂性，Storm 降低了进行实时处理的复杂性。
- 可以使用各种编程语言。程序员可以在 Storm 之上使用各种编程语言。默认支持 Clojure、Java、Ruby 和 Python。要增加对其他语言的支持，只需实现一个简单的 Storm 通信协议即可。
- 容错性。Storm 会管理工作进程和节点的故障。
- 水平扩展。计算是在多个线程、进程和服务器之间并行进行的。
- 可靠的消息处理。Storm 保证每个消息至少能得到一次完整处理。任务失败时，它会负责从消息源重试消息。
- 快速。系统的设计保证了消息能得到快速的处理。
- 本地模式。Storm 有一个"本地模式"，可以在处理过程中完全模拟 Storm 集群，程序员可以快速进行开发和单元测试。

② Spark

Apache Spark 是一个开源计算框架，最初是由加州大学伯克利分校 AMPLab 所开发。相对于 Hadoop 的 MapReduce 会在运行完工作后将中介数据存放到磁盘中，Spark 使用了存储器内运算技术，能在数据尚未写入硬盘时（即在存储器内）分析运算。Spark 在存储器内运行程序的运算速度能做到比 Hadoop MapReduce 的运算速度快上 100 倍，即便是运行程序于硬盘时，Spark 也能快上 10 倍速度。Spark 允许用户将数据加载至内存，并对其进行多次查询，非常适合用于机器学习算法。

使用 Spark 需要搭配服务器集群管理员和分布式存储系统。Spark 支持独立模式（本地 Spark）、Hadoop YARN 或 Apache Mesos 的簇管理。在分布式存储方面，Spark 可以和 HDFS、Cassandra、OpenStack Swift 和 Amazon S3 等界面搭载。Spark 也支持伪分布式（Pseudo-Distributed）本地模式，不过通常只用于在开发或测试时，以本机文件系统取代分布式存储系统。在这样的情况下，Spark 仅在一台机器上使用每个 CPU 核心运行程序。

③ Hadoop Mahout

Hadoop Mahout 是 Hadoop 下的一个子项目，提供一些可扩展的机器学习领域经典算法的实现，旨在帮助开发人员更加方便快捷地创建智能应用程序。Mahout 包含许多实现：聚类、分类、推荐过滤、频繁子项挖掘。此外，通过使用 Apache Hadoop 库，Mahout 可以有效地扩展到云中。

Mahout 可以提供的算法如表 4-1 所示。

表 4-1　Mahout 算法

算法类	算法名	中文名
分类算法	Logistic Regression	逻辑回归
	Bayesian	贝叶斯
	SVM	支持向量机
	Perceptron	感知器算法
	Neural Network	神经网络
	Random Forests	随机森林
	Restricted Boltzmann Machines	有限波尔兹曼机
聚类算法	Canopy Clustering	Canopy 聚类
	K-means Clustering	K 均值算法
	Fuzzy K-means	模糊 K 均值
	Expectation Maximization	EM 聚类（期望最大化聚类）
	Mean Shift Clustering	均值漂移聚类
	Hierarchical Clustering	层次聚类
	Dirichlet Process Clustering	狄里克雷过程聚类
	Latent Dirichlet Allocation	LDA 聚类
	Spectral Clustering	谱聚类
关联规则挖掘	Parallel FP Growth Algorithm	并行 FP Growth 算法
回归	Locally Weighted Linear Regression	局部加权线性回归
降维/维约简	Singular Value Decomposition	奇异值分解
	Principal Components Analysis	主成分分析
	Independent Component Analysis	独立成分分析
	Gaussian Discriminative Analysis	高斯判别分析
进化算法	并行化了 Watchmaker 框架	
推荐/协同过滤	Non-distributed recommenders	Taste（UserCF，ItemCF，SlopeOne）
	Distributed Recommenders	ItemCF

算法类	算法名	中文名
向量相似度计算	RowSimilarityJob	计算列间相似度
	VectorDistanceJob	计算向量间距离
非 Map-Reduce 算法	Hidden Markov Models	隐马尔科夫模型
集合方法扩展	Collections	扩展了 Java 的 Collections 类

Mahout 算法大多是经典数据挖掘算法进行 MapReduce 化的结果，总的说来算法库比较丰富和可靠。

④ MLlib

MLlib 是 Spark 上分布式机器学习框架。Spark 分布式存储器式的架构比 Hadoop 磁盘式的 Apache Mahout 快上 10 倍，扩充性甚至比 Vowpal Wabbit 要好。MLlib 可使用许多常见的机器学习和统计算法，用于简化大规模机器学习时间，其中包括以下 7 种。

- 汇总统计、相关性、分层抽样、假设检定、随机数据生成。
- 分类与回归：支持矢量机、回归、线性回归、决策树、朴素贝叶斯。
- 协同过滤：ALS。
- 聚类：K 平均算法。
- 维度缩减：奇异值分解（SVD）、主成分分析（PCA）。
- 特征提取和转换：TF-IDF、Word2Vec、StandardScaler。
- 最优化：随机梯度下降法（SGD）、L-BFGS。

MLlib 是 Hadoop 算法重要的替代和补充，在现今内存大大增加的服务器集群上可以非常好地提高计算速度，提升用户体验感。

4.2.4 大数据的问题

大数据的发展并不是一片叫好之声，它同样面临着一些严重的问题。其中最严重的问题是隐私问题。

网络流传了一段非常经典的段子，展示了大数据的威力和严重的隐私问题。

某必胜客店的电话铃响了，客服人员拿起电话。

客服：必胜客。您好，请问有什么需要我为您服务？

顾客：你好，我想要一份……

客服：先生，烦请先把您的会员卡号告诉我。

顾客：16846146***

客服：陈先生，您好！您是住在泉州路一号 12 楼 1205 室，您家电话是 2624***，您公司电话是 4666***，您手机号是 1391234****。请问您想用哪一个电话付费？

顾客：你为什么知道我所有的电话号码？

客服：陈先生，因为我们联机到 CRM 系统。

顾客：我想要一个海鲜披萨……

客服：陈先生，海鲜披萨不适合您。

顾客：为什么？

客服：根据您的医疗记录，您的血压和胆固醇都偏高。

客服：您可以试试我们的低脂健康披萨。

顾客：你怎么知道我会喜欢吃这种的？

客服：您上星期一在国家图书馆借了一本《低脂健康食谱》。

顾客：好。那我要一个家庭特大号披萨，要付多少钱？

客服：99 元，这个足够您一家六口吃了。但您母亲应该少吃，她上个月刚做了心脏搭桥手术，还处在恢复期。

顾客：那可以刷卡吗？

客服：陈先生，对不起。请您付现款，因为您的信用卡已经刷爆了，您现在还欠银行 4807 元，而且还不包括房贷利息。

顾客：那我先去附近的提款机提款。

客服：陈先生，根据您的记录，您已经超过今日提款限额。

顾客：算了，你们直接把披萨送到我家吧，家里有现金。你们多久送到？

客服：大约 30 分钟。如果您不想等，可以自己骑车来。

顾客：为什么？

客服：根据我们的 CRM 全球定位系统的车辆行驶自动跟踪系统记录，您登记有一辆车号为 SB-748 的摩托车，而且目前您正在解放路东段华联商场右侧骑着这辆摩托车。

顾客当即晕倒。

从以上的对话我们可以看到大数据面临的严重问题："大数据"时代没有隐私！

由于大数据的强势地位，对一个普通公民而言，他的个人数据是可能被随意收集和滥用的。无论是政府还是公民本身都需要面对以下 3 个问题。

（1）这些数据应当属于谁

从理论上讲，任何机构都可以收集各种个人信息，如姓名、电话、住址和爱好等。但这些信息其实并不属于这些机构。理论上讲，未得个人授权，任何机构不得使用。

然后，事实并非如此。当你在使用电子邮件、社交网络的时候，你大概也会知道你的信息正在被记录下来，你发表的言论或者分享的照片、视频等都决定着互联网运营商即将向你推荐什么样的资源和广告；当你拿着 iPhone 满世界跑的时候，苹果早已通过定位系统把你的全部信息收罗在自己的数据库里，利用这些信息来构建地图和交通信息等；当你在享受视频监控带来的安全感的同时，别忘了你也是被监控的一分子，你的一举一动都会暴露在镜头下面；当你用手机通话时，运营商不仅知道你打给谁，打了多久，还知道你是在哪里进行的通话。

（2）谁有权利利用这些数据进行分析

越来越多的企业希望借助数据存储、数据分析等为自身带来更多利益。最典型的一个案例就是，华尔街有炒家利用计算机程序分析当时全球 3.4 亿微博账户的留言来判断民众情绪，再以 1~50 为其打分，根据分数高低处理手中的股票。判断原则很简单：如果多数人表现兴奋，那就买入；如果大家的焦虑情绪上升，那就抛售。这一数据分析软件帮助该炒家在今年第一季度获得了 7% 的收益率。

当然，消费者也会享受到更方便和更具个性化的服务。网购狂人李雪（化名）每天早上打开邮件，首先映入眼帘的就是各大电子商务网站发出的订阅邮件和个性化推荐的邮件，着实方便了她在网上进行目标性极强的、有选择的"扫荡式"购物。这是商家根据对用户的页面停留时间、浏览与购买商品的分类等数据的分析做出的推荐。

各种商业机构和政府在收集这些信息后，如果直接分析使用这些数据，是否就侵犯了公民的隐私呢？在这方面而言，各国的法律基本上还属于空白阶段。

（3）这种利用是否应有一个限度

以前，这些记录几乎不会对普通人造成影响，因为它的数量如此巨大，除非刻意寻找，否则人们不会注意其中的某些信息。但是，随着大数据技术的不断进步，这一状况正在发生改变。相当多的商业、科研、教学机构都对大数据样本本身有着各种需求。例如，Facebook 公司内部的科学家已经利用这些数据进行了大量研究并发表了超过 30 篇论文，但 Facebook 顾虑到隐私问题，并未公布原始数据，使得这些论文无法被业界承认并应用在广泛的社会学和心理学领域。同时，外界的研究者苦于没有数据，进行相关研究时远远没有 Facebook 得心应手。2011 年 8 月，Facebook 公司表示正计划向社会学家开放有限的数据访问权限，这又会带来更多争议。在国内，也出现了如数据堂这样的专业数据提供商。此外，谷歌也和美国政府就数据利用问题产生了多次冲突。美国政府以各种理由不断要求谷歌提供用户数据并时常遭到谷歌拒绝。同时，美国政府也对街景等应用进行调查，限制谷歌收集更多数据以制衡谷歌。

斯诺登事件是近年来最严重的大数据与个人隐私冲突的事件。爱德华·约瑟夫·斯诺登是前美国中央情报局（CIA）职员，美国国家安全局（NSA）外判技术员。他因于 2013 年 6 月在香港将美国国家安全局关于棱镜计划（PRISM）监听项目的秘密文档披露给了英国《卫报》和美国《华盛顿邮报》，遭到美国和英国的通缉。据描述，PRISM 计划能够对即时通信和既存资料进行深度的监听。许可的监听对象包括任何在美国以外地区使用参与计划公司服务的客户，或是任何与国外人士通信的美国公民。可以获得的数据包括电子邮件、视频和语音交谈、影片、照片、VoIP 交谈内容、档案传输、登入通知，以及社交网络细节。

4.2.5　大数据的未来

2015 年底，一曲"特殊"的交响乐在朋友圈引起了转发热潮，被称为年度最有格调的跨界合作。据了解，这曲交响乐之所以受到业内外的广泛关注，是因为它的乐谱"取之于民，用之于民"。百度邀请著名作曲人张朝、中国国家交响乐团将 2015 年一整年的搜索数值的高低起伏作为五线谱上的律动，形成属于 13 亿中国网民的独一无二的音乐盛曲。

大数据与音乐的结合在国内还是首次，百度借用年末盘点的契机，将冷冰冰的科技技术与曲高和寡的交响艺术二者碰撞，迸发出别有温度的人文情怀，让人们重温一年热点的同时，也感受到了大数据等技术应用所带来的好处。

可以看出大数据的应用范围越来越广，医疗、教育、汽车……各个行业都在不断应用大数据。越来越多的政府机构、公司都已经开始把大数据应用到企业当中。涌现出相当有特色且有潜力的融合领域。

（1）大数据汽车——研发智能汽车

2015 年，百度的无人驾驶汽车在北京的环路上进行路测，开启了国内的无人驾驶汽车时代，其中所利用的技术当中有一项最重要的就是大数据分析。与百度无人驾驶汽车不同，福特汽车则已经把大数据运用到公司的每一个环节当中，从预测商品的价格到理解消费者真正需要什么，从公司应该为客户生产哪种车型到这种车型应该采购哪些零部件，再到是否要新增轿车和卡车的车型，以及福特智能汽车的设计、制造等方面。随着车联网时代的不断前进，大数据在汽车领域的应用越来越广泛。并且，大数据在交通拥堵、驾驶安全等方面也有着相当大的作用。目前，交通拥挤已经成为国内各大城市面临的一个非常严重的现实问题。如果将这些行驶数据、车辆数据都收集起来，就能够制订更合理的交通方案，车主也能够提前做好更方便快捷的出行方案。

（2）大数据体育——打造更完美赛事

在 2014 年的世界杯期间，腾讯借助大数据发布了世界杯的报告，而德国足球队更加厉害，他们通过采用 SAP 大数据分析，基于 SAP HANA 平台运行处理海量数据，为球员和教练提供一个简明的用户界面，帮助双方开展互动性更强的对话，分析球队训练、备战和比赛情况，从而提升球员和球队的成绩，最终在世界杯一举战胜巴西队。并且对于赛事直播的媒体、直播平台来说，大数据的应用能够帮助他们获得更高的收视率，从而影响平台的广告收入。对于体育赛事的人员来说，通过数据分析能够为球队和队员提供最新的运动数据。

（3）大数据电商——打造更极致用户体验

通过借助大数据的应用与分析，阿里打造了用户体验一次比一次好的"双十一"网购狂欢节。此外，对于电商平台而言，大数据还可以帮他们打造更好的产品。例如，京东、苏宁易购、国美等电商平台就已经开始针对用户的评论数据建立网评数据库，以此来分析消费特征、帮助优化产品质量等。

（4）大数据旅游——开启智慧旅游

目前我国人口众多，基本上每到"五一""十一"的黄金周，各个旅游景点就会出现大量的游客，不仅游览体验好感降低，而且容易造成安全隐患。百度大数据通过搭建"旅游大数据"平台，对旅游业提供数据可视化和 API 接口服务。同时与千岛湖、峨眉山等众多景区的合作，让大数据更好地帮游客合理安排出行，及时了解景区状况，并向游客提供更智能化的服务。

对于很多大城市的旅游景点来说，大数据的应用会比较广泛，但是目前国内很多旅游景点的信息化建设还比较落后，大数据结合旅游还需要一段漫长的过程。

（5）大数据金融——建立征信的根基

金融业是大数据的重要产生者，交易、报价、业绩报告、消费者研究报告、官方统计数据公报、调查、新闻报道无一不是数据来源。金融业也高度依赖信息技术，是典型的数据驱动行业。

大数据的应用对于金融行业的发展来说也具有深远的意义，即建立有效的大数据征信，为互联网金融解决风险评估问题。目前国内各个互联网金融机构征信体系存在相当多的不足，而大数据的出现则很好地解决了这些问题，不论是阿里芝麻信用，还是腾讯征信都开始借助大数据来打造建立更完善的征信体系。

（6）大数据医疗——开启全民健康时代

越来越多的传统医院和互联网公司都在开始将大数据运用于医疗方面。比如，深圳儿童医院通过部署 IBM 集成平台与商业智能分析系统，开始打造智慧医院；百度结合大数据整合与分析等技术推出在线的"疾病预测"功能，通过对用户的搜索和位置数据进行统计和分析，从而得出人们关于搜索"流感""肝炎"等疾病关键词信息的时间和地点分布，同时参考环境指数和人口迁移等动态信息，为疾病预测提供数据支持。

大数据的应用，对于整个医疗行业技术水平而言都是一大提升，同时也能节约医疗成本，提高医疗效率，提升全民健康指数。

习　题

1. 什么是云计算？
2. 什么是大数据？

3. 云计算的核心技术有哪些?

4. 云计算能解决哪些问题?不能解决哪些问题?

5. 大数据是万能的吗?它有哪些危机?

6. 试编制一个游戏来说明 MapReduce 的过程,并说明它是如何提高计算速度的。

第5章
微电子与传感技术

5.1 微电子技术

微电子技术是信息技术领域中的关键技术，是发展电子信息产业和各项高技术的基础。微电子技术的核心是集成电路技术，计算机、数控机床、机器人、智能手机、家电设备、航空航天、军事装备等无一不使用微电子集成电路技术。因此，微电子技术是传感技术、通信技术、计算机技术发展的重要基础。

5.1.1 微电子技术及其发展历程

微电子技术是以集成电路为核心的电子技术，是在电子元器件微型化、低功耗过程中发展起来的，至今已经历了五代技术的突破与发展。

1. 第一代：电子管技术

电子管，是一种最早期的电信号放大器件。阴极、控制栅极、加速栅极、阳极都被封闭在玻璃容器（一般为玻璃管）中，利用电场对真空中的控制栅极注入电子调制信号，并在阳极获得对信号放大或反馈振荡后的不同参数信号数据。电子管技术早期应用于电视机、收音机、扩音机、超级计算机等电子产品中，近年来逐渐被半导体材料制作的放大器和集成电路取代。但目前在一些高保真、高品质音响设备中，仍然使用低噪声、稳定系数高的电子管作为音响功率放大器件，俗称"胆

图 5.1　现代高保真音响电子管功放（胆机）

机"。胆机在全球专业音响领域仍然是首选设备（见图 5.1），也是全球音乐发烧友的最爱，可见电子管技术的性能特点仍然不可替代。

1883 年，世界著名发明家托马斯·爱迪生在为电灯泡寻找最佳灯丝材料时，在真空电灯泡内部碳丝附近安装了一小截铜丝，希望铜丝能阻止碳丝蒸发。尽管这个实验失败了，但无意中发现没有连接在电路里的铜丝，却因接收到碳丝发射的热电子产生了微弱的电流。这一现象被发现并申请了技术专利，并被命名为"爱迪生效应"。

1904 年，英国物理学家弗莱明在爱迪生效应基础上研制出世界上第一只电子二极管，使爱迪生效应具有了实用价值，并为此获得电子二极管的发明专利。1906 年，美国发明家德福雷斯

特在电子二极管的灯丝和板极之间巧妙地加了一个栅板，从而发明了人类第一只真空三极管。电子管（见图 5.2）的诞生，标志着人类从此进入了电子时代。

由此，人类也开启了机械计算机向电子计算机发展的进程。1942 年，美国利用电子管技术成功研制世界上第一台电子计算机，它是一个占地面积 150m^2、重达 30t 的庞然大物。该计算机使用了 17468 只电子管、7200 只电阻、10000 只电容、50 万条线，耗电量为 150kW。

2. 第二代：晶体管技术

晶体管，是一种半导体固体电子元件。金、银、铜、铁等金属导电性能良好，属于电导体；木材、玻璃、陶瓷、云母等物质不易导电，属于绝缘体；导电性能介于导体和绝缘体之间的物质，属于

图 5.2　电子管元件实物外形

半导体。锗和硅是两种最为常见的半导体材料，利用这些半导体材料制成的电子二极管、三极管器件（见图 5.3），即为晶体管。

图 5.3　不同功率大小的晶体三极管元件

半导体，是 19 世纪末发现的一种当时的新型材料。当初人们并没有发现半导体的价值所在，也就没有注重半导体的研究。直到第二次世界大战，由于雷达技术发展的需要，半导体器件——微波矿石检波器的应用日趋成熟，在军事上发挥了重要作用，这才引起了科学家们对半导体材料的研究兴趣。当时，世界各国许多科学家都投入到半导体材料的深入研究中。1947 年，美国贝尔实验室的物理学家肖克利、巴丁和布拉顿三人捷足先登，合作发明研制了晶体管——一种由 3 个支点构成的半导体固体元件。晶体管当时被称为"三条腿的魔术师"，它的发明是电子技术史上具有划时代意义的伟大科学事件，从此开创了一个崭新的时代——固体电子技术时代。3 位科学家也因此成就共同获得了 1956 年的最高科学奖——诺贝尔物理学奖。

晶体管的诞生，使电子设备在能耗方面得到显著下降，同时体积也大幅度下降。第二代超级计算机也因此得到重大技术突破，电子计算机步入了晶体管时代。

3. 第三代：集成电路

集成电路（Integrated Circuit，IC），是一种微型电子器件（见图 5.4）。基片半导体材料经氧化、光刻、扩散、外延、蒸铝等制造工艺技术，把一个电路中所需的晶体管、电阻、电容和电感等元件及布线互连一起，全部集成在一小块硅片上，然后焊接封装在一个绝缘材料外壳内制备成电子器件，使所有元件在结构上组成一个整体，使电子元件向微小型化、低功耗、高集成和高可靠方向发展。

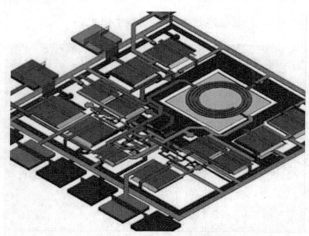

图 5.4　半导体集成电路内部结构图

晶体管诞生后，科学家们充分认识到电子器件的能耗和体积对电子设备制造的意义十分重大。1952 年英国雷达研究所科学家达默提出：可以把电子线路中的分立元器件，集中制作在一块半导体晶片上，一小块晶片就是一个完整电路，这样电子线路的体积就可大大缩小，可靠性大幅提高。在这一思想的指导下，1958—1959 年杰克・基尔比（Jack Kilby）和罗伯特・诺伊斯（Robert Noyce）分别发明了锗集成电路和硅集成电路。

当今半导体工业大多数应用的是基于硅的集成电路，其封装外壳有圆壳式、扁平式、双列直插式等多种形式。集成电路技术包括芯片制造技术与设计技术，主要体现在加工设备、加工工艺、封装测试、批量生产和设计创新能力等方面。

4. 第四代：集成电路的规模化发展

集成电路，具有体积小、重量轻、引出线少、寿命长、可靠性高、电气性能好等优点，同时其成本低，便于大规模生产。集成电路不仅在工业、民用电子设备制造中得到广泛的应用，同时在军事、航空、航天等方面也得到广泛的应用。用集成电路来装配电子设备，其装配密度相比晶体管可提高几十倍至几千倍，设备的稳定工作时间也可大大提高。集成电路按其功能和结构的不同，可以分为模拟集成电路、数字集成电路和数/模混合集成电路三大类。

随着微电子技术及工业制造技术水平的提高，集成电路的设计和制造能力也得到了飞速的发展。集成电路由小规模发展到当今的巨大规模水平，并仍在持续发展（见图 5.5）。

（1）小规模集成电路（Small Scale Integrated Circuits，SSIC）

集成逻辑门 10 个以下或晶体管 100 个以下。

（2）中规模集成电路（Medium Scale Integrated Circuits，MSIC）

集成逻辑门 11~100 个或晶体管 101~1000 个。

（3）大规模集成电路（Large Scale Integrated Circuits，LSIC）

集成逻辑门 101~1000 个或晶体管 1,001~10,000 个。

（4）超大规模集成电路（Very Large Scale Integrated Circuits，VLSIC）

集成逻辑门 1,001~10000 个或晶体管 10,001~100,000 个。

（5）特大规模集成电路（Ultra Large Scale Integrated Circuits，ULSIC）

集成逻辑门 10,001~1,000，000 个或晶体管 100,001~10,000,000 个。

（6）巨大规模集成电路（Giga Scale Integration Circuits，GSIC）

集成逻辑门 1,000,000 个以上或晶体管 10,000,000 个以上。

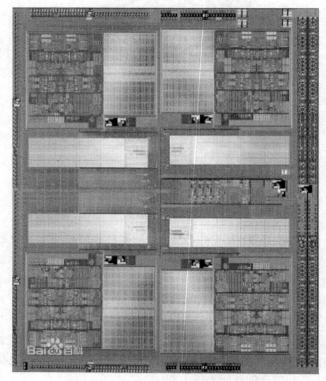

图 5.5　规模化发展的集成电路内部结构

5．第五代：微机电集成电路

微机电集成电路（见图 5.6），是在微电子技术和微机械技术基础上发展起来的多学科交叉的前沿新兴技术领域，涉及电子、机械、材料、物理学、化学、生物学、医学等多种学科与技术，具有广阔的应用前景。微机电集成电路，主要利用硅半导体进行微电子集成电路和微机构结构的加工，使集成电路和微型机械结构融合成一个整体，从而进一步降低机电系统的能耗和体积，使电子和机械结构能够更加完美，从而获得更加优良、可靠的性能。

图 5.6　微机电集成电路的内部结构

5.1.2　微电子集成电路的分类及应用

集成电路制造，是以半导体单晶片作为基片，采用平面工艺，将晶体管、电阻、电容等元器件及其连线构成的电路制作在基片上所构成的一个微型化的电路或系统，从而获得体积小、重量轻、功耗低、成本低、易加工、高可靠等性能特点。集成电路有许多种分类方法，其中最主要的分类方法是把集成电路分为模拟集成电路、数字集成电路和数/模混合集成电路三大类。

1. 模拟集成电路

模拟集成电路，是指由电容、电阻、晶体管等组成的模拟电路集成在一起用来处理模拟信号的集成电路，如运算放大器、模拟乘法器、锁相环、电源管理芯片等。

模拟集成电路的基本电路包括电流源、单级放大器、滤波器、反馈电路、电流镜电路等，由它们组成的高一层次的基本电路为运算放大器、比较器，更高一层的电路有开关电容电路、锁相环、ADC/DAC 等。根据输出与输入信号之间的响应关系，又可以将模拟集成电路分为线性集成电路和非线性集成电路两大类。前者的输出与输入信号之间的响应通常呈线性关系，其输出的信号形状与输入信号是相似的，只是被放大了，并且按固定的系数进行放大。而非线性集成电路的输出信号对输入信号之间的响应呈非线性关系，如平方关系、对数关系等，故称其为非线性电路。

2. 数字集成电路

数字集成电路，是将元器件和连线集成于同一半导体芯片上而制成的数字逻辑电路或系统。根据数字集成电路中包含的门电路或元器件数量，可将数字集成电路分为小规模集成（SSI）电路、中规模集成（MSI）电路、大规模集成（LSI）电路、超大规模集成（VLSI）电路和特大规模集成（ULSI）电路。

数字集成电路，可将数字逻辑电路分成组合逻辑电路和时序逻辑电路两大类。在组合逻辑电路中，任意时刻的输出仅取决于当时的输入，而与电路以前的工作状态无关。最常用的组合逻辑电路有编码器、译码器、数据选择器、多路分配器、数值比较器、全加器、奇偶校验器等。在时序逻辑电路中，任意时刻的输出不仅取决于该时刻的输入，还与电路原来的状态有关。因此，时序逻辑电路必须有记忆功能，必须含有存储单元电路。最常用的时序逻辑电路有寄存器、移位寄存器、计数器等。

数字集成电路产品的种类很多，若按电路结构来分，可分成 TTL 和 MOS 两大系列。TTL数字集成电路是利用电子和空穴两种载流子导电的，所以又叫双极性电路。

MOS 数字集成电路是只用一种载流子导电的电路，其中用电子导电的称为 NMOS 电路，用空穴导电的称为 PMOS 电路。如果是用 NMOS 及 PMOS 复合起来组成的电路，则称为CMOS 电路。

CMOS 数字集成电路与 TTL 数字集成电路相比，有许多优点，如工作电源电压范围宽、静态功耗低、抗干扰能力强、输入阻抗高、成本低等，因而 CMOS 数字集成电路在当今得到了广泛的应用。

3. 数/模混合集成电路

混合集成电路，是由半导体集成工艺与薄（厚）膜工艺结合而制成的集成电路。混合集成电路是在基片上用成膜方法制作厚膜或薄膜元件及其互连线，并在同一基片上将分立的半导体芯片、单片集成电路或微型元件混合组装，再外加封装而成。与分立元件电路相比，混合集成电路具有组装密度大、可靠性高、电性能好等特点。相对于单片集成电路，它设计灵活，工艺简便，便于多品种小批量生产；元件参数范围宽、精度高、稳定性好，可以承受较高电压和较大功率。

制造混合集成电路常用的成膜技术有网印烧结和真空制膜两种。用前一种技术制造的膜称为厚膜，其厚度一般在 15μm 以上；用后一种技术制造的膜称为薄膜，厚度从几百到几千埃。若混合集成电路的无源网路是厚膜网路，则称为厚膜混合集成电路；若混合集成电路的无源网络是薄膜网路，则称为薄膜混合集成电路。

混合集成电路的应用以模拟电路、微波电路为主，也用于电压较高、电流较大的专用电路，如便携式电台、机载电台、电子计算机和微处理器中的数据转换电路、数—模和模—数转换器等，混合集成电路在微波领域中的应用尤为突出。

5.1.3　微电子集成电路的封装及外形

集成电路封装，是伴随集成电路技术的发展而发展的。随着航空、机械、轻工、化工等各个行业的不断发展，整机也向着多功能、小型化方向变化。这就要求集成电路的集成度越来越高，功能越来越复杂。相应地要求集成电路封装密度越来越大，引线数越来越多，而体积越来越小，重量越来越轻，更新换代越来越快，封装结构的合理性和科学性将直接影响集成电路的质量。因此，对于集成电路的制造者和使用者，除了掌握各类集成电路的性能参数和识别引线排列外，还要对集成电路各种封装的外形尺寸、公差配合、结构特点和封装材料等知识有一个系统的认识和了解。以便使集成电路制造者不因选用封装不当而降低集成电路性能；也使集成电路使用者在采用集成电路进行征集设计和组装时，合理进行平面布局、空间占用，做到选型恰当、应用合理。

1. 封装的作用

集成电路封装的目的在于获得较强的机械性能、良好的电气性能以及散热性能和化学稳定性。集成电路封装不仅起到集成电路芯片内键合点与外部进行电气连接的作用，也为集成电路芯片提供了一个稳定可靠的工作环境，对集成电路芯片起到机械或环境保护的作用，从而使集成电路芯片能够发挥正常的功能，并保证其具有高稳定性和可靠性。

2. 封装的形式

集成电路发展初期，其封装主要是在半导体晶体管的金属圆形外壳基础上增加外引线数。但金属圆形外壳的引线数受结构的限制不可能无限增多，而且这种封装引线过多时也不利于集成电路的测试和安装，从而出现了扁平式封装。而扁平式封装不易焊接，随着波峰焊技术的发展又出现了双列式封装。由于军事技术的发展和整机小型化的需要，集成电路的封装又有了新的变化，相继产生了片式载体封装、四面引线扁平封装、针栅阵列封装、载带自动焊接封装等。同时，为了适应集成电路发展的需要，还出现了功率型封装、混合集成电路封装，以及适应某些特定环境和要求的恒温封装、抗辐照封装和光电封装。并且各类封装逐步形成系列，引线数从几条直到上千条，已充分满足集成电路发展的需要。

3. 封装的材料

集成电路封装的作用之一就是对芯片进行环境保护，避免芯片与外部空气接触。因此必须根据不同类别的集成电路的特定要求和使用场所，采取不同的加工方法和选用不同的封装材料，才能保证封装结构气密性达到规定的要求。集成电路早期的封装材料是采用有机树脂和蜡的混合体，用充填或灌注的方法来实现封装的，显然可靠性很差。也曾应用橡胶来进行密封，由于其耐热、耐油及电性能都不理想而被淘汰。使用广泛、性能最为可靠的气密密封材料是玻璃—金属封接、陶瓷—金属封装和低熔玻璃—陶瓷封接。出于大量生产和降低成本的需要，塑料模型封装已经大量涌现，它是以热固性树脂通过模具进行加热加压来完成的，其可靠性取决于有机树脂及添加剂的特性和成型条件，但由于其耐热性较差且具有吸湿性，它还不能与其他封接材料性能相当，尚属于半气密或非气密的封接材料。随着芯片技术的成熟和芯片成品率的迅速提高，后部封接成本占整个集成电路成本的比重也越来越大，封装技术的变化和发展日新月异。

4．4 种典型的封装外形

（1）双列直插（DIP）

DIP 封装（Dual Inline-pin Package），也叫双列直插式封装技术，指采用双列直插形式封装的集成电路芯片（见图 5.7），绝大多数中小规模集成电路均采用这种封装形式，其引脚数一般不超过 100。DIP 封装的 CPU 芯片有两排引脚，需要插入具有 DIP 结构的芯片插座上。当然，也可以直接插在有相同焊孔数和几何排列的电路板上进行焊接。DIP 封装的芯片在从芯片插座上插拔时应特别小心，以免损坏引脚。DIP 封装结构形式有：多层陶瓷双列直插式 DIP，单层陶瓷双列直插式 DIP，引线框架式 DIP（含玻璃陶瓷封接式、塑料包封结构式、陶瓷低熔玻璃封装式）等。

图 5.7 DIP 封装集成电路外形结构

（2）四侧引脚扁平 QFP

QFP 封装（Quad Flat Package），也叫方型扁平式封装技术（见图 5.8）。该技术让芯片引脚之间距离很小，引脚很细，一般大规模或超大规模集成电路采用这种封装形式，其引脚数一般都在 100 以上。该技术封装 CPU 时操作方便，可靠性高，而且其封装外形尺寸较小，寄生参数减小，适合高频应用。该技术主要适合用 SMT 表面安装技术在 PCB 上安装布线。

QFP 封装，是表面贴装型封装之一，引脚从四个侧面引出呈海鸥翼（L）型。基材有陶瓷、金属和塑料 3 种。塑料 QFP 是最普及的多引脚 LSI 封装，不仅用于微处理器、门陈列等数字逻辑 LSI 电路，而且也用于 VTR 信号处理、音响信号处理等模拟 LSI 电路。引脚中心距有 1.0mm、0.8mm、0.65mm、0.5mm、0.4mm、0.3mm 等多种规格。

图 5.8 QFP 封装集成电路外形结构

（3）插针网格阵列 PGA

PGA 封装（Pin Grid Array Package），也叫插针网格阵列封装技术（见图 5.9）。这种技术封装的芯片内外有多个方阵形的插针，每个方阵形插针沿芯片的四周间隔一定距离排列，根据引脚数目的多少，可以围成 2~5 圈。安装时，将芯片插入专门的 PGA 插座。该技术一般用于插拔操作比较频繁的场合之下。计算机的 CPU 均采用这种封装形式。

PGA 封装其底面的垂直引脚呈阵列状排列，引脚长约 3.4mm。表面贴装型 PGA 在封装的底面有陈列状的引脚，其长度为 1.5mm~2.0mm，引脚中心距通常为 2.54mm，引脚数为 64~447。

图 5.9　PGA 封装集成电路外形结构

（4）球形触点陈列 BGA

BGA 封装（Ball Grid Array），也叫球形触点陈列封装技术（见图 5.10），是集成电路上的一种表面黏着技术，此技术常用来永久固定（如微处理器）的装置。BGA 封装能提供比其他封装（如双列直插封装或四侧引脚扁平封装）更多的接脚，整个装置的底部表面可全作为接脚使用，而不是只有周围可使用，比起周围限定的封装类型还能具有更短的平均导线长度，以具备更佳的高速效能。BGA 的封装类型多种多样，其外形结构为方形或矩形。根据其焊接球的排布方式，可将 BGA 封装分为周边型、交错型和全阵列型 BGA。

图 5.10　BGA 封装集成电路外形结构

5.1.4　微电子集成技术的发展趋势

集成电路的集成度代表着微电子集成技术的发展水平，集成度越高，意味着单位芯片面积上所容纳的元件数目越多、加工线宽越小、技术水平越高，其发展水平如表 5-1 所示。

目前，世界上最先进的集成电路线宽已降到 $0.13\mu m$，即 130nm。集成电路发展的极限是指电子计算机集成电路的电路线宽细到 $0.01\mu m$。按照现在集成电路的概念，1nm（$0.001\mu m$）的工艺是难以实现的，因为这时量子效应已经呈现出来，器件已经不能按原来的机理来正常工作了。在 1nm 尺寸时，只有利用量子效应，采用所谓量子电子器件来构成电路。届时，将使集成电路上一个新的台阶。

表 5-1　　　　　　　　　　　　　　　微电子集成电子技术发展水平

年度	1999	2001	2004	2008	2010	2014
工艺/μm	0.18	0.13	0.09	0.045	0.032	0.014
晶体管个数/M	23.8	47.6	135	539	1000	3500
时钟频率/GHz	1.2	1.6	2.0	2.655	3.8	10
面积/mm^2	340	340	390	468	600	901
连线层数	6	7	8	9	9	10
晶圆直径/英寸（1 英寸=25.4mm）	12	12	14	16	16	18

5.2　传感器技术

传感器技术是现代科技的前沿技术，也是现代信息技术的三大支柱之一，其水平的高低是衡量一个国家科技发展水平的重要标志之一。传感器产业也是国际公认的具有发展前途的高技术产业，以其技术含量高、经济效益好、渗透能力强、市场前景广等特点为世人所瞩目。传感技术也伴随着微电子技术、微机电技术、通信技术、计算机技术等的发展而不断向微型化、网络化、智能化的总体方向发展，是物联网、云计算、大数据等技术发展的重要支撑。

5.2.1　传感器概述

1. 概念

人是通过视觉、嗅觉、听觉及触觉等感官来感知外界的信息，感知的信息输入大脑进行分析判断（即人的思维）和处理，再指挥人做出相应的动作，这是人类认识世界和改造世界具有的本能，但是通过人的五官感知外界的信息非常有限。例如，人不能利用触觉来感知超过几十甚至上千度的温度，也不可能辨别温度的微小变化，这就需要电子设备的帮助。同样，利用计算机控制的自动化装置来代替人的劳动，那么计算机类似于人的大脑，而仅有大脑而没有感知外界信息的"五官"显然是不够的，中央处理系统也需要它们的"五官"，即传感器。

2. 传感技术的重要性

传感技术是集敏感材料科学、传感器技术及系统、微机电加工技术、微型计算机技术及通信技术等多学科相互交叉、相互渗透而形成的一门新型的工程技术，它是现代信息技术的重要组成部分。

传感技术与通信技术和计算机技术构成了现代信息技术的三大支柱，"没有传感器就没有现代科学技术"的观点已为全世界所公认。以传感器为核心的检测系统就像神经和感官一样，源源不断地向人类提供宏观与微观世界的种种信息，成为人们认识自然、改造自然的有利工具。

3. 传感器的特点和发展趋势

传感技术是涉及传感器原理和传感器件的研发、设计、制造、应用的一门专门用于信息检测与转换的应用技术。传感技术具有知识密集性、功能智能性、测试精确性、品种庞杂性、内容离散性、工艺复杂性和应用广泛性等特点。

目前，传感技术正朝着集成化、微型化、数字化、智能化和仿生化方向发展。

（1）使用新技术、新材料的传感器

传感器工作的基本原理是建立在人们不断探索与发现各种新的物理现象、化学效应和生物效应以及具有特殊物理、化学特性的功能材料的基础上的。因而，发现新现象、反应、材料和研制新特性、功能的材料是现代传感器的重要基础，其意义也极为深远。

（2）集成传感器

集成传感器是新型传感器的重要发展方向之一。微加工技术可将敏感元件、测量电路、放大器及温度补偿元件等集成在一个芯片上，这样不仅具有体积小、重量轻、可靠性高、响应速度快、稳定等特点，而且便于批量生产，成本较低。

（3）智能传感器

智能传感器具有的功能如下。

① 自补偿功能。

② 自诊断功能。

③ 自校正功能。

④ 数据自动存储、分析、处理与传输功能。

⑤ 微处理器、微机和基本传感器之间具有双向通信功能，构成一个闭环系统。

5.2.2 传感器的定义和组成

1. 传感器的定义

传感器（Sensor/Transducer），也称为换能器，是一种能感受到物理、化学、生物量信息的电能器件，并将感受到的信息按一定规律变换成电压信号、电流信号、脉冲信号等形式的输出信息，以满足信息的电子化传输、处理、存储、显示、记录和控制等需要。

国家标准 GB7665-87 对传感器的定义为：能感受规定的被测量并按照一定的规律转换成可用信号的器件或装置，通常由敏感元件和转换元件组成。学术上的定义为：传感器是一种能把特定的信息（物理、化学、生物）按一定规律变换成某种可用信号输出的器件和装置。通俗的理解是：能把外界非电量信息转换成电量输出的器件。

传感器的各种定义，均包含了以下 4 个方面的含义。

（1）传感器是测量装置，能完成电量或非电量信息检测。

（2）输入量是某一种被测量，可能是物理量、化学量、生物量等。

（3）输出量是某一种物理量，这种物理量要便于传输、转换、处理、显示等，这种物理量可以是气、光、电，但主要是电量。

（4）输入与输出有某种对应关系，且应有一定规律和精确度。

2. 传感器的组成

传感器一般由敏感元件与转换元件两个基本元件组成。在完成非电量到电量的变换过程中，并非所有的非电量参数都能一次直接变换为电量，往往是先变换成一种易于变换成电量的非电量（如位移、应变等），然后再通过适当的方法变换成电量。所以，把能够完成预变换的器件称为敏感元件。传感器组成如图 5.11 所示。

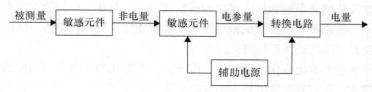

图 5.11　传感网组成原理图

（1）敏感元件

敏感元件（预变换器）是能直接感受被测量（一般为非电量）并输出与被测量成确定关系的其他物理量的元件。具体完成非电量到电量的变换时，并非所有的非电量用现有的手段都能直接转换成电量。例如，压力传感器中的膜片就是敏感元件，它首先将压力转换为位移，然后再将位移转换为电量。对于不能直接变换为电量的传感器必须进行预变换，即先将待测的非电量变换为易于转换成电量的另一种非电量。

（2）转换元件

转换元件（传感元件）直接或不直接感受被测量，并将敏感元件的输出量转换成电量后再输出。能将感受到的非电量变换为电量的器件称为转换元件，如将位移量直接变换为电容量或电阻量或电感量的变换器。变换器是传感器不可缺少的重要组成部分。

实际应用中一些敏感元件直接就可以输出变换后的电信号，而一些传感器又不包括敏感元件在内，故常常无法将敏感元件与变换器严格进行区分，如能直接把温度变换为电压或电势的热电偶变换器（热电偶兼有敏感元件和变换器的双重功能）。

（3）转换电路

转换电路是将转换元件输出的电参量转换成电压、电流或频率量的电路，如电阻应变片传感器采用的电桥测量电路。若转换元件输出的已经是上述电参量，就不用此电路了。

（4）辅助电源

辅助电源为需要电源才能工作的转换电路和转换元件提供正常工作电源，通常情况下采用更多的是直流电源。

5.2.3　传感器的作用和分类

1. 传感器的作用

人类为了从物质世界获取信息，必须借助于眼、耳、口、鼻、舌等感觉器官。而单靠人类自身的感觉器官，在认识和研究自然现象、自然规律以及生产活动时，是远远不够的。例如，我们无法感受到温度的准确数值，也不能够观测到超视距的飞行体。为满足人类对这些情况的需要，就需要研制各类传感器。因此，可以说传感器是人类感觉器官的延伸或拓展，故又称之为电子器官。

传感器的主要作用，归纳为以下两个方面。

（1）对被测信号产生敏感并能把它转换出来。

（2）信号提取的同时能把它转换成所需要的信号（主要是完成非电量到电量的转换）。

2. 传感器的分类

传感器有多种分类方法，一般按如下 4 种方法进行分类。

（1）按被测物理量：可分为位移量、力量、运动量、热学量、光学量、气体量等传感器。

（2）按工作原理：可分为电阻式、电容式、电感式、压电式、霍尔式、光电式、光栅式、热电式等传感器。

（3）按输出信号性质：可分为开关型、数字型和模拟型传感器。开关型输出开和关的信号，数字型输出连续脉冲信号，模拟型输出连续时间正/余弦波形信号。

（4）按照能量传递方式：可分为有源传感器与无源传感器两大类。

3. 传感器的仿生研究

传感器的研制多来源于人类或动物的仿生和材料研究，从而实现人类社会的定性感知向定量感知的升华，举例如下。

（1）光敏传感器——视觉

光敏传感器（见图 5.12）中最简单的传感器元件是光敏电阻，能感应光线的明暗变化，输出微弱的电信号，通过简单电子线路放大处理，可以控制 LED 灯具的自动开关，因此在自动控制、家用电器中得到广泛的应用。

图 5.12　光敏传感器及信号处理模块

（2）声敏传感器——听觉

声敏传感器中最简单的传感器是拾音器，能感受到各种声音，输出声音电信号，通过信号放大处理，可用于控制灯的开关，也可用于录取人的声音或识别特定的声音行为。例如，美国的战车上就装配了一种仿人耳的声音认识和定位传感器（见图 5.13），可在车辆受到攻击后 0.1s 内准确判定枪击方位角度，并启动车载武器给予还击。

图 5.13　美国仿人耳防攻战车

（3）气敏传感器——嗅觉

气敏传感器中最简单的传感器是燃气传感器（见图 5.14），能感受到天然气体浓度，输出浓度电信号，通过信号放大处理，可用于控制煤气泄漏报警器。气敏传感器种类繁多，还包括可感受 CO、CO_2、O_2、N_2 等各种气体的传感器，多应用于工业领域的防爆控制。

图 5.14　燃气敏感传感器

（4）化学传感器——味觉

化学传感器（见图 5.15）对各种化学物质敏感，并可将其浓度转换为电信号进行检测。对比于人的感觉器官，化学传感器大体对应于人的嗅觉和味觉器官，但并不是单纯的人体器官的模拟，还能感受人的器官不能感受的某些物质，如 H_2、CO 等。美国加州大学圣迭戈分校的研究人员研发出了一种可应用于手机上的微型化学传感器，借助手机或其他无线通信设备，这种被称为"硅鼻"的传感器可在第一时间检测出空气中的有害气体，并自动发出气体的种类和传播范围等信息。

图 5.15　化学味觉传感器

5.2.4　传感器的静动态特性

传感器所测量的物理量基本上可归纳为静态量和动态量两种基本形式。其中：静态量通常为常量或变化缓慢的量，反映出被测量具有静态的特性；动态量通常为周期性变化、瞬态变化或随机变化的量，反映出被测量的动态特性。

传感器的输出—输入特性是与其内部结构参数有关的外部特性。一个高精度的传感器必须有良好的静态特性和动态特性，才能完成信号无失真的转换与测量。

1. 传感器的静态特性及特性参数

（1）传感器的静态特性参数

传感器的静态特性是指被测量的值处于稳定状态时的输出—输入关系。只考虑传感器的静态特性时，输入量与输出量之间的关系式中不含有时间变量。尽管可用方程来描述输出输入关系，但衡量传感器静态特性的好坏主要是用以下 8 个重要的特性指标。

① 量程：指在允许误差限范围内被测量值的测量范围。

② 灵敏度：指在稳态时输出量的变化量与输入量变化量的比值，即单位输入量引起的输出

量大小，这个比值越大，传感器就越灵敏。常用 S_n 表示灵敏度，其表达式为：

$$S_n = \Delta y / \Delta x$$

灵敏度计算示意图如图 5.16 所示。

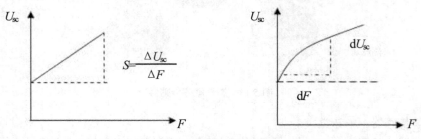

图 5.16　灵敏度计算示意图

③ 线性度：指传感器的校准曲线与选定的拟合直线的偏离程度，又称非线性误差，其表达式为：

$$e_L = \pm\Delta y_{max} / y_{FS} \times 100\%$$

式中，y_{FS} 为传感器的满量程输出值；Δy_{max} 为校准曲线与拟合直线的最大偏差。线性度计算示意图如图 5.17 所示。

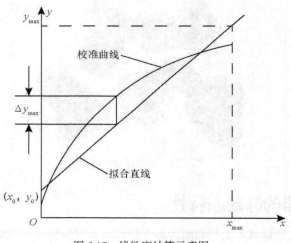

图 5.17　线性度计算示意图

④ 不重复性：指在相同条件下传感器的输入量按同一方向做全量程多次重复测量，输出曲线的不一致程度。多次重复测量的复合度越高，测量的一致性越好。

⑤ 迟滞：迟滞现象是传感器正向特性曲线（输入量增大）和反向特性曲线（输入量减小）的不一致程度。即由小到大的测量，与由大到小的测量过程，总是存在差异性的，其表达式为：

$$e_h = \pm \frac{1}{2} \frac{\Delta y_{max}}{y_{FS}} \times 100\%$$

传感器迟滞回线图如图 5.18 所示。

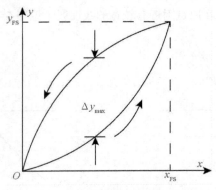

图 5.18　传感器迟滞回线图

⑥ 精确度：精确度也称为精度，是线性度、不重复性及迟滞 3 项指标的综合指数，反映了系统误差和随机误差的综合指标。

⑦ 零点时间漂移：传感器在恒定温度环境中，当输入信号不变或为零时，输出信号随时间变化的特性，称为传感器零点时间漂移，简称为零漂。

⑧ 零点温度漂移：当输入信号不变或为零时，传感器的输出信号随温度变化的特性，称为传感器零点温度漂移，简称为温漂。

（2）传感器的静态特性数学模型

在静态条件下，若不考虑迟滞及蠕变，则传感器的输出量 y 与输入量 x 的关系可由一代数方程表示，称为传感器的静态数学模型，即：

$$y = a_0 + a_1 x + a_2 x^2 + \cdots + a_n x^n \tag{5-1}$$

式中，a_0 为无输入时的输出，即零位输出；a_1 为传感器的线性灵敏度；a_2，a_3，$\cdots$，a_n 为非线性项的待定常数。

设 $a_0=0$，即不考虑零位输出，则静态特性曲线过原点。一般可分为以下 4 种典型情况。

① 理想的线性特性（见图 5.19）

当 $a_2=a_3=\cdots=a_n=0$ 时，静态特性曲线是一条直线，传感器的静态特性为

$$y = a_1 x \tag{5-2}$$

② 无奇次非线性项

当 $a_3=a_5=\cdots=0$ 时，静态特性为

$$y = a_1 x + a_2 x^2 + a_4 x^4 + \cdots \tag{5-3}$$

因不具有对称性，线性范围较窄（见图 5.20），所以传感器设计时一般很少采用这种特性。

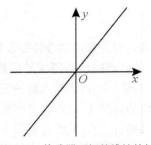

图 5.19　传感器理想的线性特性

③ 无偶次非线性项

当 $a_2=a_4=\cdots a_n=0$ 时，静态特性为

$$y = a_1 x + a_3 x^3 + a_5 x^5 + \cdots \tag{5-4}$$

特性曲线关于原点对称，在原点附近有较宽的线性区（见图 5.21）。

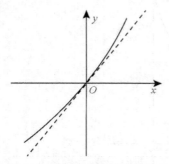 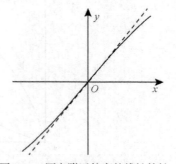

图 5.20　线性范围较窄的特性　　　图 5.21　原点附近较宽的线性特性

④ 一般情况的线性特性（见图 5.22）

特性曲线过原点，但不对称。

$$y(x) = a_1x + a_2x^2 + \cdots + a_nx^n$$

$$y - x = -a_1x + a_2x^2 - a_3x^3 + a_4x^4 - \cdots$$

$$yx - y - x = 2a_1x + a_3x^3 + a_5x^5 + \cdots$$

这就是将两个传感器接成差动形式可拓宽线性范围的理论根据。

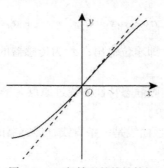

图 5.22　一般情况的线性特性

2. 传感器的动态特性及特性参数

传感器的动态特性是指其输出对随时间变化的输入量的响应特性。一个动态特性好的传感器，其输出将再现输入量的变化规律，即具有相同的时间函数。实际上输出信号不会与输入信号具有相同的时间函数，这种输出与输入间的差异就是所谓的动态误差。

例如，动态测温（见图 5.23），设环境温度为 T_0，水槽中水的温度为 T，而且 $T > T_0$。

（1）传感器突然插入被测介质中；

（2）用热电偶测温，理想情况测试曲线 T 是阶跃变化的；

（3）实际热电偶输出值是缓慢变化的，存在一个过渡过程。

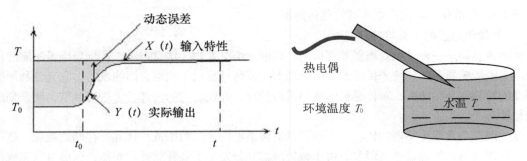

图 5.23　温度传感器的动态特性实验

由上例可见，造成热电偶输出波形失真和产生动态误差的原因是，温度传感器有热惯性（由传感器的比热容和质量大小决定）和传热热阻，使得在动态测温时传感器输出总是滞后于被测介质的温度变化。这种热惯性是热电偶固有的，这种热惯性决定了热电偶测量快速温度变化时会产生动态误差。

动态特性除了与传感器的固有因素有关，还与传感器输入量的变化形式有关。因此，传感器的动态特性十分复杂，但一般我们可以将其简化为一阶或二阶系统来进行分析。只要分析了一阶和二阶系统的动态特性，就可以基本了解传感器的复杂动态特性。研究传感器的动态特性可以从时域和频域两个方面采用频率响应法和瞬态响应法来分析。

（1）频率响应。频率响应是指传感器的输出特性曲线与输入信号的频率之间的关系，包括幅频特性和相频特性（见图 5.24）。在实际应用中，应根据输入信号的频率范围来确定适合的传感器。

传感器对正弦输入信号的响应特性，称为频率响应特性。频率响应法是从传感器的频率特性出发研究传感器的动态特性。

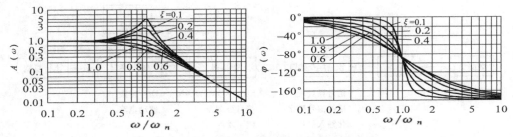

图 5.24　传感器二阶幅频特性和相频特性曲线图

由图 5.24 可见，传感器的频率响应特性好坏，主要取决于传感器的固有频率和阻尼比。

（2）瞬态响应。传感器的瞬态响应是时间响应。在研究传感器的动态特性时，有时需要从时域中对传感器的响应和过渡过程进行分析，这种分析方法是时域分析法。传感器对所加激励信号的响应称瞬态响应，激励信号有阶跃函数、斜坡函数、脉冲函数等。

5.2.5　智能传感器及其发展

智能传感器这一概念，起源于美国宇航局开发宇宙飞船过程。人们需要知道宇宙飞船在太空中飞行的速度、位置、姿态等数据。为使宇航员在宇宙飞船内能正常工作、生活，需要控制舱内的温度、湿度、气压、空气成分等，因而需要安装各式各样的传感器。然而，宇航员在太空中进行各种实验也需要大量的传感器，因此，用一台大型计算机很难同时处理如此庞杂的数据，于是提出把 CPU 分散化，从而产生出智能化传感器。

1. 智能传感器的定义与特征

智能传感器是一种带微处理器兼有检测、判断、信息处理、信息记忆、逻辑思维等功能的传感器。智能传感器是由传统的传感器和微处理器（或微计算机）相结合而构成的。它充分利用微处理器的计算和存储能力，对传感器的数据进行处理，并能对它的内部行为进行调节，使采集的数据最佳。

微处理器是智能传感器的核心，不但可以对传感器的测量数据进行计算、存储、处理，还可以通过反馈回路对传感器进行调节。由于微处理器充分发挥了各种软件的功能，因而可以完成硬件难以完成的任务，从而大大降低了传感器制造的难度，提高了传感器的性能，降低了成本。

除微处理器以外，智能传感器相对于传统传感器应具有如下特征。

① 可以根据输入信号值进行判断和制定决策。

② 可以通过软件控制做出多种决定。

③ 可以与外部进行信息交换，有输入输出接口。

④ 具有自检测、自修正和自保护功能。

2. 智能传感器系统一般构成

计算机软件在智能传感器中起着举足轻重的作用。由于"计算机"的加入，智能传感器可通过各种软件对信息检测过程进行管理和调节，使之在最佳状态下工作，从而增强了传感器的功能，提升了传感器的性能。此外，利用计算机软件能够实现硬件难以实现的功能，因为以软件代替部分硬件，可降低传感器的制作难度。

智能传感器系统一般构成框图如图 5.25 所示。其中作为系统"大脑"的微型计算机，可以是单片机、单板机，也可以是微型计算机系统。

图 5.25　智能传感器的基本构成框图

3. 智能传感器的分类

智能传感器按其结构分为混合式智能传感器、集成式智能传感器和模块式智能传感器 3 种。

（1）混合式智能传感器

混合式智能传感器是将传统的经典传感器（采用非集成化工艺制作的传感器，仅具有获取信号的功能）、信号调理电路、带数字总线接口的微处理器组合为一个整体而构成的智能传感器系统。这种非集成化智能传感器是在现场总线控制系统发展形势的推动下迅速发展起来的。自动化仪表生产厂家原有的一套生产工艺设备基本不变，附加一块带数字总线接口的微处理器插板组装即可，并配备能进行通信、控制、自校正、自补偿、自诊断等智能化软件，从而实现智能传感器功能。这是一种比较经济、快速建立智能传感器的途径。但将一个或多个敏感器件与微处理器、信号处理电路集成在同一硅片上，集成度高、体积小，目前的技术水平还很难实现。

（2）集成式智能传感器

这种智能传感器系统是采用微机械加工技术和大规模集成电路工艺技术，利用硅作为基本材料来制作敏感元件、信号调理电路以及微处理器单元，并把它们集成在一块芯片上构成的。这样使智能传感器达到了微型化，可以小到放在注射针头内送进血管测量血液流动的情况；使结构一体化，从而提高了精度和稳定性。敏感元件构成阵列后，配合相应图像处理软件，可以实现图形成像且构成多维图像传感器。这时的智能传感器就达到了它的最高级形式。

（3）模块式智能传感器

要在一块芯片上实现智能传感器系统存在着许多棘手的难题。根据需要与可能，可将系统各个集成化环节（如敏感单元、信号调理电路、微处理器单元、数字总线接口）以不同的组合方式集成在两块或三块芯片上，并装在一个外壳里，组成模块式智能传感器。这种传感器集成度不高，体积较大，但在目前的技术水平上，仍不失为一种实用的结构形式。

4. 智能传感器的主要功能

智能传感器的功能是通过比较人的感官和大脑的协调动作提出的，随着微电子技术及材料科学的发展，传感器在发展与应用过程中越来越多地与微处理器相结合，不仅具有视觉、触觉、听觉、味觉，还有拥有存储、思维和逻辑判断能力的人工智能。智能传感器的主要功能有以下 6 点。

（1）自补偿和计算

许多工程技术人员多年来一直从事传感器温度漂移和非线性补偿工作，虽然每年都有所进展，但都是修修补补没有根本性突破。而智能传感器的自补偿和计算功能为传感器的温度漂移和非线性补偿开辟了新的道路。这样，即使传感器加工不太精密，只要能保证传感器性能重复性好，通过传感器的计算功能也能获得较精确的测量结果。另外，操作者还可进行统计处理，能够重新标定某个敏感元件，使它重新有效。

（2）自检、自校、自诊断功能

普通传感器需要定期检验和标定，以保证它的正常使用和足够的准确度，这些工作一般要求将传感器从使用现场拆卸下来拿到试验室或检验部门进行。这样做很不便，特别是对用于危险场所的传感器，这样做既费力又不经济。利用智能传感器，情况则大为改观，检验校正工作可以在线进行。由于所要进行调整的参数主要是零位和增益，智能传感器中有微处理器，内存中有自校功能的软件，操作者只要输入零位和某已知参数，智能传感器的自校软件就能将随时间变化的零位和增益校正。

（3）复合敏感功能

在测量液体质量流量时，要同时测量介质的温度、流速、压力和密度，然后经过计算才得到准确的质量流量值，智能传感器出现以前，这些参数都是采用分散的、各自独立的传感器测量，这样的传感器不但体积大，而且同步性差，时间、空间误差大。而智能传感器具有复合敏感功能，能够同时测量多种物理量和化学量，给出能够较全面反映物质运动规律的信息。例如，光强、波长、相位和偏振度等参数可反映光的运动特性；压力、真空度、温度梯度、热量、浓度、pH 等分别反映物质的力、热、化学特性。

（4）强大的通信接口功能

由于用了微型机使其接口标准化，所以能够与上一级微型机进行接口的标准化，智能传感器输出的数据通过总线控制，为与其他数字控制仪表的直接通信提供了方便，使智能传感器可作为受中央计算机控制的集散控制系统的组成单元。

（5）现场学习功能

利用嵌入智能和先进的编程特性相结合，工程师们已设计出了新一代具有学习功能的传感器，它能为各种场合快速而方便地设置最佳灵敏度。学习模式的程序设计使光电传感器能对被检测过程取样，计算出光信号阈值，自动编程最佳设置，并且能在工作过程中自动调整其设置，以补偿环境条件的变化。这种能力可以补偿部件老化造成的参数漂移，从而延长器件或装置的使用寿命，并扩大其应用范围。

（6）掉电保护功能

由于微型计算机的 RAM 的内部数据在掉电时会自动消失，这给仪器的使用带来很大的不便。为此，在智能仪器内装有备用电源，当系统掉电时，能自动把后备电源接入 RAM，以保证数据不丢失。

5.2.6　传感器技术未来趋势

传感器技术随着微电子技术、微机电技术、嵌入式计算技术、新型材料技术和通信技术等发展，不断向着智能化、微型集成化、网络化方向发展。

1. 智能化

智能化传感器，是随着嵌入式计算技术的调整发展，特别是 32 位高性能嵌入式处理器的发展及应用，近 10 年来成为发展的一个必然方向。在经典数值测量的基础上经过人工智能推理和知识合成，以模拟人类自然语言符号描述的形式输出测量结果。人工智能传感器的"智能"表现在可以模拟人类感知的全过程。它不仅具有智能传感器的一般优点和功能，而且具有学习推理的能力，具有适应测量环境变化的能力，并能够根据测量任务的要求进行学习推理。此外，它还具有与上级系统交换信息的能力，以及自我管理和调节的能力。

2. 微型集成化

随着微机电技术的兴起，人们可以采用微机械加工技术和大规模集成电路工艺技术，利用硅作为基本材料来制作敏感元件、信号调理电路、微处理单元，并把它们集成在一块芯片上，国外也称为专用集成微型传感技术（ASIM）。这种传感器具有微型化、结构一体化、精度高、多功能、阵列式全数字化等特点。但是由于其集成难度大，需要大批量的规模生产才能降低成本。以目前的技术水平，要低成本实现微型集成化的智能传感器系统还非常困难。但微型集成化的智能传感器系统在航天、导弹制导、精密控制等方面具有重大的应用价值。

3. 网络化

随着网络时代的到来，特别是 Internet 和物联网的迅速发展，信息化已进入崭新的阶段。网络化智能传感器即在智能传感技术上融合通信技术和计算机技术，使传感器具备自检、自校、自诊断及网络通信功能，从而实现信息的"采集""传输"和"处理"，是统一协调的一种新型智能传感器。网络化智能传感器使传感器由单一功能、单一检测向多功能和多点检测发展，从被动检测向主动进行信息处理方向发展，从就地测量向远距离实时在线测控发展。网络化使得传感器可以就近接入网络，传感器与测控设备间再无需点对点连接，大大简化了连接线路，节省投资，易于系统维护，也使系统易于扩充。

网络化智能传感器的关键是智能传感、野外供能和自动组网等技术，特别是无线通信技术与智能传感器的融合，将产生大量的无线智能传感器，并在不同应用领域内广泛应用，形成泛在无线传感器网络，这必然成为未来世界的最主流的应用发展方向，也是物联网发展的关键所在。

5.3　微机电系统（MEMS）传感技术

5.3.1　MEMS 技术

微机电系统（Micro Electro Mechanical Systems，MEMS），从广义上讲是指集微型传感器、微型执行器、信号处理器和控制电路、接口电路、通信系统以及电源于一体的微型机电系统，

是一种多学科交叉的前沿性技术，几乎涉及自然及工程科学的所有领域，如电子、机械、光学、物理学、化学、生物医学、材料科学、能源科学等，是将微电子技术与机械工程融合到一起的一种工业技术，即微米、纳米精度的机械、电子加工技术。

1. MEMS 的主要特点

（1）微型化。MEMS 的器件体积小、质量轻、功耗低、性能稳定、谐振频率高、响应时间短，具有微米、纳米精度的加工，毫米级的体积。

（2）集成化。可以把不同功能、不同敏感方向或致动方向的多个传感器或执行器集成于一体，或形成微传感器阵列、微执行器阵列，甚至把多种功能的器件集成在一起，形成复杂的微系统。即实现微机械、微电子技术集成。

（3）低成本。用硅微加工工艺在一片硅片上可同时制造成百上千个微型电子机械装置或完整的 MEMS 器件，生产成本低，生产周期短，性能一致性好，对环境的损害小等。即通过单硅片批量加工，降低成本。

2. MEMS 的发展历程及国内外发展现状

（1）MEMS 的发展历程

2001 年 6 月在德国慕尼黑举行的国际固态传感器与执行器学术会议中，正式提出了微传感器的概念，并兴起了引入微机电系统技术研究微传感器的热潮。

受航空、航天、军事工业等高精尖技术需要驱动，在近 20 年的发展中，MEMS 得到了极好的发展，并正以惊人的速度快速发展。在技术发展中，由于受多个领域的工业基础限制，目前欧美军事强国发展成果最为突出。我国随着航空军事工业的推动，也取得了相当好的成果。

MEMS 经历了如下 5 个突破性发展阶段。

第一阶段：20 世纪 70 年代，微机械压力传感器的成功研制；

第二阶段：20 世纪 80 年代，硅静电微电动机成功研制；

第三阶段：20 世纪 90 年代，喷墨打印头、硬盘读写头、硅加速度计和数字微镜器件等相继规模化生产；

第四阶段：2001 年，在航空、航天、军事、汽车、医学等领域得到应用；

第五阶段：2010 年，在手机、相机等民用领域得到广泛应用。

（2）国外发展现状

微电子机械系统自 20 世纪 80 年代末期发展至今，一直受到世界各发达国家的广泛重视，美、日、德、荷兰等国政府将 MEMS 技术作为战略性的研究领域之一，投入巨资进行专项研究，美国和日本的 MEMS 技术处于领先地位。美国《MEMS 的军事应用》研究报告，指出了MEMS 在精确制导武器、灵巧武器、侦察通信、破坏敌方指挥系统和战斗力等方面的应用前景。美国宇航局已在实施微型卫星（0.1～10kg）计划，并提出了纳米卫星（<0.1kg）设想。美

国的大学、国家实验室和公司已有大量的 MEMS 研究小组，并已开发出许多种实用化的 MEMS 产品进入市场。例如，AD 公司的加速度计，管芯尺寸为 1.5mm×1.5mm，量程达 ±50g，灵敏度为 15mV/g；Park 公司已开发出用于扫描隧道显微镜（STM）和原子力显微镜（AFM）的微型传感器；它由悬臂梁、微针尖以及信号检测和放大的集成电路组成。日本在微机械技术领域的研究十分活跃，近几年已经利用电火花加工技术、IC 技术和光成形技术加工出各种传感器和执行器，成功研制了主要用于生物和医疗的微型机器人。德国的 LIGA 技术处于国际领先水平，他们已在实验室里制造出了微传感器、微电机、微执行器、集成光学和微光学元件、微型流量计以及直径为数百微米的金属双联齿轮等微机械零件。

（3）国内研究现状

我国从 20 世纪 80 年代末开始研究 MEMS，1995 年国家科技部实施了攀登计划"微电子机械系统项目"（1996—1999 年）。1999 年实施了国家重点基础研究展计划"集成微光机电系统研究项目"，形成了微型惯性器件和惯性测量组合，机械量微型传感器和致动器，微流量器件和系统，生物传感器、生物芯片和微操作系统，微型机器人，硅和非硅制造工艺等 6 个研究方向。在基础理论研究和相关技术方面取得了一些有特色的成果，有些已经达到国际先进水平，开展了包括微型直升机、微型传动感（加速度计、微陀螺、压力传感器、流量传感器、气敏传感器、湿敏传感器、红外传感器阵列）、微泵、微喷、微电动机、微光器件和 DNA 芯片等 MEMS 器件的研究。清华大学于 2000 年 6 月发射成功进入 700km 太阳轨道的"航天清华一号"微小卫星，其质量只有 60kg、体积仅 0.07m^3。北京大学微电子所以 IC 加工线为基础，深入开展硅微机械加工工艺研究，形成了成熟的工艺技术。

目前，MEMS 已从实验室探索走向产业化轨道，已经广泛应用于化工工业、能源动力、信息通信、国防产业、航空航天和医药及生物工程等领域，而且在家庭服务、人体研究及环境治理等方面也有巨大的应用前景。

3. 显著成就

显著成就举例如下。

国际成就——瑞典 MEGO 研究所：三轴微加速度传感器；

国际成就——土耳其中东技术大学：微机械陀螺仪；

国际成就——美国麻省理工大学：100000g 微惯性加速度导航传感器；

国际成就——美国麻省理工大学：微梳状调谐陀螺仪（1997）；

国际成就——美国辛辛堤工大学：微磁通门传感器；

国际成就——美国辛辛堤工大学：微磁阻传感器；

国际成就——美国集成敏感系统公司：微机电质量流量计；

国际成就——日本横河：微气体传感器。

4. MEMS 制造工艺

（1）传统机械加工工艺

传统机械加工工艺以日本为代表。日本研究 MEMS 的重点是超精密机械加工，它更多的是传统机械加工的微型化。这种加工方法利用大机器制造小机器，再利用小机器制造微机器，可以用于加工一些在特殊场合应用的微机械装置，如微型机械手、微型工作台。即大机械制造小机械，小机械制加工微机电的方法，以日本为代表。

（2）微机械加工方法

LIGA 工艺（Lithograpie（光刻）、Galvanoformung（电铸）Abformung（塑铸））是指采用同

步 X 射线深层光刻、微电铸制模和注塑复制等主要工艺步骤组成的一种综合性微机械加工技术。LIGA 技术首先利用同步 X 射线光刻技术光刻出所需要的图形，然后利用电铸方法制作出与光刻图形相反的金属模具，再利用微塑注制备微机械结构。它可以制成高数百微米而宽仅约 1μm 的微机械结构，可加工多种金属材料和塑料、陶瓷等非金属材料，它是进行非硅材料三维立体微细加工的首选工艺。已经用 LIGA 方法制作出电磁电动机，其扭矩比静电电动机大为提高。但由于要使用同步辐射 X 射线光源，使这种技术的工业应用受到了限制，LIGA 工艺对设备的要求较高，生产费用较昂贵。近年来已经出现了一种在工艺上更容易实现的准 LIGA 技术弥补了表面微加工技术的不足，可用来制作高深宽比的三维立体结构，并可实现大批量生产，大大降低成本。LIGA 技术以德国为代表。

（3）硅微机械加工工艺

它是随着集成电路工艺发展起来的 MEMS 主流技术，包含了体硅工艺和表面牺牲层工艺。它与传统 IC 工艺兼容，是利用化学腐蚀或集成电路工艺技术对硅基材料进行加工，形成硅基微电子机械系统的器件，可以实现微电子与微机械的系统集成，并适用于批量生产。当前硅基微加工技术可分为体微加工技术和表面微加工技术。

体微加工是对硅的衬底进行加工的技术，一般采用各向异性化学腐蚀，利用某些腐蚀液在硅的各个晶向上以不同的腐蚀速率来制作不同的微机械结构或微机械零件。还有一种常用技术为电化学腐蚀，现已发展为电化学自停止腐蚀，它主要用于硅的腐蚀以制备薄面均匀的硅膜。体微加工技术主要通过对硅的深腐蚀和硅片的整体键合来实现，能够将几何尺寸控制在微米级。由于各向异性化学腐蚀可以针对大硅片进行，使得 MEMS 器件可以高精度地批量生产，同时又消除了研磨加工所带来的残余机械应力，提高了 MEMS 器件的稳定性和成品率。

表面微加工是在硅片正面上形成薄膜并按一定要求对薄膜进行加工形成微结构的技术，全部加工仅涉及硅片正面的薄膜。用这种技术可以淀积二氧化硅膜、氮化硅膜和多晶硅膜；用蒸发镀膜和溅射镀膜可以制备铝、钨、钛、镍等金属膜薄，其加工一般采用光刻技术，如紫外线光刻、X 射线光刻、电子束光刻和离子束光刻。通过光刻将设计好的微机械结构图转移到硅片上，再用等离子体腐蚀、反应离子腐蚀等工艺来腐蚀多晶硅膜、氧化硅膜以及各种金属膜，以形成微机械结构。这种技术避免了体微加工所要求的双面对准、背面腐蚀等问题，与集成电路的工艺兼容。概括起来，硅微机械加工工艺即是在单晶硅和表面，利用化学腐蚀工艺技术对硅材料进行加工的方法。硅微机械加工工艺以美国为代表。

5. 各国的研究

MEMS 自 20 世纪 80 年代中期发展至今一直受到世界各个国家的广泛重视，许多有影响的大专院校和研究机构纷纷投巨资建立实验室，投入到 MEMS 的研究开发中。

（1）美国

在美国政府巨额经费的资助下，包括麻省理工大学、加州大学伯克利分校、斯坦福大学、IBM、AT&T 等三十余所大学、国家实验室和民间实验机构都投入到这个项目的研究中，并取得了令人瞩目的研究成果。至今美国的科学家不仅已经制作出各种整体尺寸几百微米量级的微机械部件，将它们应用到各类传感器的制作中，而且有相当种类的 MEMS 器件实现了产业化。

（2）日本

1991 年，日本成立了国家 MEMS 开发中心，并在 10 年内投入了 250 亿日元开展"微型机械技术"的研究开发。由于雄厚的资金支持，日本在一些 MEMS 研究方面也达到了世界领先地位。此外，日本发展了微细电火花 EDM、超声波加工、激光纳米加工等精密加工技术。

（3）德国

德国的卡尔斯鲁研究中心因在 1987 年提出了 LIGA 工艺而闻名于世，该技术采用 X 射线曝光和精密电镀相结合，将半导体工艺技术的准三维加工推向真正的三维加工，加工深度可达几百微米，并且具有更高的尺寸精度，现在这种工艺已被许多国家的研究人员采用。

此外，如荷兰、英国、俄罗斯、新加坡、加拿大、韩国等国家和中国台湾地区也取得了相当不错的研究成果。

5.3.2 MEMS 的技术应用

MEMS 具有体积小、重量轻、功耗小、成本低、可靠性高、性能优异、功能强大、可以批量生产等传统传感器无法比拟的优点，其在航空、航天、汽车、医学、环境监测、军事、民用等领域有着广阔的应用前景。

1. MEMS 在空间科学上的应用

MEMS 在导航、飞行器设计和微型卫星等方面有着重要应用。例如，基于航天领域里的小卫星、微卫星、纳米卫星和皮米卫星的概念，提出了全硅卫星的设计方案，整个卫星的重量缩小到以 kg 计算，进而大幅度降低成本，使较密集的分布式卫星系统成为现实。

智能微尘（见图 5.26），是一种空间 MEMS 传感器，体积仅为 $1mm^3$，可以在空中悬浮几个小时，利用光学通信组网，主要用于搜集、处理、发射空间侦察信息，能够仅依靠微型电池工作多年。智能微尘的远程传感器芯片能够跟踪敌方的军事行动，可以把大量智能微尘装在宣传品、子弹或炮弹中，在目标地点撒落下去，形成严密的监视网络，对敌方的军事力量、人员及物资的流动自然一清二楚。

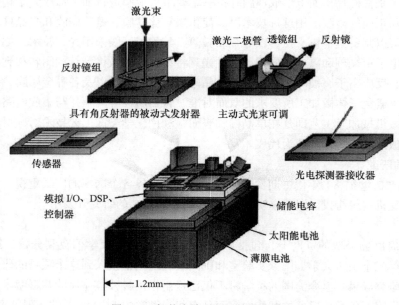

图 5.26 智能尘埃项目的结构示意图

2. MEMS 在军事国防上的应用

用 MEMS 技术制造的微型飞行器、战场侦察传感器、智能军用机器人和其他 MEMS 器件，在军事上的无人技术领域发挥着重要作用。美国采用 MEMS 技术已制造出尺寸仅为 10cm × 10 cm 的微型侦察机。世界各国也在利用 MEMS 技术研发智能炮弹（见图 5.27）、智能子弹等武器。

3. MEMS 在汽车工业上的应用

汽车发动机控制模块是最早使用 MEMS 技术的汽车装备，在汽车领域应用最多的是微加速度计和微压力传感器，并且以每年 20%的比例迅速增长。此外，角速度计也是应用于汽车行业的重要 MEMS 传感器，它可用于车轮的侧滑控制。

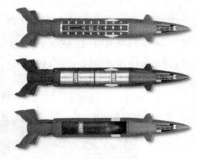

图 5.27　智能炮弹

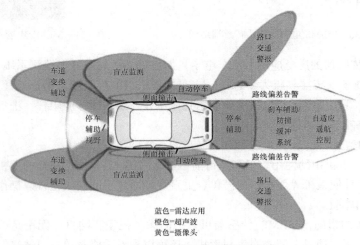

图 5.28　汽车中各类传感器使用示意图

4. MEMS 在医疗和生物技术上的应用

采用体微加工技术制作的各种微泵、微阀、微镊子、微沟槽和微流量计等器件适合于操作生物细胞和生物大分子。由于 MEMS 器件的体积小，能够进入很小的器官和组织，同时又能用 MEMS 器件进行细微精细的操作，因此可以大大提高介入治疗的精度，降低医疗风险。

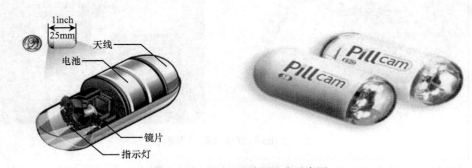

图 5.29　医用肠道检测胶囊示意图

5.3.3　常用的 MEMS 器件

1. MEMS 压力传感器

目前 MEMS 压力传感器主要为硅电容式压力传感器（见图 5.30、图 5.31），该传感器在硅片上生成微型电容及微型机械结构，外界压力引起的机械结构的形变导致内部电容器的间隙发生变化，从而致使电容容量发生良好性线度的变化。采用高精密惠斯顿电桥作为测量电路，可对压力进行较高精度测量，具有体积小、精度高、功耗低、成本低等显著优点。

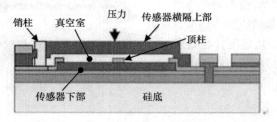

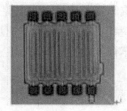

图 5.30　MEMS 电容式压力传感器结构　　　　图 5.31　MEMS 电容式压力传感器实物

MEMS 压力传感器的广泛应用：汽车电子，如 TPMS（轮胎压力监测系统）、发动机机油压力传感器、汽车刹车系统空气压力传感器、汽车发动机进气歧管压力传感器（TMAP）、柴油机共轨压力传感器。在消费电子领域，主要应用到血压计、橱用秤、健康秤，洗衣机、洗碗机、电冰箱、微波炉、烤箱、吸尘器等。

2．MEMS 加速计

MEMS 技术在手机中的使用率提高，目前市场上采用 MEMS 加速计的手机越来越多。手机中的 MEMS 加速计使人机界面变得更简单、更直观，通过手的动作就可以操作界面功能，全面增强了用户的使用体验。

根据终端设备的指向，MEMS 传感器可以把图像、视频和网页（无论是人物肖像还是风景画面）进行旋转。用户通过上下左右倾斜手机，还可以查看手机菜单；只要轻轻击打手机机身，用户就可以在屏幕上选中不同的图标，所有这些智能功能都离不开新一代 MEMS 器件内嵌的先进数字技术。

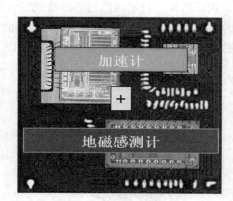

图 5.32　MEMS 加速度传感器模块

有了 MEMS 加速计，用户只要把设备向某一方向倾斜，就能在小屏幕上详细查看地图，显示放大的图像。MEMS 还能检测到用户抖动手机和 MP3 播放器的动作，这个简单的手势可以让播放器跳到下一首歌或返回到上一首歌。

低功耗的 MEMS 运动传感器还可用于先进的节能技术。无论何时，把手机正面向下反放在桌子上，手机设置就会切换到静音模式；只要碰触一下机身，就可以关闭静音功能。

MEMS 运动控制技术折射出了未来手机的样子：只有数量很少的按键，不再有普通的键盘。向手机输入信息时，用户在空中书写数字和字母，MEMS 传感器识别这些动作，手机软件将这些动作还原成数字和字母。软件还可以把用户预定的动作变成特殊的自定义功能。

3. MEMS 陀螺仪

陀螺仪能够测量沿一个轴或几个轴运动的角速度，是补充 MEMS 加速计功能的理想技术。事实上，如果组合使用加速计和陀螺仪这两种传感器，系统设计人员就可以跟踪并捕捉三维空间的完整运动，为最终用户提供现场感更强的用户使用体验、精确的导航系统以及其他功能。

目前大多数手机都含有 MEMS 传感器实现重力加速计和陀螺仪的功能，如用在 iPhone 中。通过对旋转时运动的感知，iPhone 可以自动改变横竖屏显示，以便消费者能够以合适的水平和垂直视角看到完整的页面或者数字图片（见图 5.33）。

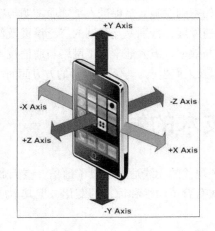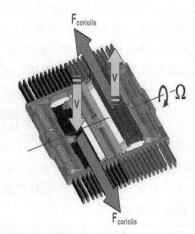

图 5.33　MEMS 陀螺仪模块原理示意图

习　题

1. 什么叫微电子技术？请简述其主要发展阶段。
2. 为什么说微电子技术是信息技术的基础？
3. 简述微电子技术面临的挑战与发展趋势。
4. 简述传感器与智能传感器的主要区别。
5. 简述 MEMS 技术的主要应用。

第6章
通信与网络技术

现代通信与互联网络作为现代信息社会最根本的基础设施，是促进人类物质文明与精神文明快速进步的重要科技条件。现代通信与网络技术的飞速发展，特别是互联网的广泛渗透及普及，极大地提高了人们对信息快速获取、处理与利用的水平与效率，极大地丰富了网络与通信技术及其应用的内涵，深刻地改变着人类社会政治、经济、军事以及人们生产、学习和生活的方方面面。

6.1 通信技术的发展

从远古的烽火狼烟、快马驿站、飞鸽传书，到现代的无线通信、量子通信、空天通信等，随着科学水平的飞速发展，通信技术和信息传递方式有着革命性和惊人的变化，但其本质仍然是如何快速地实现信息的有效传递。

6.1.1 信息的传递方式

人类进行通信的历史已很悠久。早在远古时期，人们就通过简单的语言、壁画等方式交换信息。千百年来，人们一直在用语言、图符、钟鼓、烟火、竹简、纸书等传递信息，古代人的烽火狼烟、飞鸽传信、驿马邮递就是这方面的例子。现在还有一些国家的个别原始部落，仍然保留着诸如击鼓鸣号这样古老的通信方式。在现代社会中，交通警的指挥手语、航海中的旗语等不过是古老通信方式进一步发展的结果。这些信息传递的基本方都是依靠人的视觉与听觉。

19 世纪中叶以后，随着电报、电话的发明，电磁波的发现，人类通信领域产生了根本性的巨大变革，实现了利用金属导线来传递信息，甚至通过电磁波来进行无线通信，使神话中的"顺风耳""千里眼"变成了现实。从此，人类的信息传递可以脱离常规的视听觉方式，用电信号作为新的载体，因此带来了一系列技术革新，开始了人类通信的新时代。

信息传递是指人们通过声音、文字、图像或者动作相互沟通消息。信息是以适合于通信、存储或处理的形式来表示的知识或消息，通常指事物发出的消息、指令、数据、符号等所包含的内容。人类通过获得、识别自然界和社会的不同信息来区别不同事物，得以认识和改造世界。

最早的信息传递方式是表情、语言和手势，当有了文字、纸笔之后，信件邮递就成了另一种信息传递的方式，当有了电报、电话、网络……信息传递方式发生了根本性变化。从烽火狼烟到全光通信，从图书馆到知识"云"……信息在历史的洪流中承载与传递着记忆、经验、知识和真理。

信息传递过程中，信息的多少如何衡量，是至关重要的。通常将信息的多少称为信息量。1948 年 C·E·香农在信息论中，对信息量作了如下定义。

信息量是关于信息、选择和不确定性的度量，通常用信息熵进行定义。即，假设一个试验有几个可能的结果 A_1，A_2，A_3，$\cdots A_n$，分别具有概率 P_1，P_2，P_3，$\cdots P_n$ 满足条件：

$$P_i \geqslant 0 \left(i = 1,2,3,\cdots n \right), \sum_{i=1}^{n} p_i = 1$$

则信息熵定义为

$$H_n = -\sum_{i=1}^{n} P_i \log P_i$$

6.1.2　通信技术的发展

1. 电报的发明

1753 年 2 月 17 日，《苏格兰人》杂志上发表了一封署名 C·M 的书信，信中作者提出了用电流进行通信的设想；

1793 年，法国查佩兄弟架设了一条 230km 长的接力方式传送信息的托架式线路，首次使用"电报"一词；

1820 年，奥斯特发现电流的磁效应，这一效应可用来传送信号；

1832 年，俄国外交家希林制作出了用电流计指针偏转来接收信息的电报机；

1833 年，韦伯和高斯在哥廷根大学相距 9000ft（1ft=0.3048m）的天文台与物理馆之间架设了一条电线，用电池作电源，利用电磁力打铃，以此传送信号，这是有线电报最早的装置；

1835 年，美国画家莫尔斯研制的第一台电报机（见图 6.1）问世；

1836 年，莫尔斯发明"莫尔斯电码"（见图 6.2）；

图 6.1　电报机

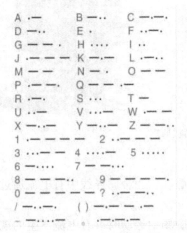

图 6.2　莫尔斯电码

1837 年 6 月，英国青年库克获得了第一个电报发明专利权，但很不实用；

1844 年 5 月 24 日，人类历史上的第一份电报："上帝创造了何等奇迹！"发送成功。

2. 电话的发明

1854 年，法国人鲍萨尔设想出电话原理：将两个薄金属片，用电线相连，一方发出声音时，金属片振动，变成电流传给对方；

1875 年 6 月 2 日，贝尔发现电话送话器原理（见图 6.3）：把金属片连接在电磁开关上，金属片因声音而振动，在其相连的电磁开关线圈中感生了电流；这种过程颠倒过来就是受话器，1876 年 3 月 7 日获专利授权；

1877 年，爱迪生发明碳粒送话器；

1877 年 4 月 4 日，第一部私人电话安装；5 月 17 日首次使用电话总机系统；

1878 年 1 月 28 日，第一个市内电话交换所开通；

1879 年，爱迪生制成炭精送话器，送话效果显著提高，沿用至今；

1879 年，电话号码出现；

1881 年，上海十六铺架设中国的第一部电话；

1965 年 5 月，第一部程控电话交换机出现；1969 年，第一部可视电话出现；

1985 年，第一台商用移动电话出现。

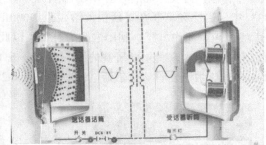
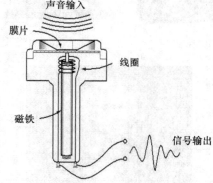

图 6.3　电话机原理

3. 电磁波的发现

1820 年，丹麦物理学家奥斯特发现"电能生磁"，当金属导线中有电流通过时，放在它附近的磁针便会发生偏转；

1821 年，英国物理学家法拉第发现了导线在磁场中运动时会有电流产生的现象，此即所谓的"电磁感应"现象；

1864 年，麦克斯韦发表了电磁场理论，认为在变化的磁场周围会产生变化的电场，在变化的电场周围又将产生变化的磁场，如此一层层地像水波一样推开去，便可把交替的电磁场传得很远；

1887 年，赫兹发现了电磁波（见图 6.4），得出了电磁能量可以越过空间进行传播的结论。他在两个相隔很近的金属小球上加上高电压，随之便产生一阵阵噼噼啪啪的火花放电；这时，在他身后放着一个没有封口的圆环；当赫兹把圆环的开口处调小到一定程度时，便看到有火花越过缝隙。

电磁波的发现，导致了无线电的诞生，是整个移动通信的发源点。电磁波的单位为赫兹（Hz）。

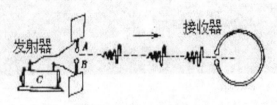

图 6.4　电磁波的发现

赫兹第一次证实了电磁波的存在，但认为若要利用电磁波进行通信，需要有一个面积与欧洲大陆相当的巨型反射镜，显然这是不可能的（见图 6.5）。

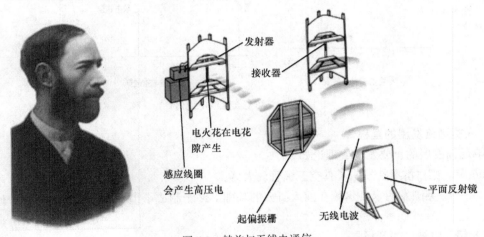

图 6.5　赫兹与无线电通信

4. 微波通信——无线电通信的发明

1894 年，俄国人波波夫改进了无线电接收机并为之增加了天线，使其灵敏度大大提高；

1896 年，波波夫成功发送第一份无线电报"海因里希·鲁道夫·赫兹"；

1897 年 5 月 18 日，意大利人马可尼，改进了无线电传送和接收设备，实现远距无线电通信（见图 6.6）；

1899 年 11 月，美国"圣保罗"号邮船收到了从 150km 外的怀特岛发来的无线电报——"移动通信"诞生；

1901 年，英国蒸汽机车装载了第一部陆地移动电台；

1902 年，在英国与加拿大之间正式开通了越洋无线电报通信电路；

1903 年，莱特的飞行器上装载了第一部航空移动电台，开创了航空新领域；

1906 年，美国物理学家费森登发明了无线电广播，1920 年开始定时广播；

1920 年 7 月，中华邮政开办邮传电报业务。

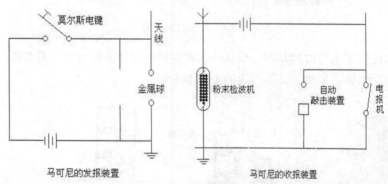

图 6.6　马可尼与无线电通信

5.　人类通信发展的里程碑

影响通信发展的重要发明或理论如下。

1906 年，德福雷斯特发明了真空三极管放大器；

1925 年，英国发明家贝尔德在前人研究的基础上终于制成了世界上第一台有实用价值的电视机；

1938 年，电视广播开播；

1941 年，阿塔纳索夫在爱荷华州立大学发明数字计算机；

1947 年，贝尔实验室的莱斯给出了噪声的统计描述；

1948 年，贝尔实验室向公众展示了用以取代真空管的晶体管；

1948 年，香农发表了信息论。

著名的香农公式为

$$C = B \log_2 \left(1 + \frac{S}{N} \right)$$

其中：C 为信道容量；B 为信号带宽；$\dfrac{S}{N}$ 为信号与噪声的功率之比。

6．无线寻呼的发明

1941 年，摩托罗拉生产出了美军参战时唯一的便携式无线电通讯工具——无线手持对讲机及高频率调频背负式通话机；

1956 年，第一个无线电寻呼机在摩托罗拉公司问世；

1968 年，日本在 150MHz 移动通信频段上开通用声音发出通知音和消息的模拟寻呼系统；

1973 年，美国开通频率为 150MHz 和 450MHz 的数字寻呼系统；

1983 年 9 月 16 日，上海用 150MHz 频段开通了中国第一个模拟寻呼系统；

1984 年 5 月 1 日，广州用 150MHz 频段开通了中国第一个数字寻呼系统。

7．蜂窝电话的发明

步话机、对讲机产生了，移动电话制造出来了，如何规划网络？答案是依靠蜂窝移动通信系统（见图 6.7）。

20 世纪 70 年代初，贝尔实验室提出蜂窝系统覆盖小区的概念和相关的理论；

1975 年，美国联邦通信委员会（FCC）开放了移动电话市场，确定了陆地移动电话通信和大容量蜂窝移动电话的频谱；

1978 年，在美国芝加哥开通世界上第一个移动电话通信系统；

1979 年，日本开放了世界上第一个蜂窝移动电话网；

1979 年，AMPS 制模拟蜂窝式移动电话系统在芝加哥通过试验，1983 年 12 月在美国投入商用；

1987 年 11 月，我国第一个移动电话局在广州开通。

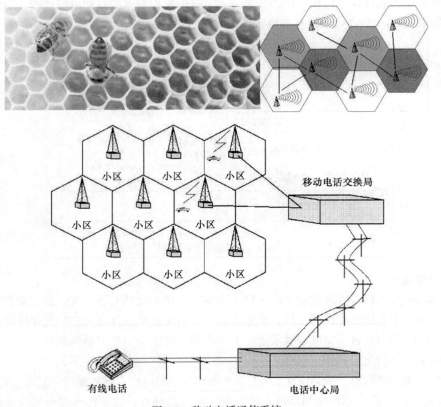

图 6.7　移动电话通信系统

8. GSM 无线电的发明

1982 年，欧洲成立了 GSM（移动通信特别研究组），研制了欧洲的数字蜂窝移动通信系统——GSM；GSM 移动电话系统对频谱利用率高、容量大，同时可以自动漫游和自动切换，采用 EFR（增强全速率编码）后通信质量好，加上其业务种类多、易于加密、抗干扰能力强、用户设备小、成本低等优点，使移动通信进入了一个新的里程；

1993 年 9 月 18 日，浙江嘉兴首先开通了我国第一个数字移动通信网；

1994 年 10 月，第一个省级数字移动通信网在广东省开通。

9. 移动通信的发展轨迹

现代移动通信发展已经历 4 个阶段（见图 6.8）。

第一代移动通信技术（1G）是指最初的模拟、仅限语音的蜂窝电话标准，制定于 20 世纪 80 年代。其容量有限、制式太多、互不兼容、保密性差、通话质量不高，不能提供数据业务，以及不能提供自动漫游等。

第二代手机通信技术（2G）以数字语音传输技术为核心。一般无法直接传送如电子邮件、软件等信息；只具有通话和一些如时间日期等传送的手机通信技术规格。

第三代移动通信技术（3G）是在第二代移动通信技术基础上发展以宽带 CDMA 技术为主，并能同时提供语音和数据业务的移动通信系统，是一代有能力彻底解决第一、二代移动通信系统主要弊端的先进的移动通信系统。其目标是提供包括语音、数据、视频等丰富内容的移动多媒体业务。

第四代（4G）移动通信技术是集 3G 与 WLAN 于一体的网络技术，能够快速传输数据、高质量、音频、视频和图像，包括 TD-LTE 和 FDD-LTE 两种制式的移动通信技术。当前移动通信正处于第四代（4G）移动通信技术发展阶段。

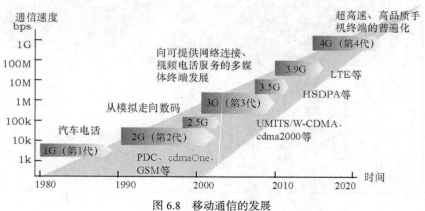

图 6.8　移动通信的发展

10. 卫星通信

1957 年 10 月 4 日，苏联发射了第一颗人造地球卫星，地球上第一次收到了来自人造卫星的电波，它不仅标志着航天时代的开始，也意味着一个利用卫星进行通信的时代即将到来；

1958 年 12 月 18 日，美国成功发射了世界上第一颗通信卫星"斯科尔号"。标志着人类通信事业开始了一个新纪元；

1962 年，美国发射第一颗同步通信卫星，开通国际卫星电话；脉冲编码调制进入实用阶段；

20 世纪 60 年代，彩色电视问世；阿波罗宇宙飞船登月；数字传输理论与技术得到迅速发展；计算机网络开始出现；

　　20 世纪 70 年代，商用卫星通信、程控数字交换机、光纤通信系统投入使用；一些公司制定计算机网络体系结构；

　　1982 年，国际海事通信组织开通由四颗地球同步卫星组成的 INMARSAT 系统，实现全球移动通信；

　　1998 年，中、低轨道的卫星系统得以研究成功并陆续开通，其中有：美国 Motorala 公司的铱星（Iridium）系统、美国 LORAL 公司的全球星（Global Star）系统、国际海事通信组织的 ICO 系统；

　　1999 年，国际卫星组织发射电视直播卫星，应用于高速信息公路。

　　卫星通信系统实际上也是一种微波通信，它以卫星作为中继站转发微波信号，在多个地面站之间通信，卫星通信的主要目的是实现对地面的"无缝隙"覆盖，由于卫星工作于几百、几千、甚至上万公里的轨道上，因此覆盖范围远大于一般的移动通信系统。按照工作轨道区分，卫星通信系统一般分为以下 3 类。

　　低轨道卫星通信系统（Low Earth Orbiting satellites，LEO），距地面 500~2000 公里，传输时延和功耗都比较小，但每颗星的覆盖范围也比较小，典型系统有 Motorola 的铱星系统。

　　中轨道卫星通信系统（Middle Earth Orbiting satellites，MEO），距地面 2000~20000 公里，传输时延要大于低轨道卫星，但覆盖范围也更大，典型系统是国际海事卫星系统。

　　高轨道卫星通信系统（Highly Elliptic Orbiting satellites，HEO），与赤道平面成 65 度夹角纵向运行，使用于北欧与北极地区，北半球远地点高度 39968 公里，南半球近地点高度 500 公里。典型系统是同步轨道卫星通信系统，同步地球轨道卫星（Geosynchronous Earth Orbiting satellites，GEO），位于近赤道的轨道上，高度 35858 公里，最少三颗卫星可实现全球通信。

　　卫星群像电子围绕原子核高速运转一样绕地球运行。相对于 GEO 静止卫星系统，LEO、MEO 和 HEO 被称为 MSS（移动卫星系统）。

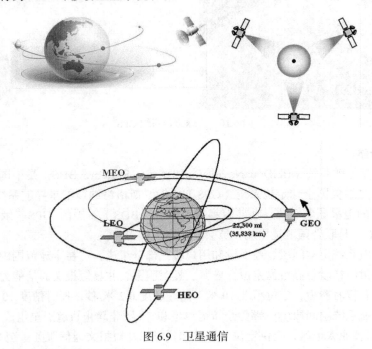

图 6.9　卫星通信

11. 全球定位系统（GPS）

1973 年，美国开始研制 GPS（见图 6.10），1994 年全面建成，它是具有在海、陆、空进行全方位实时三维导航与定位能力的新一代卫星导航与定位系统。目前的全球覆盖率为 98%。GPS 全球卫星定位技术与"阿波罗"飞船登月，航天飞机升空，共同列为 20 世纪"三大航天工程"。

GPS 能够实时测量四度：经度、纬度、高度、速度；由三大部分组成：空间部分、地面控制部分、用户设备部分（见表 6-1）。

表 6-1　　　　　　　　　　　　GPS 组成和分布

系统结构		空间位置	组成和分布
全球定位系统	GPS 卫星星座	空间	由 21 颗工作卫星和 3 颗在轨备用卫星组成，24 颗卫星均匀分布在 6 个轨道平面内
	地面监控系统	地面	由分布在全球的 5 个地面站组成（5 个监控站、1 个主控站和 3 个注入站）
	GPS 信号接收机	用户	导航接收机、测地型接收机、授时接收机实时计算出三维坐标\速度以及时间

全球定位系统（GPS）由 24 颗卫星，6 个轨道平面构成，轨道倾角 55°，距地面 20 200 公里，轨道周期 12 小时（恒星时），其中每颗卫星有 5 个多小时出现在地平线以上。

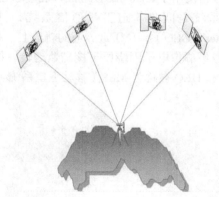

图 6.10　全球定位系统 GPS

12. 北斗导航

中国北斗卫星导航系统（BeiDou Navigation Satellite System，BDS）是中国自行研制的全球卫星导航系统，是继美国全球定位系统（GPS）、俄罗斯格洛纳斯卫星导航系统（GLONASS）之后第三个成熟的卫星导航系统。北斗卫星导航系统（BDS）、美国 GPS、俄罗斯 GLONASS 和欧盟 GALILEO，是联合国卫星导航委员会已认定的供应商。

北斗卫星导航系统由空间段、地面段和用户段三部分组成，可在全球范围内全天候、全天时地为各类用户提供高精度、高可靠定位、导航、授时服务，并具短报文通信能力，已经初步具备区域导航、定位和授时能力，定位精度 10 米，测速精度 0.2 米/秒，授时精度 10 纳秒。

北斗卫星导航系统空间段由 5 颗静止轨道卫星和 30 颗非静止轨道卫星组成，2012 年左右，"北斗"系统已覆盖亚太地区，提供定位、导航和授时以及短报文通信服务。至 2016 年 2 月，已成功发射 16 颗北斗导航卫星。2020 年左右，将建成覆盖全球的北斗卫星导航系统。

图 6.11　北斗导航系统

6.1.3　未来的通信技术

1. 全光通信

全光通信是指由激光器、光调制器、光探测器和传输光纤组成的一体化全光通信方式，其容量大、频带宽、效益高。

基于集成光路和非线性光学的全光集成通信是用集成光路代替集成电路，信息完全由光学器件和光学方式传输，能充分发挥光传输速率快、并行度高、可三维自由互联的优点，其传输容量和速率均能大大提高。

2. 量子通信

1993 年，贝内特提出了量子通信的概念。1997 年，中国青年学者潘建伟与荷兰学者波密斯特等人合作，首次实现了未知量子态的远程传输。

量子通信（Quantum Teleportation）是指利用量子纠缠效应进行信息传递的一种新型的通信方式。量子通信是近二十年发展起来的新型交叉学科，是量子论和信息论相结合的新的研究领域。量子通信主要涉及：量子密码通信、量子远程传态和量子密集编码等。

（1）瞬间转移与量子态隐形传输。量子态隐形传输（见图 6.12）就是指利用"量子纠缠"技术，借助卫星网络、光纤网络等经典信道，传输量子态携带的量子信息。量子态隐形传输是一种全新的通信方式，它传输的不再是经典信息而是量子态携带的量子信息，是未来量子通信网络的核心要素。利用量子纠缠技术，需要传输的量子态如同科幻小说中描绘的"超时空穿越"，在一个地方神秘消失，不需要任何载体的携带，又在另一个地方瞬间神秘出现。

（2）量子纠缠与心灵感应。心灵感应："幽灵般的超距离作用"（爱因斯坦）即可能是"量子纠缠"，两个处于纠缠态的粒子无论相距多远，都能"感知"对方的状态。

量子隐形传态的基本原理，就是对待传送的未知量子态与 EPR 对的其中一个粒子实施联合Bell 基测量，由于 EPR 对的量子非局域关联特性，此时未知态的全部量子信息将会"转移"到EPR 对的第二个粒子上，只要根据经典通道传送的 Bell 基测量结果，对 EPR 的第二个粒子的量子态施行适当的幺正变换，就可使这个粒子处于与待传送的未知态完全相同的量子态，从而在EPR 的第二个粒子上实现对未知态的重现。

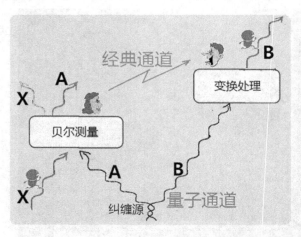

图 6.12 量子隐形传输

6.2 计算机网络技术的发展

用通信线路将分散在不同地点的独立的计算机系统相互连接，并按网络协议进行数据通信和实现资源共享的计算机集合，称为计算机网络（见图 6.13）。

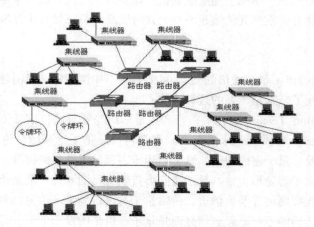

图 6.13 计算机网络

6.2.1 计算机网络的发展历程

纵观计算机网络的发展，其大致经历了以下 4 个阶段。

第一阶段：诞生阶段。20 世纪 60 年代中期之前的第一代计算机网络是以单个计算机为中心的远程联机系统。典型应用是由一台计算机和全美范围内 2000 多个终端组成的飞机订票系统。终端是一台计算机的外部设备包括显示器和键盘，无 CPU 和内存。随着远程终端的增多，在主机前增加了前端机（FEP）。当时，人们把计算机网络定义为"以传输信息为目的而连接起来，实现远程信息处理或进一步达到资源共享的系统"，但这样的通信系统已具备网络的雏形。

第二阶段：形成阶段。20 世纪 60 年代中期至 70 年代的第二代计算机网络是以多个主机通过通信线路互联起来，为用户提供服务的。兴起于 60 年代后期，典型代表是美国国防部高级研究计划局协助开发的 ARPANET。主机之间不是直接用线路相连，而是由接口报文处理机（IMP）转接后互联的。IMP 和它们之间互联的通信线路一起负责主机间的通信任务，构成了通信子网。通信子网互联的主机负责运行程序，提供资源共享，组成资源子网。这个时期，网络概念为"以能够相互共享资源为目的互联起来的具有独立功能的计算机的集合体"，形成了计算机网络的基本概念。

第三阶段：互联互通阶段。20 世纪 70 年代末至 90 年代的第三代计算机网络是具有统一的网络体系结构并遵守国际标准的开放式和标准化的网络。ARPANET 兴起后，计算机网络发展迅猛，各大计算机公司相继推出自己的网络体系结构及实现这些结构的软硬件产品。由于没有统一的标准，不同厂商的产品之间互联很困难，人们迫切需要一种开放性、标准化的实用网络环境，这样应运而生了两种国际通用的最重要的体系结构，即 TCP/IP 体系结构和国际标准化组织的OSI 体系结构。

第四阶段：高速网络技术阶段。20 世纪 90 年代至今的第四代计算机网络，由于局域网技术发展成熟，出现光纤及高速网络技术、多媒体网络、智能网络，整个网络就像一个对用户透明的大的计算机系统，发展为以 Internet 为代表的互联网。

6.2.2 三网融合

三网融合（见图 6.14）是指电信网、广播电视网、互联网在向宽带通信网、数字电视网、下一代互联网演进过程中，三大网络通过技术改造，其技术功能趋于一致，业务范围趋于相同，网络互联互通、资源共享，能为用户提供语音、数据和广播电视等多种服务。三网融合并不意味着三大网络的物理合一，而主要是指高层业务应用的融合。三网融合应用广泛，遍及智能交通、环境保护、政府工作、公共安全、平安家居等多个领域。在手机上可以看电视、上网，用电视可以打电话、上网，用计算机也可以打电话、看电视。三者之间相互交叉，形成你中有我、我中有你的格局。

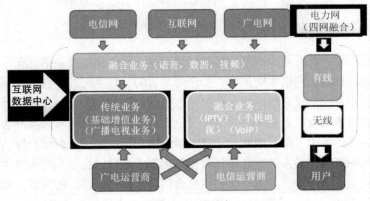

图 6.14 三网融合

三网融合，在概念上从不同角度和层次上分析，可以涉及技术融合、业务融合、行业融合、终端融合及网络融合。

1. 数字技术

数字技术的迅速发展和全面采用，使电话、数据和图像信号都可以通过统一的编码进行传输和交换，所有业务在网络中都将成为统一的"0"或"1"的比特流，从而使得语音、数据、声频和视频各种内容（无论其特性如何）都可以通过不同的网络来传输、交换、选路处理和提供，并通过数字终端存储起来或以视觉、听觉的方式呈现在人们的面前。数字技术已经在电信网和计算机网中得到了全面应用，并在广播电视网中迅速发展起来。数字技术的迅速发展和全面采用，为各种信息的传输、交换、选路和处理奠定了基础。

2. 宽带技术

宽带技术的主体就是光纤通信技术。网络融合的目的之一是通过一个网络提供统一的业务。若要提供统一业务就必须要有能够支持音视频等各种多媒体（流媒体）业务传送的网络平台。这些业务的特点是业务需求量大、数据量大、服务质量要求较高，因此在传输时一般都需要非常大的带宽。另外，从经济角度来讲，传输成本也不宜太高。这样，容量巨大且可持续发展的大容量光纤通信技术就成了传输介质的最佳选择。宽带技术特别是光通信技术的发展为传送各种业务信息提供了必要的带宽、传输质量和低成本。作为当代通信领域的支柱技术，光通信技术正以每10年增长100倍的速度发展，具有巨大容量的光纤传输是"三网"理想的传送平台和未来信息高速公路的主要物理载体。无论是电信网，还是计算机网、广播电视网，大容量光纤通信技术都已经在其中得到了广泛的应用。

3. 软件技术

软件技术是信息传播网络的神经系统，软件技术的发展，使得三大网络及其终端都能通过软件变更最终支持各种用户所需的特性、功能和业务。现代通信设备已成为高度智能化和软件化的产品。今天的软件技术已经具备三网业务和应用融合的实现手段。

4. IP 技术

信号数字化后，还不能直接承载在通信网络介质之上，还需要通过 IP 技术在内容与传送介质之间搭起一座桥梁。IP 技术（特别是 IPv6 技术）的产生，满足了在多种物理介质与多样的应用需求之间建立简单而统一的映射的需求，可以顺利地对多种业务数据、多种软硬件环境、多种通信协议进行集成、综合、统一，对网络资源进行综合调度和管理，使得各种以 IP 为基础的业务都能在不同的网络上实现互通。具体下层基础网络是什么已无关紧要。

6.2.3　计算机网络的未来

进入 21 世纪以来，以计算机网络迅猛发展而形成的网络化是推动信息化、数字化和全球化的基础和核心，因为计算机网络系统正是一种全球开放的、数字化的综合信息系统，基于计算机网络的各种网络应用系统通过在网络中对数字信息的综合采集、存储、传输、处理和利用而在全球范围把人类社会更紧密地联系起来，并以不可抗拒之势影响和冲击着人类社会政治、经济、军事和日常工作、生活的各个方面。因此，计算机网络将注定成为 21 世纪全球信息社会最重要的基础设施。计算机网络技术的发展也将以其融合一切现代先进信息技术的特殊优势而在 21 世纪形成一场崭新的信息技术革命，并进一步推动社会信息化和知识经济的发展。而计算机网络系统和相关技术也必将在 21 世纪社会信息化和知识经济浪潮中更快更大地发展。

未来的互联网络的发展特征，主要包括开放和大容量的发展方向、一体化和方便使用的发展方向、多媒体网络的发展方向、高效安全的网络管理方向、为应用服务的发展方向、智能网络的发展方向六个方面。

计算机技术已越来越多地融入计算机网络这个大系统中，与其他信息技术一起在全球社会信息网络这个大分布环境中发挥作用。因此，人工智能技术、智能计算机与计算机网络技术的结合与融合，形成具有更多思维能力的智能计算机网络，不仅是人工智能技术和智能计算机发展的必然趋势，也是计算机网络综合信息技术的必然发展趋势。当前，基于计算机网络系统的分布式智能决策系统、分布专家系统、分布知识库系统、分布智能代理技术、分布智能控制系统及智能网络管理技术等的发展，也都明显地体现了未来计算机网络的发展趋向。

总之，随着计算机信息技术渗透到经济社会生活的各个领域，世界正逐步进入以信息为主导的新经济时代；计算机网络技术的快速发展，对人类经济社会将产生巨大的影响。

6.3　计算机网络体系结构及网络管理

计算机网络结构可以从网络组织、网络配置和网络体系结构三个方面来描述。其中，网络组织主要是描述计算机网络的物理结构和网络拓扑结构；网络配置是根据网络应用对网络硬件和软件系统的性能参数、通信线路布局等的描述；网络体系结构主要是指计算机网络功能的逻辑结构及其实现机制。

6.3.1　计算机网络体系结构及协议

要使通过通信信道和设备互连起来的多个不同地理位置的计算机系统，能协同工作实现信息交换和资源共享，它们之间必须具有共同的语言。交流什么、怎样交流及何时交流，都必须遵循某种互相都能接受的规则。

1. 网络协议

网络协议是为进行计算机网络中的数据交换而建立的规则、标准或约定的集合。协议总是指某一层协议，准确地说，它是对同等实体之间的通信制定的有关通信规则约定的集合。

网络协议有以下 3 个要素。

（1）语义（Semantics）：涉及用于协调与差错处理的控制信息。

（2）语法（Syntax）：涉及数据及控制信息的格式、编码及信号电平等。

（3）同步（Timing）：涉及速度匹配和排序等。

2. 网络体系结构

网络体系结构（Architecture）就是计算机网络各层次及其协议的集合。

计算机网络系统是一个十分复杂的系统。将一个复杂系统分解为若干个容易处理的子系统，然后"分而治之"，这种结构化设计方法是工程设计中常见的手段。分层就是系统分解的最好方法之一。

在图 6.15 所示的一般分层结构中，n 层是 $n-1$ 层的用户，又是 $n+1$ 层的服务提供者。$n+1$ 层虽然只直接使用了 n 层提供的服务，实际上它通过 n 层还间接地使用了 $n-1$ 层以及以下所有各层的服务。

层次结构的好处在于使每一层实现一种相对独立的功能。分层结构还有利于交流、理解和标准化。层次结构一般以垂直分层模型来表示（见图 6.16）。

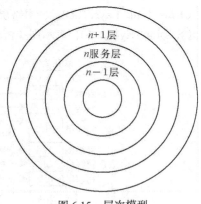

图 6.15　层次模型

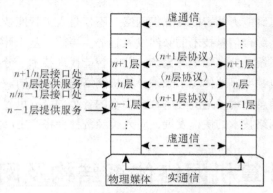

图 6.16 计算机网络的层次模型

网络体系结构的特点如下。

（1）以功能作为划分层次的基础。

（2）第 n 层的实体在实现自身定义的功能时，只能使用第 $n-1$ 层提供的服务。

（3）第 n 层在向第 $n+1$ 层提供的服务时，此服务不仅包含第 n 层本身的功能，还包含由下层服务提供的功能。

（4）仅在相邻层间有接口，且所提供服务的具体实现细节对上一层完全屏蔽。

3. OSI 基本参考模型

（1）开放系统互连（Open System Interconnection，OSI）基本参考模型

OSI 是由国际标准化组织（ISO）制定的标准化开放式计算机网络层次结构模型，又称 ISO/OSI 参考模型。"开放"这个词表示能使任何两个遵守参考模型和有关标准的系统进行互连。

OSI 包括了体系结构、服务定义和协议规范三级抽象概念。OSI 的体系结构定义了一个七层模型，用以进行进程间的通信，并作为一个框架来协调各层标准的制定；OSI 的服务定义描述了各层所提供的服务，以及层与层之间的抽象接口和交互用的服务原语；OSI 各层的协议规范，精确地定义了应当发送何种控制信息及何种过程来解释该控制信息。

需要强调的是，OSI 参考模型并非具体实现的描述，它只是一个为制定标准机而提供的概念性框架。在 OSI 中，只有各种协议是可以实现的，网络中的设备只有与 OSI 和有关协议相一致时才能互连。

如图 6.17 所示，OSI 七层模型从下到上分别为物理层（Physical Layer，PH）、数据链路层（Data Link Layer，DL）、网络层（Network Layer，N）、运输层（Transport Layer，T）、会话层（Session Layer，S）、表示层（Presentation Layer，P）和应用层（Application Layer，A）。

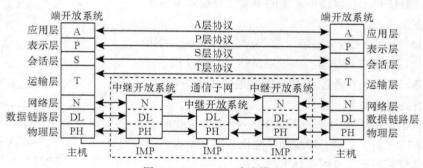

图 6.17 ISO's OSI 参考模型

（2）层次结构模型中数据的实际传送过程

如图 6.18 所示，发送进程给接收进程发送数据，实际上是经过发送方各层从上到下传递到物理媒体；通过物理媒体传输到接收方后，再经过从下到上各层的传递，最后到达接收进程。

在发送方从上到下逐层传递的过程中，每层都要加上适当的控制信息，即图 6.18 所示的 H7、H6、…、H1，统称为报头。到最底层成为由 "0" 或 "1" 组成数据比特流，然后再转换为电信号在物理媒体上传输至接收方。接收方在向上传递时过程正好相反，要逐层剥去发送方相应层加上的控制信息。

因接收方的某一层不会收到底下各层的控制信息，而高层的控制信息对于它来说又只是透明的数据，所以它只阅读和去除本层的控制信息，并进行相应的协议操作。发送方和接收方的对等实体看到的信息是相同的，就好像这些信息通过虚通信直接给了对方一样。

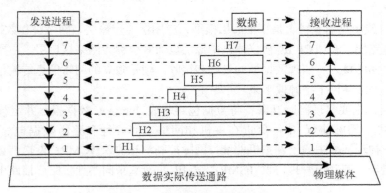

图 6.18 数据的实际传递过程

（3）各层主要功能

① 物理层。物理层定义了为建立、维护和拆除物理链路所需的机械的、电气的、功能的和规程的特性，其作用是使原始的数据比特流能在物理媒体上传输。具体涉及接插件的规格、"0" "1" 信号的电平表示、收发双方的协调等内容。

② 数据链路层。在该层比特流被组织成数据链路协议数据单元（通常称为帧），并以其为单位进行传输，帧中包含地址、控制、数据及校验码等信息。数据链路层的主要作用是通过校验、确认和反馈重发等手段，将不可靠的物理链路改造成对网络层来说无差错的数据链路。数据链路层还要协调收发双方的数据传输速率，即进行流量控制，以防止接收方因来不及处理发送方发来的高速数据而导致缓冲器溢出及线路阻塞。

③ 网络层。在该层数据以网络协议数据单元（分组）为单位进行传输。网络层关心的是通信子网的运行控制，主要解决如何使数据分组跨越通信子网从源传送到目的地的问题，这就需要在通信子网中进行路由选择。另外，为避免通信子网中出现过多的分组而造成网络阻塞，需要对流入的分组数量进行控制。当分组要跨越多个通信子网才能到达目的地时，还要解决网际互连的问题。

④ 运输层。运输层是第一个端–端，也即主机–主机的层次。运输层提供的端到端的透明数据运输服务，使高层用户不必关心通信子网的存在，由此用统一的运输原语书写的高层软件便可运行于任何通信子网上。运输层还要处理端到端的差错控制和流量控制问题。

⑤ 会话层。会话层是进程–进程的层次，其主要功能是组织和同步不同的主机上各种进程间的通信（也称为对话）。会话层负责在两个会话层实体之间进行对话连接的建立和拆除。在半双工情况下，会话层提供一种数据权标来控制某一方何时有权发送数据。会话层还提供在数据流中

插入同步点的机制，使得数据传输因网络故障而中断后，可以不必从头开始而仅重传最近一个同步点以后的数据。

⑥ 表示层。表示层为上层用户提供共同的数据或信息的语法表示变换。为了让采用不同编码方法的计算机在通信中能相互理解数据的内容，可以采用抽象的标准方法来定义数据结构，并采用标准的编码表示形式。表示层管理这些抽象的数据结构，并将计算机内部的表示形式转换成网络通信中采用的标准表示形式。数据压缩和加密也是表示层可提供的表示变换功能。

⑦ 应用层。应用层是开放系统互连环境的最高层。不同的应用层为特定类型的网络应用提供访问 OSI 环境的手段。网络环境下不同主机间的文件传送访问和管理（FTAM）、传送标准电子邮件的文电处理系统（MHS）、使不同类型的终端和主机通过网络交互访问的虚拟终端（VT）协议等都属于应用层的范畴。

4. TCP/IP

TCP/IP 协议族（见图 6.19）是一个四层模型，应用层、传输层、网络层和数据链路层。

（1）数据链路层，在 TCP/IP 协议体系中该层也通常被称为网络接口层，主要负责不同类型本地网络与互联网的接入，实现数据帧的发送和接收。帧是独立的网络信息传输单元，网络接口层将帧放在网上，或从网上把帧取下来。

（2）网络层，主要实现网际互联，将数据包封装成 Internet 数据报，并运行必要的路由算法，互联层包含：网际协议 IP，负责在主机和网络之间寻址和路由数据包。地址解析协议 ARP：获得同一物理网络中的硬件主机地址；网际控制消息协议 ICMP：发送消息，并报告有关数据包的传送错误；互联组管理协议 IGMP：被 IP 主机拿来向本地多路广播路由器报告主机组成员。

（3）传输层。传输协议在计算机之间提供通信会话。传输协议的选择根据数据传输方式而定。主要有两个传输协议：传输控制协议 TCP，为应用程序提供可靠的通信连接，适合于一次传输大批数据的情况，并适用于要求得到响应的应用程序；用户数据报协议 UDP，提供了无连接通信，且不对传送包进行可靠的保证，适合于一次传输小量数据，可靠性则由应用层来负责。

（4）应用层。应用程序通过这一层访问网络。

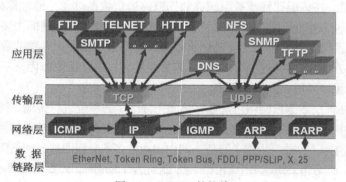

图 6.19　TCP/IP 协议族

6.3.2　网络管理

计算机网络管理的重要性来自于计算机网络的飞速发展和广泛应用，面对复杂的网络，传统的基于手工或者基于简单的网络管理工具的网络管理手段变得无能为力，网络管理向着综合化、自动化、智能化的方向发展，计算机网络管理技术已经发展为具有自己知识体系的一门专门性技术。

1. 网络管理的概念与结构

网络管理包括对硬件、软件和人力的使用、综合与协调，以便对网络资源进行监视、测试、配置、分析、评价和控制，这样就能以合理的价格满足网络的一些需求，如实时运行性能、服务质量等。另外，当网络出现故障时能及时报告和处理，并协调、保持网络系统的高效运行等。

网络管理是对网络的运行状态进行监测和控制，使其能够有效、可靠、安全、经济地提供服务。监测是控制的前提，控制是监测的结果。

通常，网络管理系统分为管理站和代理系统两部分（见图 6.20）。自组织网络管理则需要通过动态变化的群及其分层结构实现。

图 6.20　网络管理模型与结构

2. SNMP

简单网络管理协议（SNMP）（见图 6.21），由一组网络管理的标准组成，包含一个应用层协议（Application Layer Protocol）、数据库模型（Database Schema）和一组资源对象。该协议能够支持网络管理系统，用以监测连接到网络上的设备是否有任何引起管理上关注的情况。该协议是互联网工程工作小组（Internet Engineering Task Force，IETF）定义的 Internet 协议族的一部分。SNMP 的目标是管理互联网 Internet 上众多厂家生产的软硬件平台，因此 SNMP 受 Internet 标准网络管理框架的影响也很大。

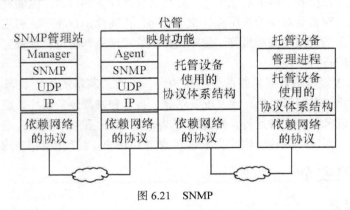

图 6.21　SNMP

SNMP 是基于 TCP/IP 协议族的网络管理标准，是一种在 IP 网络中管理网络节点（如服务器、工作站、路由器、交换机等）的标准协议。SNMP 能够使网络管理员提高网络管理效能，及时发现并解决网络问题以及规划网络的增长。网络管理员还可以通过 SNMP 接收网络节点的通知消息以及告警事件报告等来获知网络出现的问题。

SNMP 管理的网络主要由三部分组成：被管理的设备、SNMP 代理、网络管理系统（NMS），如图 6.22 所示。网络中被管理的每一个设备都存在一个管理信息库（MIB）用于收集并储存管理信息。通过 SNMP，NMS 能获取这些信息。被管理设备，又称为网络单元或网络节点，可以是支持 SNMP 的路由器、交换机、服务器或者主机等；SNMP 代理是被管理设备上的一个网络管理软件模块，拥有本地设备的相关管理信息，并用于将它们转换成与 SNMP 兼容的格式，传递给 NMS；NMS 运行应用程序来实现监控被管理设备的功能。另外，NMS 还为网络管理提供大量的处理程序及必须的储存资源。

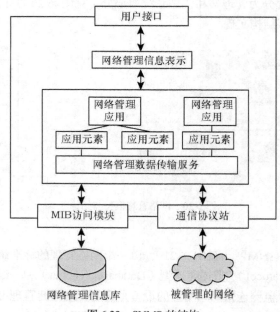

图 6.22　SNMP 的结构

3. 网络管理的功能

网络监视：收集系统和子网的状态信息，分析被管理设备的行为，以便发现网络运行中存在的问题。性能监视，对被管对象的可用性、响应时间、正确性、吞吐率、利用率等进行监视；故障监视，对被管对象的故障检测和报警、故障预测、故障诊断和定位；计费监视，对单位时间内对资源的占用和访问进行监视。

网络控制：修改设备参数或重新配置网络资源，以改善网络的运行状态。配置控制，初始化、维护和关闭网络设备或子系统，定义配置信息，设置和修改设备属性，定义和修改网络元素间的互联关系，启动和终止网络运行，发行软件，检查参数值和互联关系，报告配置现状；安全控制，对网络数据，系统（硬件、软件、传输），信息、用户（访问控制）的安全控制。

6.3.3　网络安全

1. 网络安全概述

网络安全从其本质来讲就是网络上信息的安全，它涉及的领域相当广泛，这是因为目前的公用通信网络中存在着各式各样的安全漏洞和威胁。广义上讲，凡是涉及网络上信息的保密性、完整性、可用性和可控性的相关技术和理论，都是网络安全的研究领域。

网络安全是指网络系统的硬件、软件及数据受到保护，不遭受偶然或恶意的破坏、更改、泄露，系统连续可靠正常地运行，网络服务不中断。网络安全在不同环境和应用中有不同的解释。

（1）运行系统安全：即保证信息处理和传输系统的安全，包括计算机系统机房环境和传输环境的法律保护、计算机结构设计的安全性考虑、硬件系统的安全运行、计算机操作系统和应用软件的安全、数据库系统的安全、电磁信息泄露的防御等。

（2）网络上系统信息的安全：包括用户口令鉴别、用户存取权限控制、数据存取权限、方式控制、安全审计、安全问题跟踪、计算机病毒防治、数据加密等。

（3）网络上信息传输的安全：即信息传播后果的安全，包括信息过滤、不良信息甄别等。

（4）网络上信息内容的安全：即我们讨论的狭义的"信息安全"，侧重于保护信息的机密性、真实性和完整性。本质上是保护用户的利益和隐私。

网络安全具有三个基本的属性：机密性、完整性、可用性。机密性，是指保证信息与信息系统不被非授权者所获取与使用，主要范措施是密码技术；完整性，是指保证信息不被篡改或破坏；可用性，是指保证信息与信息系统可被授权人正常使用，主要防范措施是确保信息与信息系统处于一个可靠的运行状态之下。

2. 网络安全机制

网络安全机制是保护网络信息安全所采用的措施，所有的安全机制都是针对某些潜在的安全威胁而设计的，可以根据实际情况单独或组合使用。网络安全机制主要涉及技术与管理两个层面的内容。

网络安全技术机制主要包含以下内容。

（1）加密和隐藏。加密使信息改变，攻击者无法了解信息的内容从而达到保护；隐藏则是将有用信息隐藏在其他信息中，使攻击者无法发现。

（2）认证和授权。网络设备之间应互认证对方的身份，以保证正确的操作权力赋予和数据的存取控制；同时网络也必须认证用户的身份，以授权保证合法的用户实施正确的操作。

（3）审计和定位。通过对一些重要的事件进行记录，从而在系统中发现错误或受到攻击时能定位错误并找到防范失效的原因，作为内部犯罪和事故后调查取证的基础。

（4）完整性保证。利用密码技术的完整性保护可以很好地对付非法篡改，当信息源的完整性可以被验证却无法模仿时，可提供不可抵赖服务。

（5）权限和存取控制。针对网络系统需要定义的各种不同用户，根据正确的认证，赋予其适当的操作权力，限制其越级操作。

（6）任务填充。在任务间歇期发送无用的具有良好模拟性能的随机数据，以增加攻击者通过分析通信流量和破译密码获得信息的难度。

网络信息安全不仅仅是技术问题，更是一个管理问题。因此，除了技术防控外，还必须制订网络运营过程中的安全管理措施，确定正确的网络运营目标，依据相关法律，设计可行的网络管理方案和网络信息安全管理制度。

3. 网络安全策略

网络安全策略通常是网络安全管理的一般性规范，只提出相应的重点，而不确切地说明如何达到所要的结果，因此策略属于安全技术规范的最高一级。其主要分为基于身份的安全策略和基于规则的安全策略种。基于身份的安全策略是过滤对数据或资源的访问，有两种执行方法：若访问权限为访问者所有，典型的做法为特权标记或特殊授权，即仅为用户及相应活动进程进行授权；若为访问数据所有则可以采用访问控制表（ACL）。这两种情况中，数据项的大小有很大的变化，数据权力命名也可以带自己的 ACL。基于规则的安全策略是指建立在特定的、个体化属性之上的授权准则，授权通常依赖于敏感性。在一个安全系统中，数据或资源应该标注安全标记，而且用户活动应该得到相应的安全标记。

（1）安全策略的配置

开放式网络环境下用户的合法权益通常受到两种方式的侵害：主动攻击和被动攻击，主动攻击主要包括中断、篡改、伪造信息等；被动攻击主要包括对用户信息的窃取、信息流量分析等。根据用户对安全的需求可以采用以下的保护措施。

身份认证：检验用户的身份是否合法、防止身份冒充及对用户实施访问控制数据完整性鉴别，防止数据被伪造、修改和删除。

信息保密：防止用户数据被泄、窃取、保护用户的隐私。

数字签名：防止用户否认对数据所做的处理。

访问控制：对用户的访问权限进行控制。

不可否认性验证：也称不可抵赖性，即防止对数据操作的否认。

（2）安全策略的实现流程

证书管理：主要是指公开密钥证书的产生、分配更新和验证。

密钥管理：包括密钥的产生、协商、交换和更新，目的是为了在通信的终端系统之间建立实现安全策略所需的共享密钥。

安全协作：是在不同的终端系统之间协商建立共同采用的安全策略，包括安全策略实施所在层次、具体采用的认证、加密算法和步骤、如何处理差错。

安全算法实现：具体算法的实现，如 PES、RSA。

安全策略数据库：保存与具体建立的安全策略有关的状态、变量、指针。

习　题

1．简述移动通信的发展阶段。
2．简述北斗导航系统的主要构成。
3．什么是网络协议？
4．什么是计算机网络体系结构？
5．什么是网络管理？
6．网络安全技术机制主要涉及哪些内容？

第7章
物联网技术及应用

本章主要介绍物联网的基本概念、主要特征、体系架构、关键技术，阐述物联网全球发展战略、发展现状及未来发展趋势，并就我国下一代信息技术的基本概念、主要内涵进行描述。通过本章的学习，同学们能够清楚了解物联网技术的基础知识、未来发展及我国下一代信息技术的展望。

7.1 物联网及其发展

7.1.1 物联网的概念

1. 物联网的定义

物联网（Internet Of Things，IOT），即通过射频识别（RFID）、红外感应器、全球定位系统、激光扫描器等信息传感设备，按约定的协议，把任何物品与互联网相连接，进行信息交换和通信，以实现智能化识别、定位、跟踪、监控和管理的一种网络。

物联网是物物相连的互联网。其实质包含了以下两层含义。

（1）物联网的核心和基础仍然是互联网，是在互联网基础上延伸和扩展的网络；

（2）用户端延伸和扩展到了任何物品与物品之间，进行信息交换和通信，可进行物与物、人与物、人与人的信息交换。

物联网通过智能感知、识别技术与普适计算等通信感知技术，广泛应用于网络的融合中，也因此被称为继计算机、互联网之后世界信息产业发展的第三次浪潮。

从技术与应用层面定义，其定义如下。

（1）技术层面的定义

物联网是指物体通过智能感应装置，经过传输网络，到达指定的信息处理中心，最终实现物与物、人与物之间的自动化信息交互与处理的智能网络。

（2）应用层面的定义

物联网是指把世界上所有的物体都连接到一个网络中，形成“物联网”，然后“物联网”又与现有的互联网结合，实现人类社会与物理系统的整合，以更加精细和动态的方式管理生产和生活。

2. 物联网的基本特征

（1）互联网特征。需要联网的“物品”，一定要能够互联互通形成网络。

（2）识别与通信特征。纳入物联网的“物品”，一定要具备自动识别与物物通信的能力。即能利用 RFID、传感器、二维码等随时随地获取物体的信息，实现各种物品信息的全面感知（广泛传感）。

（3）智能处理。利用云计算、模糊识别等各种智能计算技术，对海量的数据和信息进行分析和处理，对物体实施智能化的控制，以在网络上进行综合的感知信息分析与利用。

3. 3 个术语概念的对比

（1）物联网与传感网

传感网是由大量智能传感器组成的信息感知网络，是物联网的前生，现在是物联网的组成部分。

（2）物联网与互联网

物联网是互联网的延伸和扩展，互联网是物联网的核心和基础。

（3）物联网与泛在网

泛在网是物联网的发展远景，物联网是泛在网的前期。

7.1.2　物联网的构成及关键技术

1. 基本构成

物联网的基本构成如图 7.1 所示。

图 7.1　物联网的基本构成

（1）感知层

感知层主要用于采集物理世界中发生的物理事件和数据，即利用 RFID、传感器、GPS、GIS 等随时随地获取物体的信息，实现物理世界的全面感知。

（2）网络层

网络层主要通过现有互联网（IPv4/IPv6 网络），移动通信网（GSM、WCDMA、CDMA、无线接入网、无线局域网等），卫星通信网等基础网络设施，对来自感知层的信息进行接入和传输。其主要设备是能接入各种异构网络的网关等。

（3）支撑层

支撑层主要是在高性能网络计算环境下，将网络内大量或海量信息资源通过计算整合成一个可互联互通的大型智能网络，为上层的服务管理和大规模行业应用建立一个高效、可靠和可信的网络计算超级平台。其主要设备包括大型计算机群、海量网络存储设备、云计算设备等。

（4）应用层

应用层是物联网系统结构的最高层，包括各类用户界面显示设备及其他管理设备等。应用层根据用户需求可面向各类行业建立实际应用的管理平台和运行平台，并根据各种应用特点集成相关内容服务，如绿色农业、公共安全、远程医疗、智能交通等。建立在应用层的各类应用平台，一般以综合管理中心的形式出现，并可按照业务分解为多个业务中心。

2. 关键技术

（1）感知技术

感知技术是指能够用于物联网底层感知信息的技术，包括射频识别（RFID）技术、传感器技术、GPS 定位技术、多媒体信息采集与处理技术，以及二维码技术等。

① 射频识别技术

射频识别技术是物联网中让物品"开口说话"的关键技术。在物联网中，RFID 标签上存储着规范而具有互用性的信息，可通过无线数据通信网把它们自动采集到中央信息系统，实现物品的识别。

② 传感器技术

传感器技术是关于从自然信息源获取信息，并对之进行处理、变换和识别的一门多学科交叉的现代科学与工程技术，它涉及传感器和信息处理，以及识别的设计、开发、制造、测试、应用及评价等活动。在物联网中，传感技术主要负责接收物品"讲话"的内容。

③ GPS 定位技术

GPS 定位技术又称全球定位系统，是具有海、陆、空全方位实时三维导航与定位能力的新一代卫星导航与定位系统。GPS 作为移动感知技术，是物联网延伸到移动物体，采集移动物体信息的重要技术，更是物流智能化、智能交通的重要技术。

④ 多媒体信息采集与处理技术

多媒体信息采集与处理技术是利用各种摄像头、相机、麦克风等设备采集视频、音频、图像等信息，并且将这些采集到的信息进行抽取、挖掘和处理，将非结构化的信息从大量的采集到的信息中抽取出来，然后保存到结构化数据库中，从而为各种信息服务系统提供数据输入技术。

⑤ 二维码技术

二维码技术：采用某种特定的几何图形按照一定规律在平面分布的黑白相间的图形上记录数据符号信息；在代码编制上巧妙地利用构成计算机内部逻辑基础的"0""1"比特流的概念，使用若干个与二进制对应的几何形体来表示文字数值信息，通过图像输入设备或光电扫描设备自动识读以实现信息自动处理；二维条码/二维码能够在横向和纵向两个方向同时表达信息，能在很小的面积内表达大量的信息。

（2）传输技术

传输技术是指能汇聚感知数据，并实现物联网数据传输的技术。它包括移动通信网、互联网、无线网络、卫星通信、短距离无线通信等。

① 移动通信网（Mobile Communication Network）

移动通信网指移动物体之间的通信，或移动体与固定体之间的通信。移动体可以是人、汽车、火车、收音机等物体。移动通信系统由空间系统和地面系统（卫星移动无线电台、天线、基站等）两部分组成。

② 互联网（Internet）

互联网是指将两台及以上计算机终端、客户端、服务端通过计算机信息技术的手段互联，实现全球范围的信息交互网络。

③ 无线网络（Wireless Network）

在物联网中，要实现物品与人的无障碍交流，必然需要高速、可进行大批量数据传输的无线网络。无线网络即通过无线方式建立远距离全球语音和数据网络或近距离红外及射频技术。

④ 近程通信技术（Short Distance Wireless Communication）

近程通信技术是新兴的短距离连接技术，从很多无接触式的认证和互联技术演化而来，RFID 和蓝牙技术是其中的重要代表。

（3）支撑技术

支撑技术是指用于物联网数据处理和利用的技术。它包括嵌入式计算技术、云计算技术、分布式并行计算、人工智能技术、数据库与数据挖掘技术、多媒体与虚拟现实技术。

① 嵌入式计算技术

嵌入式计算技术就是将系统嵌入目标系统中的专用计算机系统，是物联网应用的关键技术，主要包括嵌入式处理器、操作系统，物联网应用的终端大部分都表现为嵌入式系统。

② 云计算技术

云计算由一系列可以动态升级和被虚拟化的资源组成，这些资源被所有云计算的用户共享，并且可以方便地通过网络访问，用户无需掌握云计算的技术，只需要按照个人或者团体的需要租赁云计算的资源。它是分布式计算技术的一种，可实现对海量数据的存储、计算，是物联网发展重要的技术支撑，它包含三个层次的服务形式：基础设施即服务（LaaS）、平台即服务（PaaS）和软件即服务（SaaS），分别在物联网的基础实施层、软件开放运行平台层、应用软件层实现。

③ 分布式并行计算技术

分布式并行计算技术是分布式计算和并行计算综合起来的计算技术，是支撑物联网的重要计算环境之一。

总之，物联网的支撑技术包含了传感技术、通信技术、嵌入式计算技术、云计算技术。

④ 人工智能技术

人工智能技术是研究用计算机来模拟、延伸人的智能行为和思维过程的技术。物联网通过对应用需求和场景研究，构建面向行业信息化服务为主，个人公共服务为辅的公共技术和业务平台，实现数据交换向信息处理的网络平台转换的目标，从而实现计算机自动处理。

⑤ 数据库与数据挖掘技术

通过建立一个能够全面捕捉物联网数据的分布式时空数据库，基于云计算的平台全面地对物联网系统的数据进行挖掘。云计算中的数据挖掘主要就是通过对相关的数据进行分析研究，从而通过这种方式进行数据挖掘，使得物联网进行数据挖掘的相关工作能够被很好地执行与完成。

⑥ 多媒体与虚拟现实技术

虚拟现实技术使得操作者有"身临其境"观测某些数据和执行相应操作命令的技术。在物联网中，射频识别（RFID）技术是最常采用的现实世界中物体识别的方法。RFID 由标签和阅读器组成，通过无线数据通信网将其自动采集计算设备的信息处理系统，实现物体的识别，然后通过计算机网络实现信息的传递和共享，实现对物体的控制、检测和跟踪。

7.1.3 物联网的典型应用

1. 牲畜溯源

为保证食品在种养植、加工、流通过程中的安全，确保人们能吃到放心食品，除了政府严厉的法律法规监督外，采用先进的物联网技术，进行食品追踪溯源也是保证政府执法重要的技术手段。在食品溯源中，目前多采用 RFID 技术，让食品开口说话，可实现食品安全追踪溯源。例如，对牲畜溯源是给放养的牲畜中的每一只都贴上一个 RFID 电子标签（电子耳码），这个电子耳码会一直保持在超市出售的肉品上，消费者可通过 RFID 阅读器阅读电子耳码，知道牲畜的成长历史，确保食品安全，在新疆、宁夏、江苏等地已经广泛应用。

2．精准农业

精准农业是指研究基于农田、园林、温室等目标区域的射频技术与无线传感器网络架构，实现大量实时地收集温度、湿度、光照、气体浓度等物理量，精准地获取土壤水分、压实程度、电导率、pH 值、氮素等土壤信息，实现精细化的农业生产控制。目前物联网在精细农业的大规模应用方面还处于起步阶段，示范工程已有一定应用。最典型的是 2002 年，英特尔公司率先在俄勒冈建立了世界上第一个无线葡萄园。该葡萄园将传感器节点分布在葡萄园的每个角落，每隔一分钟检测一次土壤温度、湿度或该区域有害物的数量，以确保葡萄健康生长。研究人员发现，葡萄园气候的细微变化可极大地影响葡萄酒的质量。通过长年的数据记录以及相关分析，精确掌握了葡萄酒的质地与葡萄生长过程中的日照、温度、湿度的确切关系，为葡萄的生长提供了大量的数据信息，确保了葡萄及葡萄酒的品质。

3．安全防入侵系统

上海浦东国际机场防入侵系统铺设了 3 万多个传感节点，覆盖了地面、栅栏和低空探测，多种传感手段组成一个协同系统，可以防止人员的翻越、偷渡、恐怖袭击等攻击性入侵。

4．医疗保健——个人保健

人身上可以安装不同的传感器，对人的健康参数进行监控，并且实时传送到相关的医疗保健中心，如果有异常，保健中心通过手机，可提醒您去医院检查身体。

7.1.4　物联网的典型案例

物联网技术应用已经进入大众生活，图 7.2 所示为典型的停车场物联网应用案例，由感知设备、传输网络、中心管理平台和监控中心 4 部分组成。

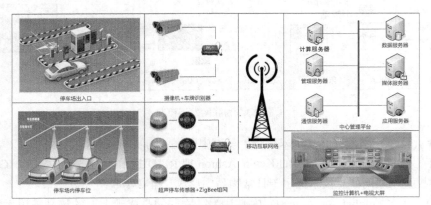

图 7.2　停车场物联网应用

1．感知设备

（1）车辆出入感知及提示

出入口地磁传感器感知到车辆出入行为时，启动摄像机拍照，通过车牌识别器识别车辆牌照信息，并将牌照信息、出入行为、出入时间和道闸编号等信息通过移动互联网络传输至中心管理平台。中心管理平台经计算处理后提示车辆计价及通行控制。

（2）车辆停放提示及感知

当车辆进入停车空位时，超声传感器将探测到车辆进入车位，控制车位上方信号灯亮起红灯，表示车位非空闲；当车辆离开车位时，超声传感器将感知到车辆离开，控制车位上方信号灯亮起绿灯，表示车位空闲。各车位上的超声传感器采用 ZigBee 短距离无线通信组网，形成覆盖整个停车场的传感器网络，实时将停车场内的空闲车位信息通过通信终端传输至中心管理平台，从而在停车场及附近道路指示屏上显示空闲车位信息，诱导车辆出入停车场停放车辆。

2. 传输网络

随着 3G、4G 移动通信技术的发展，移动通信网络可将分布在各地区的停车场感知设备互联至互联网络，从而形成物联网网络。通常，感知设备终端与互联网平台中的通信服务器采用 TCP/IP 互联及交换数据。

3. 中心管理平台

通常部署在互联网云计算平台或停车场业主计算机机房内，由通信服务器、管理服务器、计算服务器、数据服务器、媒体服务器和应用服务器等组成。

4. 监控中心

通常由测控计算机和电视大屏组成，为停车场的运营管理和安全保障提供运营和管控决策信息。

7.1.5 物联网的发展前景

1. 物联网发展概况

（1）物联网技术发展概况

物联网发展概况如图 7.3 所示。

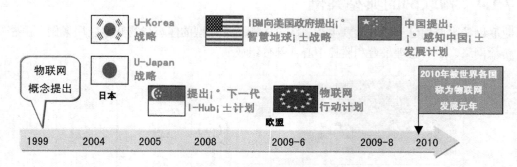

图 7.3　物联网发展概况

1995 年，比尔·盖茨在其《未来之路》一书中已提及物联网概念。

1998 年，MIT 的 Auto-ID 中心的 Kevin Ashton 把 RFID 技术与传感器以及 Bill Gates 在《未来之路》中提及物联网概念技术应用于日常物品中形成一个"物联网"。

1999 年，EPC global 的 Auto-ID 中心认为，物联网是成千上万的物品采用无线方式接入 Internet 网络，这是物联网概念的真正提出。

日本 U-Japan 战略：以人为本，发展无所不在的 4U 网络（Ubiquitous（普及），Universal（万能），User-oriented（面向用户），Unique（独特））。即实现所有人与人、物与物、人与物之间的连接。

韩国的"U-Korea"战略：重点支持"无所不在的网络"相关的技术研发及科技应用，希望通过"U-Korea"计划的实施带动国家信息产业的整体发展。

2005 年，在突尼斯举行的信息社会世界峰会（WSIS）上，国际电信联盟（ITU）发布了《ITU 互联网报告 2005：物联网》。报告指出，无所不在的"物联网"通信时代即将来临，世界上所有的物体从轮胎到牙刷、从房屋到纸巾都可以通过物联网主动进行交换。射频识别技术（RFID）、传感器技术、纳米技术、智能嵌入技术将得到更加广泛的应用，即物联网是通过 RFID 和智能计算等技术实现全世界设备互连的网络。该报告把物联网的概念拓展到了传感网络。

新加坡"下一代 I-Hub"计划：2005 年 2 月，新加坡资讯通信发展局发布名为"下一代 I-Hub"的新计划，标志着该国正式将"U"型网络构建纳入国家战略。该计划旨在通过一个安全、高速、无所不在的网络实现下一代的连接。

2009 年 1 月，IBM 首席执行官彭明盛提出"智慧地球"构想，其中物联网为"智慧地球"不可或缺的重要部分，即互联网＋物联网＝智慧地球。奥巴马在就职演讲后已对"智慧地球"构想做出积极回应，并将其提升到国家级发展战略。

（2）欧盟的物联网行动计划

2006 年欧盟成立了专业工作组，进行 RFID 技术研究。

2008 年发布了"2020 年的物联网——未来路线"。

2009 年欧盟制订了"物联网——欧洲行动计划"。

目前，欧盟已将物联网纳入到预算高达 500 亿欧元的欧盟"第七个科技框架计划（2007—2013 年）"中。

（3）"感知中国"物联网发展计划

2009 年 8 月 9 日，温家宝总理在考察中科院无锡高新微纳传感网工程技术研发中心时指出：加快推进传感网（物联网）发展，提出了"感知中国"的发展战略计划。

2009 年 11 月 12 日，"无锡物联网产业园区"在无锡落户建设，成为"感知中国"发展战略的首个前沿阵地，占地 10.8 平方公里，编制完成了《国家"感知中国"示范区（中心）建设纲要》。

2010 年 3 月，"加快物联网的研发应用"第一次写入中国政府工作报告，同时，列入《国家中长期科学与技术发展规划（2006－2020 年）》，"新一代宽带移动无线通信网"重大专项中均将传感网列入重点研究领域。

2012 年 1 月，国家发改委正式立项启动面向农业、林业、交通、电力等 8 个重点领域的"国家物联网应用示范工程"，我国物联网进入应用初级阶段。

2．物联网发展现状及前景

（1）我国物联网发展现状

我国物联网发展形状主要有以下 5 方面。

① 产业体系初步形成，但产业化能力不高，尚未形成规模化产业优势；

② 核心关键技术有待突破，在传感器、芯片、关键设备制造、智能通信与控制、海量数据处理等核心技术上，与发达国家存在较大差距；

③ 标准比较分散，体系还不完善，在国际上面临核心标准的竞争；

④ 物联网应用的规模和领域比较小，没有形成成熟的商业模式，应用成本较高；

⑤ 物联网承载大量的国家经济社会活动和战略性资源，因而面临巨大的安全与隐私保护挑战。

（2）物联网的标准化概况

标准化的实现能够整合行业应用，规范新业务发展，保证物联网产品的互操作性和互联互通；标准体系的建设与完备，是扩大物联网市场规模的基础，是物联网产业发展的关键。目前，物联网还缺乏统一标准。

① 国际物联网标准制定现状

ETSI 欧洲电信标准化协会：M2M 技术委员会研究 M2M 物联网。

ITU-T 国际电信联盟：泛在传感网（USN）标准的研究。

ISO/IEC 国际标准化组织/国际电工协会：RFID 的标准化研究。

② 我国物联网标准制定现状

2005 年 12 月，原信息产业部组织成立了电子标签 RFID 标准工作组。

2009 年 9 月，国家标准委在北京"感知中国高峰论坛"会上成立了传感器网络标准工作组（WGSN）。

2010 年 2 月，中国通信标准化委员会（CCSA）在北京成立了"泛在网技术工作委员会"。

2010 年 6 月，国家标准委、工信部组织成立了"中国物联网标准联合工作组"，下设 19 个专业会员会，开展国际、国内系列标准体系研究。

3. 物联网发展前景

构建网络无所不在的信息社会已成为全球趋势，当前世界各国正经历由"e"社会过渡到"u"社会，即无所不在的网络社会（UNS）的阶段，构建"u"社会已上升为国家的信息化战略，如美国的"智慧地球"以及中国的"感知中国"。"u"战略是在已有的信息基础设施之上重点发展多样的服务与应用，是完成"e"战略后的新一轮国家信息化战略。

（1）全球发展前景展望

① 物联网的发展阶段

欧洲智能系统集成技术平台组织（EPoSS）在《Internet of Things in 2020》中预测，物联网的发展将经历以下 4 个阶段。

● 2010 年之前以 RFID 为代表的物联网技术广泛应用于物流、零售和制药等领域；

● 2010 年—2015 年实现物与物之间的互联；

● 2015 年—2020 年进入半智能化；

● 2020 年之后实现全智能化，网络从虚拟走向现实，从局域走向泛在。与互联网相比，物联网在 anytime、anyone、anywhere 的基础上，又拓展到了 anything。人们不再被局限于网络的虚拟交流，有人与人（P2P），也包括机器与人（M2P），人与机器（P2M），机器对机器（M2M）之间广泛的通信和信息的交流。

② 产业发展前景

美国权威咨询机构 FORRESTER 预测，到 2020 年，世界上物物互联的业务，跟人与人通信的业务相比，将达到 30:1，因此，"物联网"被称为是下一个万亿美元级的通信业务。

（2）国内物联网产业发展前景

① 产业发展前景

物联网产业将出现井喷式发展，释放出上万亿元的市场容量。2009 年 12 月，中投顾问发表的"中国物联网行业调研及投资前景预测报告 2010—2015"表明，2009 年中国物联网产业市场规模为 3 亿元人民币。今后，随着"感知中国"新兴战略产业发展计划出台，物联网将在政策支持、需求扩张、技术发展等因素的综合作用下呈现井喷式爆发增长，并将释放出万亿级市场容量。

② 经济社会转型

物联网产业的井喷式发展，并将有力促进经济社会的快速转型：2010 年 1 月 2 日，易观国际发表的《物联网发展白皮书》表明，"感知中国"新兴战略产业发展计划出台，科技和产业政策必将推动物联网产业井喷式快速发展，中国将迎来又一次信息产业发展高潮，同时必将有力促进中国经济社会的快速转型。

（3）物联网产业发展面临的挑战

虽然物联网具有美好的前景和重大的意义，但物联网的大规模应用仍然面临巨大的挑战，至少包括以下 3 个方面。

① 成本的挑战；

② 安全的挑战；

③ 侵犯隐私的威胁。

7.2　新一代信息技术

新一代信息技术包括 6 个方面：下一代通信网络、物联网、三网融合、新型平板显示、高性能集成电路和云计算。下面对除物联网和高性能集成电路的其他 4 个方面进行介绍。

1. 下一代通信网络（NGN）

它是指一种新型公共电信网络：建立在高带宽光纤网络和 3G 无线网络基础上，实现音频、视频、数据的统一，提供传统电信业务和宽带应用，是一个真正实现宽带窄带一体化、有线无线一体化、有源无源一体化、传输接入一体化的综合通信网络。

2. 三网融合

三网融合主要指电信网、移动互联网以及广播电视网的融合。此融合并非三网的物联融合，而是应用上的有机融合。

3. 新型平板显示

下面主要介绍有机发光半导体（OLED）和电子纸两种新型平板显示技术。

OLED：具有显示效果好、轻薄省电、可柔性弯折等优势，被公认为是替代 TFT 的下一代显示技术。

电子纸：新型显示技术的一大发展方向，其采用的原理是通过反射环境光线来进行显示，具有轻薄省电、可卷折、接近自然印刷品的视觉感，是未来用于替代纸质媒体的显示技术。

4. 云计算

云计算是指将计算任务分布在由大规模的数据中心或大量的计算机集群构成的资源池上，使各种计算应用能够根据需要获取计算能力、存储空间和软件服务的技术。也就是说，使网络上的硬件、软件形成计算资源"云"，按需求获得高速、大容量、高性能的计算服务及能力。

习　题

1. 简述物联网的组成与功能。
2. 简述物联网的体系结构与计算机网络体系结构的异同。
3. 物联网常用的传输介质有哪些？它们的主要特征是什么？
4. 新一代信息技术主要包括哪些方面？

第8章
电子商务与电子政务

随着信息技术的广泛应用，电子商务与电子政务得到了前所未有的发展，并已逐渐成为引领社会经济发展和促进政务管理水平提升的主导力量，还受到世界各国政府和企业界的高度重视。大力发展电子商务与电子政务已成为各国参与全球经济合作与竞争、增强政务管理能力和综合国力的必然选择。

8.1 电子商务基础

电子商务是信息技术和商务应用相结合而发展起来的一种新兴商务交易模式。电子商务的兴起主要源于广大的市场需求、日趋成熟的技术条件、逐渐完善的法律政策保障体系和高速发展的基础设施建设等。

8.1.1 电子商务概念与模式

什么是电子商务？如果问不同的人，可以得到不同的电子商务的定义，因为电子商务这一概念自产生起，就没有一个统一的定义，各国政府、学者、企业界人士都根据自己所处的地位和对电子商务的参与程度的不同，从各自的角度提出了自己对电子商务的认识，因此今天人们可以看到关于电子商务的各种阐述。下面将具有代表性的一些定义做汇集，比较这些定义，可以有助于读者全面理解和认识电子商务。

1. 电子商务的概念

（1）世界电子商务会议关于电子商务的概念

1997 年 11 月 6—7 日在法国首都巴黎，国际商会举行了世界电子商务会议（The World Business Agenda for Electronic Commerce）。全世界商业、信息技术、法律等领域的专家和政府部门的代表，共同讨论了电子商务的概念问题。这是目前电子商务较为权威的概念阐述。

与会代表认为：电子商务是指对整个贸易活动实现电子化。从涵盖范围方面可以定义为：交易各方以电子交易方式而不是通过当面交换或直接面谈方式进行的任何形式的商业交易。从技术方面可以定义为：电子商务是一种多技术的集合体，包括交换数据（如电子数据交换、电子邮件）、获得数据（共享数据库、电子公告牌），以及自动捕获数据（条形码）等。

电子商务涵盖的业务包括信息交换，售前售后服务（提供产品和服务的细节、产品使用技术指南、回答顾客意见），销售，电子支付（使用电子资金转账、信用卡、电子支票、电子现金），组建虚拟企业（组建一个物理上不存在的企业，集中一批独立的中小公司的权限，提供比任何单独公司多得多的产品和服务），公司和贸易伙伴可以共同拥有和运营共享的商业方式等。

（2）部分学者的观点

美国学者瑞维·卡拉科塔和安德鲁·B·惠斯顿在其专著《电子商务的前沿》中提出："广义地讲，电子商务是一种现代商业方法。这种方法通过改善产品和服务质量，提高服务传递速度，满足政府组织、厂商和消费者的降低成本的需求。这一概念也用于通过计算机网络寻找信息以支持决策。一般地讲，今天的电子商务通过计算机网络将买方和卖方的信息、产品和服务联系起来，而未来的电子商务则通过构成信息高速公路的无数计算机网络中的一条将买方和卖方联系起来。"

（3）政府和国际性组织的定义

欧洲议会给出的关于"电子商务"的定义是，电子商务是通过电子方式进行的商务活动。它通过电子方式处理和传递数据，包括文本、声音和图像。它涉及许多方面的活动，包括货物电子贸易和服务、在线数据传递、电子资金划拨、电子证券交易、电子货运单证、商业拍卖、合作设计和工程、在线资料、公共产品获得。它包括产品（如消费品、专门设备）和服务（如信息服务、金融和法律服务），传统活动（如健身、教育）和新型活动（如虚拟购物、虚拟训练）。

美国政府在其《全球电子商务纲要》中比较笼统地指出："电子商务是指通过 Internet 进行的各项商务活动，包括广告、交易、支付、服务等活动，全球电子商务将会涉及全球各国。"

联合国经济合作和发展组织（OECD）是较早对电子商务进行系统研究的机构，它将电子商务定义为，电子商务是利用电子化手段从事的商业活动，它基于电子数据处理和信息技术，如文本、声音和图像等数据传输。其主要是遵循 TCP/IP 协议，通信传输标准，遵循 Web 信息交换标准，提供安全保密技术。

世界贸易组织电子商务专题报告中定义，电子商务就是通过电信网络进行的生产、营销、销售和流通活动，它不仅指基于 Internet 上的交易，而且指所有利用电子信息技术来解决问题、降低成本、增加价值和创造商机的商务活动，包括通过网络实现从原材料查询、采购、产品展示、订购到出品、储运以及电子支付等一系列的贸易活动。

全球信息基础设施委员会（GIIC）电子商务工作委员会报告草案中定义，电子商务是运用电子通信作为手段的经济活动，通过这种方式人们可以对带有经济价值的产品和服务进行宣传、购买和结算。这种交易的方式不受地理位置、资金多少或零售渠道的所有权影响，公有私有企业、公司、政府组织、各种社会团体、一般公民、企业家都能自由地参加广泛的经济活动，其中包括农业、林业、渔业、工业、私营和政府的服务业。电子商务能使产品在世界范围内交易并向消费者提供多种多样的选择。

（4）信息技术行业对电子商务的定义

信息技术（IT）行业是电子商务的直接设计者和设备的直接制造者。许多公司根据自己的技术特点给出了电子商务的定义。

IBM 提出了一个电子商务的定义公式，即电子商务=Web+IT。它所强调的是在网络计算环境下的商业化应用，是把买方、卖方、厂商及其合作伙伴在因特网、企业内部网（Intranet）和企业外部网（Extranet）结合起来的应用。它所强调的是在网络计算环境下的商业化应用，不仅是硬件和软件的结合，也不仅是我们通常意义下的强调交易的狭义的电子商务（E-Commerce），而是把买方、卖方、厂商及其合作伙伴在因特网（Internet）、内联网（Intranet）和外联网（Extranet）结合起来的应用。它同时强调这三部分是有层次的。只有先建立良好的 Intranet，建立好比较完善的标准和各种信息基础设施，才能顺利扩展到 Extranet，最后扩展到 E-

Commerce。

惠普公司（HP）提出电子商务是指在售前到售后支持的各个环节实现电子化、自动化，电子商务是跨时空的电子化世界（E-World），即 Electronic Commerce+Electronic Business+Electronic Consumer。

惠普对电子商务的定义是，通过电子化手段来完成商业贸易活动的一种方式，电子商务使我们能够以电子交易为手段完成物品和服务等的交换，是商家和客户之间的联系纽带。它包括商家之间的电子商务及商家与最终消费者之间的电子商务两种基本形式。

对电子业务（E-Business）的定义为，通过基于 Internet 的信息结构，使得公司、供应商、合作伙伴和客户之间利用电子业务共享信息的一种新型的业务开展手段。E-Business 不仅能够有效地增强现有业务进程的实施，而且能够对市场等动态因素做出快速响应并及时调整当前业务进程。更重要的是，E-Business 本身也为企业创造出了更多、更新的业务动作模式。

对电子消费（E-Consumer）的定义为，人们使用信息技术进行娱乐、学习、工作、购物等一系列活动，使家庭的娱乐方式越来越多地从传统电视向 Internet 转变。

通用电气公司（GE）认为，电子商务是通过电子方式进行商业交易，分为企业与企业间的电子商务和企业与消费者之间的电子商务。企业与企业间的电子商务以 EDI 为核心技术，增值网（VAN）和互联网（Internet）为主要手段，实现企业间业务流程的电子化，配合企业内部的电子化生产管理系统，提高企业从生产、库存到流通（包括物资和资金）各个环节的效率。企业与消费者之间的电子商务以 Internet 为主要服务提供手段，实现公众消费和服务提供方式以及相关的付款方式的电子化。

SUN 公司认为，电子商务就是利用 Internet 网络进行的商务交易，在技术上可以给出如下定义：在现有的 Web 信息发布的基础上加上 Java 网上应用软件以完成网上公开交易；在现有的企业内部交互网的基础上，开发 Java 的网上企业应用，达到企业应用 Intranet 化，进而扩展到外部 Extranet，使外部客户可以使用该企业的应用软件进行交易；电子商务客户将通过包括 PC、网络电视机顶盒（Set Top Box，STB）、电话、手机、PDA（个人数字助理）及 Java 设备进行交易。

从前面的叙述显然可以看出这些定义是有一定区别的，但都认为电子商务是利用现有的计算机硬件设备、软件设备和网络基础设施，通过一定的协议连接起来的电子网络环境进行各种商务活动的方式，不同之处主要表现为技术和商务的覆盖面不同。

广义上讲，电子商务（Electronic Business，E-Business）就是通过电子手段进行的商业事务活动；狭义上讲，电子商务（Electronic Commerce，E-Commerce）是指通过使用互联网完成的商务交易活动。E-Business 囊括的范围要比 E-Commerce 宽广得多，因为后者仅指简单的商务交易应用，即单指在网络上做买卖。而 E-Business 是存在于企业与企业之间、企业与客户之间、企业内部的一种联系网络，它贯穿于企业行为的全过程。

综上所述，电子商务是一种依托现代信息技术和网络技术，集金融电子化、管理信息化、商贸网络化为一体，旨在实现物流、资金流与信息流和谐统一的新型贸易方式。它以商务活动为主体，以计算机网络为基础，以电子化方式为手段，是在法律许可范围内通过信息化手段所进行的商业事务处理和商务交易活动。

2. 电子商务的特点

电子商务将传统的商务活动中物流、资金流和信息流利用网络技术进行整合，能直接与分布各地的客户、员工、供应商和经销商连接，创造更具竞争力的经营优势。随着电子商务的迅速发展，它已不仅包含网上交易的主要内涵，还包括了物流配送、供应链管理、电子数据交换

（EDI）、电子货币交换、电子交易市场、网络营销、在线事务处理、存货管理、自动数据收集、互联网金融等附带业务与服务。电子商务使企业具备灵活的交易手段和快速的交货方式，可以帮助企业优化其内部管理流程，以更快捷的方式将产品和服务推向市场，大幅度提高社会生产力。与传统商务相比，电子商务具有以下的特点。

（1）业务全球化

网络可以使交易各方通过互动方式直接在网上完成交易和与交易有关的全部活动，它使商品和信息的交换过程不再受时间和空间的制约，这说明，任何人可以在任何时间、地点利用电子商务服务功能进行有关的电子商务活动。各国的政府部门、医院、公司、学校、商店、金融机构、银行、家庭都可以利用电子商务服务功能开展电子商务活动。企业可以利用 Internet 将商务活动的范围扩展到全球。相应地，消费者的购物选择也是全球性的。

（2）服务个性化

在电子商务环境中，客户不再受地域的限制，也不再仅仅将目光集中在最低价格上。因而，服务质量在某种意义上成为商务活动的关键。同时，技术创新带来新的结果，万维网应用使得企业能自动处理商务过程，不再像以往那样强调公司内部的分工。现在在 Internet 上许多企业都能为客户提供完整的服务，而万维网在这种服务的提高中起到了催化剂的作用。

企业通过将客户服务过程移至万维网，使客户能以一种比过去简捷的方式完成过去通过烦琐的过程才能获得的服务，如将资金从存款户头移至支票户头、查看信用卡的收支、记录发货请示乃至搜寻并购买稀有产品等，这些都可以足不出户地实时完成。

显而易见，电子商务提供的客户服务具有一个非常明显的特点——方便性。不仅普通客户受益，企业同样也能受益。例如，比利时的塞拉银行，通过电子商务服务，使客户能全天候地操作资金账户存取资金，快速地阅览诸如押金利率、贷款过程等信息，使服务质量大为提高。

（3）业务集成性

电子商务的集成性，首先表现为企业事务处理的整体性、统一性，它能重新规范事务处理的工作流程，将人工操作和电子信息处理集成为一个不可分割的整体。这样不仅能更好地利用人力和物力，也增强了系统运行的严密性。其次，表现为与客户的直接互动性，在网络中，企业可以依据网页向用户提供各类信息，展示产品视觉形象，介绍产品的性能、用途，可以根据用户的要求组织生产，然后直接出售给客户，并提供各类服务，甚至还可以让消费者直接参与产品设计与定制；消费者能够直接在网上参与产品的设计，了解产品的真实质量，公开询价，并能直接购买到自己称心如意的商品。第三，表现为企业与销售方和供货方以及商务伙伴间的更加密切的合作关系。为提高效率，许多组织都建立了基于网络的交互式的协议，电子商务活动可以在这些协议的基础上进行，如利用 Internet 将本企业内部的信息系统与供货方连接，再连接到订单处理系统，并通过一个供货渠道进行处理，这样公司不但节省了时间，消除了纸张文件带来的麻烦，提高了决策质量，而且和上下游商家建立了固定的长期稳定的合作关系。企业内外部信息的直接传递和沟通能使企业从市场快速地获取信息，并对市场的变化做出迅速的反应，通过电子单证交换、动态货物跟踪、电子资金转账等手段来完成整个交易过程，从而使企业进一步提高效率、降低成本。

（4）机会的均等性

网络商务的应用，对大、中、小企业既是机遇又是挑战，带来的机会是均等的。互联网代表了一个开放性的大市场，它使得那些小型企业无需庞大的商业体系、无需昂贵的广告费用、无需众多的营销人员，而只需要通过互联网上的网页，就可以使一个企业打开市场，而且是国际市场。在这个市场上，可以接触到世界范围内的广大客户，使中小型的企业可以从原来主要由大企业占有或几乎垄断的市场中获得更多的利润。电子商务的均等性对于中小型企业来说尤其有利。在互联网上，任何一家新成立的公司都可能与 IBM 这样的大公司有同样多的机会。因为，在互联网上，不仅用户的贸易地位从主动变为被动，而且，在交易过程中用户比较的不是企业规模和办公环境，而是企业产品的价格与性能以及企业的服务质量。

3. 电子商务模式

（1）商业模式与价值链

商业模式是企业为客户创造价值同时为企业盈利以维持经营而开展业务的基本方式，即企业产品、服务、信息流、资金流、物流、客户收益及效益来源等的组织方式，其本质是企业核心业务流程和价值链有机融合的一种特有模式。企业的商业模式一旦确定，也就明确了其在价值链和产业链中的战略定位、核心资源、利润来源和发展模式。

商业模式解决靠什么赚钱，关注的是"如何赚钱"，日益激烈的竞争和成功商业模式的快速复制迫使所有企业必须不断进行商业模式创新以获得持续的竞争优势。企业决策者，只有深入了解企业的商业模式和组成商业模式的不同元素之间的关系，才能在自己企业的商业模式被别人复制前重新审视并再次创新。

价值链是原材料经过一系列的价值增加活动，最终转化为满足客户所需要的产品或服务的动态过程。它是通过信息流、物流或资金流联系在一起的一系列相互关联并相互影响的价值创造活动的集合。

迈克尔·波特（Michael E. Porter）于 1985 年在其所著的《竞争优势》一书中认为，任何企业的价值链都是由一系列相互联系的创造价值的活动构成，这些活动分布于从供应商的原材料获取到最终产品消费时的服务之间的每一个环节，这些环节相互关联并相互影响。这些活动可分为基本活动和辅助活动两类，基本活动包括内部后勤、生产作业、外部后勤、市场和销售、服务等；而辅助活动则包括采购、技术开发、人力资源管理和企业基础设施等。这些互不相同但又相互关联的生产经营活动，构成了一个创造价值的动态过程，即价值链。

在此基础上，波特提出了价值链分析方法，即对企业活动进行分解，通过考察这些活动本身及活动相互之间的关系来确定企业竞争优势。同时，波特指出价值链并不是孤立存在的，而是存在于由供应商价值链、企业价值链、渠道价值链和买方价值链共同构成的价值链系统中。企业的价值链也是动态变化的，它反映了企业的历史、战略以及实施战略的方式。企业与企业的竞争，不只是某个环节的竞争，而是整个"价值链"的竞争，而整个"价值链"的综合竞争力决定企业的竞争力。

价值链是分析单个企业的价值活动以及可能产生的竞争优势。电子商务的发展，使得企业价值链呈现虚拟化和网络化的特点，使传统线性的价值链转化为网络化的模式。

价值链在增强其柔性化、精细化和适应性后就成为价值线（Value Thread），它使得企业可以根据市场需求，依靠价值线的合成与分解，动态形成价值网，灵活快速地对市场需求做出反应。

价值网以网络和信息系统作为手段，快速、精确地收集市场的各种信息，并与供应商、经销伙伴、分销商和顾客分享，用信息连接、协调和控制价值链上的所有活动，使得价值链上所有成员密切合作并快捷、可靠、高效地创造出更多价值。价值网集成者的核心能力是通过收集和加工信息创造价值。7-11 便利加盟店所形成的价值网如图 8.1 所示。

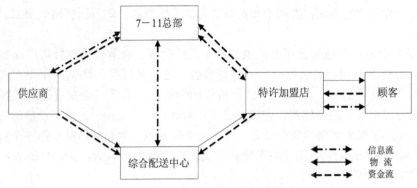

图 8.1　7-11 便利加盟店价值网

（2）电子商务模式

电子商务模式通常包含商务的体系结构、价值创造、商业策略等方面，是企业运作电子商务创造价值的具体表现形式，具体地体现了电子商务的生存状态和生存规律。其中，商务体系结构反映了商务的固有特性，显示出商务运作的基本框架；价值创造是商务模式的本质和核心，不同的商务模式创造和体现的价值不同，价值的实现方式也存在差异；商业策略反映了电子商务的外延特征。

电子商务从不同的角度出发，有不同的分类方法，并且由于电子商务的参与者众多、价值创造模式多样，因此，可以从交易对象（商品）、交易主体（买卖方）、交易环境（市场）、交易过程（竞争）、交易方式（线上线下）、价值实现模式以及运营平台与渠道等多个角度构建电子商务模式的不同分类框架。

基于价值链的电子商务模式，在整合的同时也要考虑到商务模式创新程度的高低和功能整合能力的多寡。通常分为经纪商、广告商、信息中介商、销售商、制造商、合作附属商务模式、社区服务提供商、内容订阅服务提供商、效用服务提供商 9 大类。其中经纪商又可以分为买/卖配送、市场交易、商业贸易社区、购买者集合、经销商、虚拟商城、后中介商、拍卖经纪人、反向拍卖经纪商、分类广告、搜索代理 11 种；广告商又可以分为个性化门户网站、专门化门户网站、注意力/刺激性营销、免费模式、廉价商店 5 种。

基于交易主体和交易方式的电子商务模式，主要分为 B2B、B2C、C2C 等电子商务模式。

① B2B，企业与企业之间的电子商务（Business to Business，B2B）。B2B 方式是电子商务应用最多和最受企业重视的形式，企业可以使用 Internet 或其他网络对每笔交易寻找最佳合作伙伴，完成从订购到结算的全部交易行为。其代表是马云的阿里巴巴电子商务模式。

B2B 电子商务是指以企业为主体，在企业之间进行的电子商务活动。B2B 电子商务是电子商务的主流，也是企业面临激烈的市场竞争、改善竞争条件、建立竞争优势的主要方法。开展电子商务，将使企业拥有一个商机无限的发展空间，这也是企业谋生存、求发展的必由之路，它可以使企业在竞争中处于更加有利的地位。B2B 电子商务将会为企业带来更低的价格、更高的生产率和更低的劳动成本以及更多的商业机会。

B2B 主要是针对企业内部以及企业（B）与上下游协力厂商（B）之间的资讯整合，并在互联网上进行的企业与企业间的交易。因此透过 B2B 的商业模式，不仅可以简化企业内部资讯流通的成本，而且可使企业与企业之间的交易流程更快速，减少成本的耗损。

② B2C，企业与消费者之间的电子商务（Business to Customer，B2C）。这是消费者利用因

特网直接参与经济活动的形式，类同于商业电子化的零售商务。随着因特网的出现，网上销售迅速地发展起来。

B2C 就是企业通过网络销售产品或服务给个人消费者。企业厂商直接将产品或服务推上网络，并提供充足资讯与便利的接口吸引消费者选购，这也是目前最常见的作业方式，如网络购物、证券公司网络下单作业、一般网站的资料查询作业等，都属于企业直接接触顾客的作业方式。B2C 通常有以下四种经营模式：虚拟社群（Virtual Communities），虚拟社群的着眼点在顾客的需求上，有专注于买方消费者而非卖方、良好的信任关系、创新与风险承担三个特质；交易聚合（Transaction Aggregators），电子商务即是买卖；广告网络（Advertising Network）；线上与线下结合的模式（O2O 模式）。

③ C2C，消费者与消费者之间的电子商务（Consumer to Consumer，C2C）。C2C 商务平台就是通过为买卖双方提供一个在线交易平台，使卖方可以主动提供商品上网拍卖，而买方可以自行选择商品进行竞价。其代表是 eBay、淘宝电子商务模式。

C2C 是指消费者与消费者之间的互动交易行为，这种交易方式是多变的。例如，消费者可同在某一竞标网站或拍卖网站中，共同在线上出价而由价高者得标；或由消费者自行在网络新闻论坛或 BBS 上张贴布告以出售二手货品，甚至是新品，诸如此类因消费者间的互动而完成的交易，就是 C2C 的交易。

目前竞标拍卖已经成为决定稀有物品价格最有效率的方法之一，如古董、名人物品、稀有邮票等需求面大于供给面的物品，就可以使用拍卖的模式决定最佳市场价格。拍卖会商品的价格因为欲购者的彼此相较而逐渐升高，最后由最想买到商品的买家用最高价买到商品，而卖家则以市场所能接受的最高价格卖掉商品，这就是传统的 C2C 竞标模式。

C2C 竞标网站的竞标物品是多样化而毫无限制的，商品提供者可以是邻家的小孩，也可能是顶尖跨国大企业；货品可能是自制的糕饼，也可能是毕加索的真迹名画。且 C2C 并不局限于物品与货币的交易，在虚拟的网站中，买卖双方可选择以物易物，或以人力资源交换商品。例如，一位家庭主妇准备的一桌筵席的服务，换取心理医生一节心灵澄静之旅，这就是参加网络竞标交易的魅力，网站经营者不负责物流，而是协助汇集市场资讯，以及建立信用评价等制度。

B2B、B2C 与 C2C 3 种电子商务模式的比较如表 8-1 所示。

表 8-1   B2B、B2C 与 C2C 三种电子商务模式的比较

交易类型（根据交易主体和商品划分）		对应的交易中介	交易中介提供的服务
企业间（B2B）	众多小企业围绕大企业的产业链（汽车、家电业）	通过 EDI 网络连接的会员组织	提供企业联络的论坛、制定规范、仲裁纠纷、负责员工培训、企业管理指导等
	纵向分工的大企业供应链（石化、冶金等重工业）	基于业务链的跨行业交易集成组织	提供单一网络交易环境，有多重电子交易工具，联系到全部交易的各个交易环节
	分散、量小且不稳定的多对多交易（办公用品等）	网上及时采购和供应的大批发商	产品的及时转移和交付，稳定提供货源，稳定产品的最终用户，减少交易的波动
企业与消费者间（B2C）	普通生活用品（如衣服、实物、CD 等）	网上电子商场运营商	一方面聚集商品，另一方面聚集购买力，使交易的选择更方便，交易实现的成本更低

交易类型（根据交易主体和商品划分）		对应的交易中介	交易中介提供的服务
企业与消费者间（B2C）	专业化程度高、个人需求差异明显的商品（专业书籍、贵重器具等）	网上专卖专营运营商	提供基于交易商品的增值服务，如帮助消费者准确定位、提供商品的应用指导和及时维修等
	相互依赖性强的服务或商品（如提供旅游或会议的组织）	网上销售联盟运营商	把相互依赖的各个单一企业的产品组合起来，为消费者提供一次性的优化服务，同时扩大企业的交易机会
	进行交易后的联系或服务（如寄账单、发票）	网上外包资源营运商（如账务代理）	降低企业的销售成本，为消费者提供简单的交易活动、管理办法
个人之间（C2C）		网上拍卖行、个人保险公司和信息联盟等	提供个人的交易信息传递环境，进行极小量和极大批次的交易处理

此外，随着互联网应用的不断拓展，一些新兴的电子商务模式，如 B2G、BOB、O2O 等也如雨后春笋般涌现出来，并得到了很好的应用。

B2G，企业与政府之间的电子商务（Business to Government，B2G），涵盖了政府与企业间的各项事务，包括政府采购、税收、商检、管理条例发布，以及法规政策颁布等。政府一方面作为消费者，可以通过 Internet 网发布自己的采购清单，公开、透明、高效、廉洁地完成所需物品的采购；另一方面，政府通过网络以电子商务的方式更能充分、及时地发挥对企业宏观调控、指导规范、监督管理的职能。借助于网络及其他信息技术，政府职能部门能更及时全面地获取所需信息，做出正确决策，做到快速反应，能迅速、直接地将政策法规及调控信息传达到企业，起到管理与服务的作用。在电子商务中，政府还有一个重要作用，就是对电子商务的推动、管理和规范作用。

C2B，消费者与企业之间的电子商务（Consumer to Business，C2B）。通常情况为消费者根据自身需求定制产品和价格，或主动参与产品设计、生产和定价，产品、价格等彰显消费者的个性化需求，生产企业进行定制化生产。

BOB，供应方与采购方之间通过运营者 （Business-Operator-Business）达成产品或服务交易的一种电子商务模式。核心目的是帮助那些有品牌意识的中小企业或者渠道商们能够有机会打造自己的品牌，实现自身的转型和升级。BOB 模式是由品众网络科技推行的一种全新的电商模式，它打破过往电子商务固有模式，提倡将电子商务平台化向电子商务运营化转型，不同于以往的 C2C、B2B、B2C、BAB 等商业模式，其将电子商务以及实业运作中的品牌运营、店铺运营、移动运营、数据运营、渠道运营五大运营功能板块升级和落地。

B2T（Business To Team），是继 B2B、B2C、C2C 后的又一电子商务模式，即为一个团队向商家采购。 团购 B2T，本来是"团体采购"的定义，而今，网络的普及让团购成为了很多中国人参与的消费革命，网络成为一种新的消费方式。所谓网络团购，就是互不认识的消费者，借助互联网的"网聚人的力量"来聚集资金，加大与商家的谈判能力，以求得最优的价格。尽管网络团购的出现只有短短几年的时间，却已经成为在网民中流行的一种新消费方式。据了解，网络团购的主力军是年龄 25~35 岁的年轻群体，在北京、上海、深圳等大城市十分普遍。

O2O，（Online to Offline）是新兴起的一种电子商务模式，即将线下商务的机会与互联网结合在一起，让互联网成为线下交易的前台。这样线下服务就可以用线上来揽客，消费者可以用线上来筛选服务，还有成交可以在线结算，很快达到规模。该模式最重要的特点是推广效果可查，每笔交易可跟踪。例如某 O2O 企业，其通过搜索引擎和社交平台建立海量网站入口，将在网络的一批网购消费者吸引到其官网，进而引流到当地的线下体验馆。线下体验馆则承担产品展示与体验以及部分的售后服务功能。

ABC，（Agent-Business-Consumer）模式是新型电子商务模式的一种，被誉为继阿里巴巴 B2B 模式、京东商城 B2C 模式以及淘宝 C2C 模式之后电子商务界的第四大模式。它是由代理商、商家和消费者共同搭建的集生产、经营、消费为一体的电子商务平台，三者之间可以转化，大家相互服务，相互支持，你中有我，我中有你，真正形成一个利益共同体。

O2P（Online to Place），O2P 商业模式是针对移动互联网商业浪潮背景下，瞄准传统渠道将向"电商平台+客户体验店+社区门店+物流配送"转型机会而推出的新型互联网商业模式。O2P 模式的商业模式包括 4 个 P：即 Platform（平台）、Place（渠道/本地化）、People（消费者）和 Partner（生态圈）4 个方面。

● O2Platform（平台）平台化运营，提升系统效率

Platform 是平台，包括互联网软件平台、平台环境、平台运营机制等，具体上是利用互联网技术，将道易行平台内的各参与者形成互联网化的组织，形成模式的系统效率，提升竞争力。

● O2Place（渠道/本地化）渠道社区化，门店变商场

Place 是渠道/本地化。近年来随着门店租金和人力成本地持续飙升，去中心化和门店社区化已经是大势所趋，通过 Online to Place 的技术手段，帮助渠道合作商的零售终端下沉，快速实现城市社区和乡镇网点地全覆盖，通过将门店变成网络商城的展示端，可以在门店中实现多品牌全系列化产品经营。

● O2People（消费者）打造消费者完美购物体验

People 是消费者，为消费者在线上提供最具性价比的商品，在线下进行联网化与标准化的服务，为消费者打造完美的购物体验

● O2Partner（生态圈） 营造生态圈，整合竞争力

Partner 是合作伙伴和生态圈，未来的竞争重点一定不是产品本身竞争力，而是整体生态圈的竞争，商业模式的竞争，通过与各知名的互联网企业（百度、淘宝、腾讯、美团）的合作形成多层次的合作体系和外围生态圈，改变相应的商业模式，整合竞争能力

8.1.2　移动电子商务

随着移动通信技术和无线互联网技术的持续发展，移动终端的小型化、智能化，移动数据业务处理的逐渐成熟，4G 网络的大量普及以及移动用户数量的快速增长，导致移动电子商务在短时间内得以快速发展，并作为电子商务发展的一个新方向，目前已经广泛存在于我们的生活中。

1. 移动电子商务的概念与特点

据 CNNIC 最新发布的《中国互联网络发展状况统计报告》显示，截至 2015 年 12 月，我国网民数量已达 6.68 亿，比整个欧盟的人口数量还要多。其中，使用手机上网的比例已超过90%，移动网上支付与消费者生活紧密结合拓展了更多的应用场景和数据服务（如账单功能），也推动了手机端商务类应用的迅速发展，移动电子商务应用已成为增长最快的互联网应用。特别是 4G 网络的快速普及和移动通信技术的快速发展，使我国成为世界上最大的移动通信市场和互联网应用市场。同时随着全球信息技术的发展，移动商务及其相关应用成为我国新的经济增长点，具有广阔的市场前景。近几年移动商务成为经济热点问题，走进了各学者的研究视野，在全

国引起了广泛的关注。那么什么是移动商务，不同的学者从不同的角度分别对移动商务给出了不同的定义。

但多数学者都将移动商务定义为电子商务的一个延伸，认为移动商务是电子商务的一个子集，并将移动商务涵盖在电子商务的定义之下研究。也有学者认为移动商务是一个崭新的研究领域，而没有将移动商务囊括在电子商务研究之内，他们认为移动商务是指不受时间和空间的约束，通过任何移动设备和无线通讯技术，与移动交易、数据传输、网络设备等有关的活动，或者是改善商务运作和商业流程效率的活动。

移动电子商务的主要特点是灵活、简单、方便，它能完全根据消费者的个性化需求和喜好定制，设备的选择以及提供服务与信息的方式完全由用户自己控制。通过移动电子商务，用户可随时随地获取所需的服务、应用、信息和娱乐，可以使用智能电话或 PDA 查找、选择及购买商品和服务。

综上所述，移动电子商务可以定义为：基于无线网络，运用手机、掌上电脑等移动通信设备与因特网有机结合所进行的电子商务活动，即"移动终端+网络+交易活动=移动电子商务"。移动电子商务应用非常广泛，包括移动商务、移动金融、移动广告、移动管理、移动办公、移动搜索、主动服务管理、移动拍卖拍买、移动娱乐、在线游戏、移动教育和无线数据服务等。基于用户与移动终端的对应关系，通过与移动终端的通信可以很快速、很准确地与对象进行沟通，使用户脱离设备网络环境的束缚，最大限度地利用商务空间。

2. 移动商务的运营模式

随着中国移动通信成为世界第一大移动通信运营商，以及中国移动通信事业的快速持续发展，现今中国的消费者只要拥有一部手机，就可以基本完成理财或交易，这就是移动支付带来的便利。近年来，随着移动通信与计算机、互联网等技术的结合，以移动支付为代表的移动电子商务应运而生。

目前，移动电子商务运营模式出现了多种分类方式。传统上根据用户类型和市场细分的分类方式，可以将移动商务运营模式分为 B2B、B2C 和 C2C 等，但此分类难以具体分析移动商务运营模式的运行过程。根据服务的特征，相关学者在对荷兰电信市场分析的基础上，总结了 4 种移动商务运营模式，即语音通信、SMS 服务、移动运营商整合的 WAP 服务和移动办公服务。此外，还有根据交易参与者进行交易的方式的对移动商务模式进行分类。

通过对移动电子商务的分析可以看出，在移动商务中参与的主要角色有：内容提供商、移动用户、服务提供商、移动门户网站和移动网络运营商等。此处主要从移动商务中参与的角色来分析移动商务运营模式，以下是对这 5 种移动商务运营模式的分析。

（1）内容提供商

内容提供商直接地或通过移动门户网站间接地向客户提供信息和服务。网络公司通过发布新闻消息等方式，以年、月为单位定期向接受信息和服务的客户收费，收费的金额可能是固定的，也可能根据该信息产品的被访问情况而定。内容提供商的关键成功因素在于内容提供商把与移动用户的任务交给其战略联盟完成，而将主要精力专注于专业能力上。同时，还避免了在市场开拓、交易平台维护和管理方面耗费过多的资源。但内容提供商也有其缺陷，即过于依赖内容战略联盟来扩散内容。

（2）移动门户

移动门户通过无线网络使移动用户从不同的移动运营商和内容提供商无线网站来获取服务，同时为移动用户提供服务和信息。移动门户是用户接受无线网络的入口，移动运营商可直接扮演门户角色，引导用户定位合适的服务提供商。移动门户的关键成功因素是通过建立灵活的平台，可以支持不同的标准、协议和终端，方便用户交易。通过在各个接触点收集和分析用户信息，移动门户还可以提供个性化、区域化服务。

（3）移动运营商

移动运营商提供一个范围广、使用方便的业务平台，为移动用户提供快捷方便的接入，并在安全、计费、支付等方面提供支持。移动用户、服务提供商和银行在此业务平台上交换信息。典型应用如中国移动的移动梦网，其服务提供商合作伙伴有 600 多家，提供了超过 7 万种业务。移动运营商的关键成功因素是通过控制移动网络平台，占有主动权，并自主选择内容提供商。

（4）WAP 网关提供商

WAP 技术是一组通信协议，是把 Internet 技术与无线网络技术结合起来，针对移动通信设备接入 Internet 以及其他待开发的新型电信增值业务而设计的一套规范。它通过 WAP 网关对 Web 服务器的信息进行转换，以使 Web 服务器能够浏览 Web 服务器上的内容。WAP 网关提供商的关键成功因素是将处理功能集中在 WAP 网关中，大大减少了手机操作负载。服务提供商还通过与 WAP 网关提供商合作，致力于改进服务，而免去了担心相关的技术细节问题以及安全问题。

（5）移动直接面向客户

内容提供商可以通过 WAP 网关直接与移动用户进行商务活动，并提供信息和服务。内容提供商可以通过 Web 服务为用户提供各种有价值的信息，包括私人邮件阅读、世界新闻、金融、旅游信息，用户也可以根据个人兴趣定制信息。目前移动直接面向客户的模式还不是很完善，由于移动设备屏幕、键盘小且功能复杂，不仅需要新技术实现信息的可视化，还需要合理利用有限的键盘实现操作命令。

（6）移动虚拟社区

移动虚拟社区又称在线社区（Online Community）或电子社区（Electronic Community），作为社区在虚拟世界的对应物，移动虚拟社区为有相同爱好、经历或专业相近、业务相关的网络用户提供一个聚会的场所，方便他们相互交流和分享经验。

从营销的角度，可以把移动虚拟社区粗略地理解为在网上围绕着一个大家共同感兴趣的话题相互交流的人群，这些人对社区有认同感并在参加社区活动时有一定的感情投入。

移动虚拟社区与现实社区一样，也包含了一定的场所、一定的人群、相应的组织、社区成员参与和一些相同的兴趣、文化等特质。而最重要的一点是，虚拟社区与现实社区一样，提供各种交流信息的手段，如讨论、通信、聊天等，使社区居民得以互动。不过，它具有自己独特的属性。

同互联网相比，移动虚拟社区有着更为悠久的历史，最早的移动虚拟社区是随着 BBS 的出现形成的，现在的 QQ 群、微博、微信等均以虚拟化社交网络的形式实现着传统社区无法完成的功能。在为客户创造和传递价值的活动中，社区（Community）是其中一个重要的内容，它和协调（Coordination）、商务（Commerce）、内容（Content）和沟通（Communication）并称为 5C。以移动虚拟社区为基础的电子商务逐渐发展为社交化电子商务，即社交网络与商务活动的有机结合。

8.1.3　电子商务支付技术

商务活动基本的支付流程包括支付的发起、支付指令的交换与清算、支付的结算等环节。其中，清算（Clearing），指结算之前对支付指令进行发送、对账、确认的处理，还可能包括指令的轧差（轧差（Netting），指交易伙伴或参与方之间各种余额或债务的对冲，以产生结算的最终余额）；结算（Settlement），指双方或多方对支付交易相关债务的清偿。严格意义上，清算与结算是不同的过程，清算的目的是结算。但在一些金融系统中清算与结算并不严格区分，或者清算与结算同时发生。

1. 电子支付

电子支付是指单位或个人直接或授权他人通过电子终端发出支付指令，实现货币支付与资金转移的行为。电子支付的类型按照电子支付指令发起方式分为网上支付、电话支付、移动支付、销售点终端交易、自动柜员机交易和其他电子支付。简单来说电子支付是指电子交易的当事人，包括消费者、厂商和金融机构，使用安全电子支付手段，通过网络进行的货币支付或资金流转。电子支付是电子商务系统的重要组成部分。与传统的支付方式相比，电子支付具有以下特征。

（1）电子支付是采用先进的技术通过数字流转来完成信息传输的，其各种支付方式都是通过数字化的方式进行款项支付的；而传统的支付方式则是通过现金的流转、票据的转让及银行的汇兑等物理实体来完成款项支付的。

（2）电子支付的工作环境基于一个开放的系统平台（即互联网）；而传统支付则是在较为封闭的系统中运作。

（3）电子支付使用的是最先进的通信手段，如因特网（Internet）、外联网（Extranet）；而传统支付使用的则是传统的通信媒介。电子支付对软、硬件设施的要求很高，一般要求有联网的微机、相关的软件及其他一些配套设施；而传统支付则没有这么高的要求。

（4）电子支付具有方便、快捷、高效、经济的优势。用户只要拥有一台上网的 PC，便可足不出户，在很短的时间内完成整个支付过程。支付费用仅相当于传统支付的几十分之一，甚至几百分之一。

在电子商务中，支付过程是整个商贸活动中非常重要的一个环节，同时也是电子商务中准确性、安全性要求最高的业务过程。电子支付的资金流是一种业务过程，而非一种技术。但是在进行电子支付活动的过程中，会涉及很多技术问题。

2. 电子支付工具

国际通行的网上支付工具和支付方式主要有电子现金银行卡支付、电子支票、电子钱包和网络银行等。通过电子商务进行网上购物和完成支付，已成为人们购物消费的一种普遍方式，根据对网上购物和支付行为的分析，目前网上购物者选择的主要支付工具的比例如图 8.2 所示。

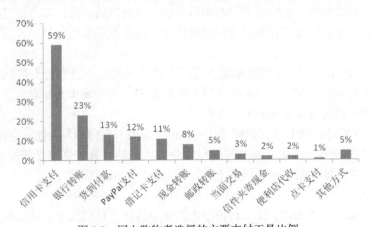

图 8.2 网上购物者选择的主要支付工具比例

（1）电子现金

电子现金（E-Cash）又称为数字现金，是一种表示现金的加密序列数，它可以用来表示现实中各种金额的币值，它是一种以数据形式流通的，即通过网络支付时模拟使用现金。电子现金的属性如下。

① 货币价值：数字现金必须有一定的现金、银行授权的信用或银行证明的现金支票进行支持。当数字现金被一家银行产生并被另一家所接受时不能存在任何不兼容性问题。如果失去了银行的支持，数字现金会有一定风险，可能存在支持资金不足的问题。

② 可交换性：数字现金可以与纸币、商品/服务、网上信用卡、银行账户存储金额、支票或负债等进行互换。

③ 可存储性：可存储性将允许用户在家庭、办公室或途中对存储在一个计算机的外存、IC卡，或者其他更易于传输的标准或特殊用途的设备中的数字现金进行存储和检索。

④ 不可重复性：必须防止数字现金的复制和重复使用。因为买方可能用同一个数字现金在不同国家、地区的网上商店同时购物，这就造成数字现金的重复使用。一般的数字现金系统会建立事后检测和惩罚。

（2）银行卡支付

目前，基于银行卡的支付有 4 种类型：无安全措施的银行卡支付、通过第三方代理人的支付、简单加密银行卡支付、SET 信用卡支付方式。

① 无安全措施的银行卡支付：买方通过在网上从卖方订货，而银行卡信息通过电话、传真等非网上传送，或者银行卡信息在互联网上传送，但无任何安全措施，卖方与银行之间使用各自现有的银行商家专用网络授权来检查银行卡的真伪。这种支付方式具有以下特点。

● 由于卖方没有得到买方的签字，如果买方拒付或否认购买行为，卖方将承担一定的风险；

● 银行卡信息可以在线传送，但无安全措施，买方（即持卡人）将承担银行卡信息在传输过程中被盗取及卖方获得银行卡信息等风险。

② 通过第三方代理人的支付：改善银行卡事务处理安全性的一个途径就是在买方和卖方之间启用第三方代理，如销售终端（Point Of Sale，POS）收单业务代理机构，目的是使卖方看不到买方银行卡信息，避免银行卡信息在网上多次公开传输而导致银行卡信息被窃取。第三方代理人支付服务是通过双方都信任的第三方完成的；银行卡信息不在开放的网络上多次传送，买方有可能离线在第三方开设账号，这样买方没有银行卡信息被盗窃的风险；卖方信任第三方，因此卖方也没有风险；买卖双方预先获得第三方的某种协议，即买方在第三方处开设账号，卖方成为第三方的特约商户。

③ 简单加密银行卡支付：使用简单加密银行卡模式付费时，当银行卡信息被买方输入浏览器窗口或其他电子商务设备时，银行卡信息就被简单加密，安全地作为加密信息通过网络从买方向卖方传递。采用的加密协议有 SHTTP、SSL 等。

④ SET 信用卡支付：SET 协议保障了 Internet 上信用卡支付的安全性，利用 SET 协议制定的过程规范，可以实现电子商务交易过程的机密性、认证性、数据完整性等安全要求。SET 提供商家和收单银行的认证，是目前用信用卡进行网上支付的国际标准。

（3）电子支票

电子支票（Electronic Check）是一种借鉴纸张支票转移支付的优点，利用数字传递将钱款从一个账户转移到另一个账户的电子付款形式。电子支票主要用于企业与企业之间的大额付款。电子支票的支付一般是通过专用的网络、设备、软件，以及一整套的用户识别、标准报文、数据验证等规范化协议完成数据传输，从而可以有效控制安全性。

电子支票支付方式处理速度快、安全性能好、处理成本低、可为金融机构带来收益，同时还具有以下特点。

① 电子支票与传统支票工作方式相同，易于理解和接受。

② 加密的电子支票使它们比数字现金更易于流通，买卖双方的银行只要用公开密钥认证确认支票即可，数字签名也可以被自动验证。

③ 电子支票适用于各种市场，可以很容易地与电子数据交换（EDI）应用结合，推动 EDI 基础上的电子订货和支付。

④ 电子支票技术将公共网络连入金融支付和银行清算网络。

（4）电子钱包

电子钱包（Ewallet）是电子商务活动中购物顾客常用的一种支付工具，是小额购物或购买小商品时常用的新式"钱包"。电子钱包是一个用来携带信用卡或借记卡的可在具有中文环境的 Windows 95 或 Windows NT 操作系统上独立运行的软件，就像生活中随身携带的钱包一样。持卡人将这种电子钱包安装在自己的微机上，在进行网上安全电子交易时使用。

使用电子钱包应注意的问题如下。

① 持卡人在线申请电子安全证书必须在电子钱包中进行。

② 电子钱包实行密码管理，持卡人每次使用电子钱包都必须键入密码，所以持卡人对自己的用户名及口令应该严格保密，以防电子钱包被他人窃取，否则就像生活中钱包丢失一样有可能带来一定的经济损失。

3. 网络银行

（1）网络银行的模仿与模式

网络银行又称网上银行、在线银行，是指银行利用 Internet 技术，通过 Internet 向客户提供开户、查询、对账、行内转账、跨行转账、信贷、网上证券、投资理财等传统服务项目，使客户足不出户就能够安全便捷地管理活期和定期存款、支票、信用卡及个人投资等。可以说，网络银行是在 Internet 上的虚拟银行柜台。

网络银行又被称为"3A 银行"，因为它不受时间、空间限制，能够在任何时间（Anytime）、任何地点（Anywhere）、以任何方式（Anyway）为客户提供金融服务。网络银行作为 21 世纪一种新兴的金融业，因其低廉的成本和广阔的前景，已越来越得到人们的重视。网络银行作为现代银行业的重要组成部分，已成为银行经营发展的本质要求。我国网络银行业务发展十分迅速，逐渐成为个人和企业获得金融服务的一个重要渠道。

网络银行发展的模式有两种，一种是完全依赖于互联网的无形的电子银行，也叫"虚拟银行"。所谓虚拟银行就是指没有实际的物理柜台作为支持的网络银行，这种网络银行一般只有一个办公地址，没有分支机构，也没有营业网点，采用国际互联网等高科技服务手段与客户建立密切的联系，提供全方位的金融服务。以美国安全第一网络银行（Security First Network Bank，SFNB）为例，它成立于 1995 年 10 月，是在美国成立的第一家无营业网点的虚拟网络银行，它的营业厅就是网页画面，当时银行的员工只有 19 人，主要的工作就是对网络的维护和管理。

另一种是在现有的传统银行的基础上，利用互联网开展传统的银行业务交易服务。即传统银行利用互联网作为新的服务手段为客户提供在线服务，实际上就是传统银行服务在互联网上的延伸，这是网络银行存在的主要形式，也是绝大多数商业银行采取的网络银行发展模式。

网络银行是银行业在信息技术特别是在网络技术发展的推动下，不断努力获取市场竞争优势的创新结果，是电子商务在银行业的表现形式。它利用计算机和互联网技术，为客户提供综合实时的全方位银行服务，相对于传统银行，网络银行是一种全新的银行服务手段和全新的企业组织形式。

（2）网络银行安全体系

"网络银行"系统是银行业务服务的延伸，客户可以通过互联网方便地使用商业银行核心业务服务，完成各种非现金交易。但另一方面，互联网是一个开放的网络，银行交易服务器是网上的公开站点，网络银行系统也使银行内部网向互联网敞开了大门。因此，如何保证网络银行交易系统的安全，关系到银行内部整个金融网的安全，这是网络银行建设中最至关重要的问题，也是银行保证客户资金安全的最根本的问题。

① 服务器安全

为防止交易服务器受到攻击，通常主要采取以下 3 个方面的技术措施。

● 设立防火墙。一般采用多重防火墙方案。其作用为：分隔互联网与交易服务器，防止互联网用户的非法入侵；用于交易服务器与银行内部网的分隔，有效保护银行内部网，同时防止内部网对交易服务器的入侵。

● 安全服务器。服务器使用可信的专用操作系统，凭借其独特的体系结构和安全检查，保证只有合法用户的交易请求才能通过特定的代理程序送至应用服务器进行后续处理。

● 24 小时监控。例如，采用国际空间站（ISS）网络动态监控产品进行系统漏洞扫描和实时入侵检测。在 2000 年 2 月 Yahoo 等大网站遭到黑客入侵破坏时，使用 ISS 安全产品的网站均幸免于难。

② 身份识别

网上交易不是面对面的，客户可以在任何时间、任何地点发出请求，传统的身份识别方法通常是靠用户名和登录密码对用户的身份进行认证。但是，用户的密码在登录时以明文的方式在网络上传输，很容易被攻击者截获，进而可以假冒用户的身份，身份认证机制就会被攻破。

在网络银行系统中，用户的身份认证依靠基于"RSA 公钥密码体制"的加密机制、数字签名机制和用户登录密码的多重保证。银行对用户的数字签名和登录密码进行检验，全部通过后才能确认该用户的身份。用户的唯一身份标识就是银行签发的"数字证书"。用户的登录密码以密文的方式进行传输，确保了身份认证的安全可靠性。"数字证书"的引入，同时实现了用户对银行交易网站的身份认证，以保证访问的是真实的银行网站，另外还确保了客户提交的交易指令的不可否认性。 由于"数字证书"的唯一性和重要性，各家银行为开展网上业务都成立了 CA 认证机构，专门负责签发和管理数字证书，并进行网上身份审核。2000 年 6 月，由中国人民银行牵头，12 家商业银行联合共建的中国金融认证中心（CFCA）正式挂牌运营。这标志着中国电子商务进入了银行安全支付的新阶段。中国金融认证中心作为一个权威的、可信赖的、公正的第三方信任机构，为今后实现跨行交易提供了身份认证基础。

③ 安全协议

由于互联网是一个开放的网络，客户在网上传输的敏感信息（如密码、交易指令等）在通信过程中存在被截获、被破译、被篡改的可能。为了防止此种情况发生，网络银行系统一般都采用加密传输交易信息的措施，使用最广泛的是安全套接层（SSL）数据加密协议。

SSL 协议是由（网景）Netscape 首先研制开发出来的，其首要目的是在两个通信间提供秘密而可靠的连接，大部分 Web 服务器和浏览器都支持此协议。用户登录并通过身份认证之后，用户和服务方之间在网络上传输的所有数据全部用会话密钥加密，直到用户退出系统为止。而且每次会话所使用的加密密钥都是随机产生的。这样，攻击者就不可能从网络上的数据流中得到任何有用的信息。同时，SSL 协议引入了数字证书对传输数据进行签名，一旦数据被篡改，则必然与数字签名不符。SSL 协议的加密密钥长度与其加密强度有直接关系，一般是 40～128 位，可在 IE 浏览器的"帮助""关于"中查到。建设银行等已经采用有效密钥长度 128 位的高强度加密。

④　认证介质

用户的认证是防止欺骗性服务请求的有效手段，常用的认证技术有以下 6 种。

● 密码。密码是每一个网络银行必备的认证介质，用户记得要使用安全好记的密码。但是密码非常容易被木马盗取或被他人偷窥。安全系数 30%，便捷系数 100%。

● 文件数字证书。文件数字证书是存放在计算机中的数字证书，每次交易时都需用到，如果计算机没有安装数字证书是无法完成付款的；已安装文件数字证书的用户只需输密码即可。未安装文件数字证书的用户安装证书需要验证大量的信息，相对比较安全。

但是文件数字证书不可移动，对经常换计算机的用户来说不方便（支付宝等虚拟的平台一般验证手机，而网络银行一般要去银行办理）；而且文件数字证书有可能被盗取（虽然不易，但是能），所以不是绝对安全的。安全系数 70%，便捷系数 100%（家庭用户）、30%（网吧用户）。

● 动态口令卡。动态口令卡是一种密保卡。卡面上有一个表格，表格内有几十个数字。当进行网上交易时，银行会随机询问你某行某列的数字，如果能正确地输入对应格内的数字便可以成功交易；反之不能。

动态口令卡可以随身携带，轻便，不需驱动，使用方便，但是如果木马长期在你的计算机中，可以渐渐获取用户口令卡上的很多数字，当获知的数字达到一定数量时，用户的资金便不再安全，而且如果在外使用，也容易被人拍照。安全系数 50%，便捷系数 80%。提供商：中国工商银行、中国农业银行。

● 动态手机口令。当用户尝试进行网上交易时，银行会向用户的手机发送短信，如果用户能正确地输入收到的短信则可以成功付款，反之不能。

此种方式不需安装驱动，只需随身带手机即可，不怕偷窥，不怕木马，相对安全。但是用户必须随身带手机，手机不能停机、没电或丢失，而且有时通信运营商服务质量低导致短信迟迟没到，影响效率。安全系数 80%~90%，便捷系数 80%（手机随身，话费充足，信号良好）、30%~80%（手机不随身，经常停机，信号差，有时还会弄丢手机）。提供商：招商银行、中国工商银行、光大银行、邮政储蓄银行。

● 移动口令牌。在约定的时间内更换一次号码。付款时只需按移动口令牌上的键，这时就会出现当前的代码。一分钟内在网络银行付款时可以用这个编码付款。如果无法获得该编码，则无法成功付款。不需要驱动，不需要安装，只要随身带就行，不怕偷窥，不怕木马。口令牌的编码一旦使用过就立即失效，不用担心付款时输的编码被别人看到后在一分钟内再次付款。安全系数 80%~90%，便捷系数 80%。提供商：中国银行。

● 移动数字证书。移动数字证书，工行叫 U 盾、农行叫 K 宝、建行叫网银盾、光大银行叫阳光网盾、支付宝中的叫支付盾。它存放着用户的个人数字证书，并不可读取。同样，银行服务器也记录着对应用户的数字证书。

以工行为例，用户进行网上交易时，银行服务器会发送由时间字串、地址字串、交易信息字串、防重放攻击字串组合在一起进行加密后得到的字串 A，用户的 U 盾将根据其个人证书对字串 A 进行不可逆运算得到字串 B，并将字串 B 发送给银行，银行服务器端也同时进行该不可逆运算，如果银行服务器运算结果和用户的运算结果一致便认证通过，交易便可以完成，否则交易便会失败。安全系数 95%，便捷系数 50%（需要驱动）、80%（不需要驱动）。提供商：中国工商银行、中国农业银行、中国建设银行、招商银行、光大银行和民生银行。

⑤ 安全意识

银行卡持有人的安全意识是影响网络银行安全性的不可忽视的重要因素。我国银行卡持有人安全意识普遍较弱，一种情况是，不注意密码保密，或将密码设为生日等易被猜测的数字。一旦卡号和密码被他人窃取或猜出，用户账号就可能在网上被盗用，如进行购物消费等，从而造成损失，而银行技术手段对此却无能为力。因此一些银行规定客户必须持合法证件到银行柜台签约才能使用"网络银行"进行转账支付，以此保障客户的资金安全。

另一种情况是，用户在公用的计算机上使用网络银行，可能会使数字证书等机密资料落入他人之手，从而直接使网上身份识别系统被攻破，网上账户被盗用。

安全性作为网络银行赖以生存和得以发展的核心及基础，从一开始就受到各家银行的极大重视，各银行都采取了有效的技术和业务手段来确保网络银行安全。但安全性和方便性又是互相矛盾的，越安全就意味着申请手续越烦琐，使用操作越复杂，影响了方便性，使客户使用起来感到困难。因此，必须在安全性和方便性上进行权衡。

4. 互联网金融

（1）虚拟货币

随着互联网技术的迅猛发展和经济一体化进程的加快，网络经济中诞生了新的支付工具与交易媒介——电子货币与网络虚拟货币（Virtual Currency）。网络经济的飞速发展推动了网络虚拟货币支付能力的不断增强和支付功能的日益丰富。进入 21 世纪以来，短短几年的时间，网络虚拟货币经历了从单一功能到复合功能的发展历程。Q 币、百度币、比特币等网络虚拟货币不但能够在网络世界作为支付工具，而且有些虚拟货币还可以直接用于换取传统实物商品。迅猛发展的网络虚拟货币对商品购买、金融支付、电子商务、货币流通等社会经济活动产生了广泛而深刻的影响。

（2）互联网金融模式

以互联网为代表的现代信息科技，特别是移动支付、社交网络、搜索引擎和云计算等，将对人类金融模式产生根本影响。过去十年间，类似的颠覆性影响已经发生在图书、音乐、商品零售等多个领域。例如，余额宝、微信理财通等既不同于商业银行间接融资，也不同于资本市场直接融资的第三种金融资模式，成为"互联网金融模式"。在此种模式下，支付便捷，市场信息不对称程度非常低；资金供需双方直接交易，银行、券商和交易所等金融中介都不起作用；可以达到与现在直接和间接融资一样的资源配置效率，并在促进经济增长的同时，大幅减少交易成本。更为重要的是，它是一种更为民主化、而非少数专业经营控制的金融模式，现在金融业的分工和专业化将被大大淡化，市场参与者更为大众化，所引出的巨大效益将更加惠及于普通百姓，因此为金融市场带来了许多全新的课题。对业界而言，互联网金融模式会产生巨大的商机，但也会促成竞争格局的大变化；对政府而言，互联网金融模式有利于解决中小企业融资问题和促进民间金融的规范化，同时也带来一系列的监管挑战。

互联网金融正在改变传统金融生态环境，市场需求是互联网金融兴起的决定性因素。互联网金融要求互联网企业或者金融机构领会互联网时代的特征和互联网思维的精髓，提供多元化的金融服务，覆盖差异化的客户群，满足个性化的金融需求。从目前世界各国互联网金融发展的情况看，互联网金融已呈现出以下多种形式。

① 模式 1：第三方支付

第三方支付（Third-Party Payment）狭义上是指具备一定实力和信誉保障的非银行机构，借助通信、计算机和信息安全技术，采用与各大银行签约的方式，在用户与银行支付结算系统间建立连接的电子支付模式。

根据央行 2010 年在《非金融机构支付服务管理办法》中给出的非金融机构支付服务的定义，从广义上讲第三方支付是指非金融机构作为收、付款人的支付中介所提供的网络支付、预付卡、银行卡收单以及中国人民银行确定的其他支付服务。第三方支付已不仅仅局限于最初的互联网支付，而是成为线上线下全面覆盖，应用场景更为丰富的综合支付工具。

② 模式 2：大数据金融

大数据金融是指集合海量非结构化数据，通过对其进行实时分析，可以为互联网金融机构提供客户全方位信息，通过分析和挖掘客户的交易和消费信息掌握客户的消费习惯，并准确预测客户行为，使金融机构和金融服务平台在营销和风险控制方面有的放矢。基于大数据的金融服务平台主要指拥有海量数据的电子商务企业开展的金融服务。大数据的关键是具有从大量数据中快速获取有用信息的能力，或者是从大数据资产中快速变现的能力。因此，大数据的信息处理往往以云计算为基础。目前，大数据服务平台的运营模式可以分为以阿里小额信贷为代表的平台模式，以及以京东、苏宁易购为代表的供应链金融模式。

③ 模式 3：众筹

众筹的大意为大众筹资或群众筹资，是指用团购预购的形式，向网友募集项目资金的模式。本意众筹是利用互联网和社交网络服务（SNS）传播的特性，让创业企业、艺术家或个人对公众展示他们的创意及项目，争取大家的关注和支持，进而获得所需要的资金援助。众筹平台的运作模式大同小异——需要资金的个人或团队将项目策划交给众筹平台，经过相关审核后，便可以在平台的网站上建立属于自己的页面，用来向公众介绍项目情况。

此前不断有人预测众筹模式将成为企业融资的另一种渠道，对于国内目前首次公开募股（IPO）闸门紧闭，企业上市融资之路越走越难的现状会提供另一种解决方案，即通过众筹的模式进行筹资。但从目前国内实际众筹平台来看，因为股东人数限制及公开募资的规定，尽管目前已经有"天使汇""创投圈""大家投"等股权众筹平台，但是国内使用更多的是以"点名时间""众筹网"为代表的创新产品的预售及市场宣传平台，还有以"淘梦网""追梦网"等为代表的人文、影视、音乐和出版等创造性项目的梦想实现平台，以及一些微公益募资平台。互联网知识型社群试水者——罗振宇作为自媒体视频脱口秀《罗辑思维》主讲人，其在 2013 年 8 月 9 日，将 5000 个 200 元/人的两年有效期会员账号，在 6 小时内一售而空，也称得上众筹模式的成功案例之一，但很难复制。

④ 模式 4：信息化金融机构

所谓信息化金融机构，是指通过采用信息技术，对传统运营流程进行改造或重构，实现经营、管理全面电子化的银行、证券和保险等金融机构。金融信息化是金融业发展趋势之一，而信息化金融机构则是金融创新的产物。从金融整个行业来看，银行的信息化建设一直处于业内领先水平，不仅具有国际领先的金融信息技术平台，建成了由自助银行、电话银行、手机银行和网上银行构成的电子银行立体服务体系，而且以信息化的大手笔——数据集中工程在业内独领风骚，其除了基于互联网的创新金融服务之外，还形成了"门户""网银、金融产品超市、电商"的一拖三的金融电商创新服务模式。

⑤ 模式 5：互联网金融门户

互联网金融门户是指利用互联网进行金融产品的销售，以及为金融产品销售提供第三方服务的平台。它的核心就是"搜索比价"的模式，采用金融产品垂直比价的方式，将各家金融机构的产品放在平台上，用户通过对比挑选合适的金融产品。互联网金融门户多元化创新发展，形成了提供高端理财投资服务和理财产品的第三方理财机构，提供保险产品咨询、比价、购买服务的保险门户网站等。这种模式不存在太多政策风险，因为其平台既不负责金融产品的实际销售，也不承担任何不良的风险，同时资金也完全不通过中间平台。目前在互联网金融门户领域针对信贷、理财、保险、P2P 等细分行业，分布有融 360、91 金融超市、好贷网、软交所科技金融超市、银率网、格上理财、大童网、网贷之家等互联网金融门户。

8.1.4 电子商务与物流

随着电子商务的迅猛发展，物流在电子商务发展中所起的作用越来越大。物流作为一种先进的组织方式和管理技术，是企业降低生产经营成本，提高产品竞争力的重要手段。没有一个高效、合理、畅通的物流系统，电子商务所具有的优势就难以得到有效的发挥，电子商务就难以得到有效的发展。

1. 电子商务物流

电子商务物流是信息化、现代化、社会化的，是物流和配送企业采用网络化的计算机技术和现代化的硬件设备、软件系统及先进的管理手段，针对社会需求，严格地、守信用地按用户的订货要求，进行一系列分类、编配、整理、分工、配货等理货工作，定时、定点、定量地交给没有范围限度的各类用户，满足其对商品的需求。可以看出，这种新型的物流模式较传统的物流方式可以使商品流通更容易实现信息化、自动化、现代化、社会化、智能化、合理化、简单化，既减少生产企业库存，加速资金周转，提高物流效率，降低物流成本，又刺激了社会需求，有利于整个社会的宏观调控，也提高了整个社会的经济效益，可以促进市场经济的健康发展。

2. 电子商务供应链管理

电子商务供应链管理是以利用互联网为核心的信息技术进行商务活动和企业资源管理的方式，它的核心是高效率地管理企业的所有信息，帮助企业创建一条畅通于客户、企业内部和供应商之间的信息流，并通过高效率的管理、增值和应用，帮助企业准确地定位市场、拓展市场、提供个性化的服务，不断提高客户的忠诚度，加强与供应商的合作，促使企业采购过程的科学化，提高企业内部管理效率，从而提高企业的产品销售量，降低成本，获取更大收益。电子商务供应链管理具有以下特点。

（1）信息传递变为网状结构

通过电子商务的引入，供应链伙伴之间可以实现信息的共享，信息的传递由原来的线形结构变为网状结构。分销商可以方便地通过企业外网查看零售商的库存情况，从而迅速制定购销计划，而不必根据零售商的订单来预测需求情况；制造商也可以访问分零售商的库存数据，了解更准确的需求信息，以合理地安排生产，从而有效地避免了由多重预测所带来的信息失真。客户的理性对策现象在很多时候是基于主观的预测而产生的。通过互联网，供应链的下游成员也可以了解上游成员的生产能力及库存信息，有效地缓解客户的焦虑，避免夸大订单所带来的波动。

（2）交易票证单据实现标准化与网上传输

电子数据交换是电子商务的一个重要组成部分，它是将商业或行政事务处理按照一个统一的标准，形成结构化的事务处理或文档数据格式，借助网络技术，将企业之间的各种交易的票证单据按统一格式在网上传输，使企业实现无纸化、计算机辅助订货，从而提高交易效率，降低成本。

采用电子数据交换技术后，客户的订货频率大大提高，可以缓解由于批量订货带来的生产计划的大波动。同时，电子数据交换使企业与伙伴间建立起更密切的合作关系，使商业运转的各个环节更加协调一致，使分散的业务更统一、合理，从而使资金流动、库存、成本、服务得到改善。

（3）实现对消费者需求的即时反应

通过网上与消费者直接的信息交流，制造商可以有效地了解市场需求，对市场做出快速响应，满足顾客个性化的要求。

近几年兴起的大规模定制是优化供应链、提高客户反应能力的一种有意义的方式。它可以充分了解顾客的实际选择，按订单制造、交货，没有生产效率的损失，且实现一对一的联系，更有获利的把握（因为库存与仓储减少），且可以保证客户的满意。

在未来，所有的企业都将成为技术型的企业，都能够以终端客户喜欢的方式来满足他们的需要，商务和技术必须结合起来，这个过程是任何人都无法阻挡的。因此，企业必须抓住信息技术发展的大趋势，将电子商务与供应链结合起来，才能顺应企业发展的潮流。

8.2　电子政务基础

电子政务是现代政府管理观念和信息技术相融合的产物，它实现了网络技术与政府机构的有机结合。但电子政务不是电子和政务的简单组合，它改变了传统的政务办公方式和政府的管理体制。

8.2.1　电子政务概念与模式

电子政务是指政府机关利用网络计算机及通信等信息技术，实现内部和外部管理和服务的无缝集成，使政府业务流程优化、资源整合、部门重组等，并通过政府网站将大量频繁的行政管理和日常事务按照设定的程序在网上实施，从而超越时间、空间和部门间的分隔制约，全方位地为社会以及自身提供一体化、规范、高效、优质、透明、符合惯例的管理和服务，以实现电子政务流程化、公共服务电子化、社会管理电子化和政府监管信息化等。

电子政务是主要涉及 3 个主体，即政府、企业和社会公众。为此，根据这 3 个主体间的相互关系，将电子政务分为 4 种应用模式：政府与政府之间的电子政务（G2G），政府与公众之间的电子政务（G2C），政府与企业之间的电子政务（G2B），政府与政府雇员之间的电子政务（G2E）。

1. G2G

G2G 是指政府与政府之间、政府的不同机构和部门之间的电子政务应用模式，包括中央政府与各级地方政府之间，不同地方政府之间，政府不同部门之间的电子政务。政府之间的电子政务模式主要包括以下内容。

（1）电子公文处理

传统的电子公文处理方式主要以纸质为载体，造成了人、财、物等资源浪费，而且时间长、效率低，严重影响了政府的办事效率。如今政府利用电子办公处理的办法，凭借网络技术的应用，在确保信息安全的前提下，在政府部门之间对有关的公文进行传送，如报告、请示、批复、通知、公告等，使政府部门之间的信息十分快捷地在政府之间传送，提高了公文处理速度。

（2）电子政策法规系统

电子政务的优势所在是公众可以随时了解政府颁布的政策法规，而政策法规牵涉面比较广、信息量比较大、时效性比较强，因此，如果运用传统方法，政策制定、发布、执行过程中需要相当长的过程，那么通过电子的形式传递不同部门的各项法律、法规、规章等，使各个政府机关真正做到有法可依、有法必依、执法必严，具有十分明显的速度和管理成本优势。政府所做的一切，公众都记在心中，这也提升了政府在公众中的地位。目前，大部分电子政务网站都开设了不同形式的政策法规的宣传窗口，以起到为民服务的作用。

（3）电子财政管理

在网络基础上的电子财务管理系统可以向政府主管部门、审计部门和相关机构提供分级、分部门的政府财政预算及其执行情况报告，包括从明细到汇总的财政收入、开支、拨付款数据，以及相关的文字说明和图表，便于有关领导和部门及时掌握和监控财政状况，从而使政府的财政管理工作的水平跃上一个新台阶。

（4）政府网络业绩管理

在我国，政府部门的业绩考核长期来也一直不被重视，一方面是因为缺乏量化的指标，业绩考核很难实施；另一方面，因为我国的政府管理部门一贯来没有形成合理的激励和约束机制，业绩高低对员工的影响并不显著。G2G 入世后，政府工作人员的业绩要求将明显提高，业绩评价指标也将逐步与国际接轨，所以完善业绩考评体系也已成为提高政府管理水平的重要措施。

2. G2C

G2C 指政府与公众之间的电子政务，是政府通过电子网络系统为公民提供各种服务，如办事程序、证件管理、公共部门服务等。政府与公众之间的电子政务主要包括以下内容。

（1）教育培训服务

社会主义市场经济的发展以及科学技术的迅猛发展使得人民群众对教学、培训的需求不断上升，越来越多的人认识到"终身学习"的重要性。但由于受到各种条件的限制，满足人们学习、培训的需求难度很大，对边远地区的群众来说困难尤其显著。利用网络手段为广大老百姓提供灵活、方便、低成本的教育培训服务，不仅是增强我国公民素质的有效途径，也是改善政府服务的重要内容。

（2）公众福利服务

政府的生存之道是全心全意为人民服务，公众所关心的问题是政府带给大家什么样的福利。比如 2008 年发生的汶川大地震，政府人民利用现在网络信息技术，通过各种渠道了解受灾地区，捐赠各种救援物资，并号召各界人士给予物质、精神帮助，这就体现了政府带给人民的服务，这样的政府才是人民所尊重的。政府可以在当地的政务网站上公开最近对公众相关的福利服务，公众也可以在网上快速地查询到与自己相关的福利政策，实现很好的沟通。

（3）电子就业服务

提供就业服务是政府的基本职能之一，也是维护社会稳定和促进经济增长的重要条件。政府可充分利用网络这一手段在求职者和用人单位之间架起一座服务的桥梁，使传统的、在特定时间和特定地点举行的人才和劳动力的交流突破时间和空间的限制，做到随时随地都可使用人单位发布用人信息、调用相关资料，应聘者可以通过网络发送个人资料，接收用人单位的相关信息，并可直接通过网络办妥相关手续。政府网上人才市场还可在就业管理和劳动部门所在地或其他公共场所建立网站入口，为没有计算机的公民提供接入互联网寻找工作职位的机会，帮助他们分析就业形势，指导就业方向等。

（4）公众电子税务

建立相应的网站入口使个人通过电子报税系统申报个人所得税、财产税等个人税务。

（5）心理健康咨询

政府应该全方位地服务于人民群众，建立相应的心理健康咨询栏目。目前，越来越多的人面临家庭、学习、生活、工作等各方面的心理压力，政府也采取了各种措施，如在一些小区、商业步行街开展一些心理健康咨询。同时随着信息技术的发展，在相关的政府网站开展了心理健康咨询栏目，公众可以匿名咨询，以缓解心理压力。

（6）电子医疗服务

一直以来人民群众普遍感到我国的医疗服务不尽如人意，医疗体制的改革还远未到位，而网络技术在改善政府的医疗服务方面也能发挥重要作用。政府医疗主管部门可以通过网络向当地居民提供医疗资源的分布情况，提供医疗保险政策信息、医药信息及执业医生信息，为公民提供全面的医疗服务。

（7）电子证件服务

公众可以在网上办理相应证件，如结婚证、暂住证、离婚证、出生证、房屋产权登记等有关证书。

3. G2B

G2B 是指政府与企业之间的电子政务，政府通过电子网络系统高效快捷地为为企业提供各种信息服务，企业可以通过网络进行税务申报、办理证件等业务。政府向企事业单位发布相应的政策、法规、行政规定，填表各种报表等，实质上都是政府为企事业单位提供的各种公众服务。政府与企业之间的电子政务主要包括以下内容。

（1）信息咨询服务

政府将有关的各种数据库信息对企业开放，方便企业随时查询利用，如法律法规规章政策数据库、国际贸易统计资料等信息。

（2）电子采购与招标

政府采购是一项涉及面特别广泛的工程，利用电子政务可以提高政府采购的透明度和效率，杜绝了传统政府采购中的腐败行为。为此，政府通过网络向全球范围公布政府采购与招标信息，为国内外的企业提供平等的竞争机会，特别是对中小企业参与政府采购提供必要的帮助，向他们提供政府采购的有关政策和程序，减少政府采购中存在的暗箱操作，降低了企业交易成本，同时节约了政府采购支出。

（3）电子税务

税收是国家财政收入的主要来源，降低征税成本、杜绝税收流失，方便企业进行纳税是政府部门的一项重要工作，电子政务使企业可以直接在网站上实现税务登记、申报、划拨等业务，并且可以查询税收公报、税收政策等。电子政务既方便了企业，也提高了政府的办事效率。

（4）电子证件办理

企业可以直接在网上申请办理各种证件和执照，这样可以缩短办理周期，减轻企业负担。

（5）中小企业服务

政府应该大力扶持中小企业的发展，依据加强引导、完善服务、依法规范、保障权益的方针，为中小企业的建立和发展创造有利环境。

4. G2E

G2E 是指政府与政府雇员之间的电子政务，政府雇员之间通过专门的内网实现办公自动化，主要是利用互联网建立起有效的行政办公和员工管理体系，提高政府工作效率以及政府雇员管理水平。政府与政府雇员之间的电子政务主要包括以下内容。

（1）电子公文处理

政府雇员在保证信息安全的前提下，在政府内部传送政府公文，这样可以提高电子公文传送速度，同时提高工作效率。

（2）电子政策法规

电子政策法规系统提供了相关的各项法律、法规、行政命令和政策规范等，让所有的政府雇员做到有法可依、有法必依。

（3）电子培训

政府内部工作人员应该定期地进行相关的职业道德、信息技术、心理素质等培训，随着信息化技术的进步，政府人员应该了解相关的信息化技术，随时在网络上选择相应的培训课程，并且接受各种考核，这样可以提高政府工作人员的综合素质。

（4）电子财务管理

政府财政部门应该提供相关的部门预算和执行情况，包括从明细到汇总的财政收支、拨付款票据，以及相关的文字和图表说明等，这样便于机关领导及时掌握和监控相关的财政收支，并适当进行调整。

（5）公务员业绩评价

政府部门制定相关的政府业绩考核文件，政府雇员可以随时在网上查询，政府通过对雇员的评估，判断他们是否具备发现管理中存在的一些问题的能力，并在网上收集雇员的意见，来进行相应的修改，这样可以改善公务员的工作态度等，实现对政府雇员的科学评估。

目前，世界各国对电子政务的模式主要是围绕以上 4 种模式进行的，强调了在电子政务发展中对原有的政府结构、政府业务活动的组织方式和方法等进行的根本性改造，从而最终构造出一种信息时代的政府形态。

8.2.2　电子政务服务体系

1. 电子政务服务体系内涵

电子政务服务体系是依托国家电子政务建设平台，以公共服务为中心，以满足公众需求为导向，面向政府内部的流程优化和服务扩展，对内实现政府部门间的信息共享和协同办公，对外为公众提供无缝隙、"一站式"电子政务服务的一体化服务体系。

电子政务服务体系主要包括以下 3 个方面内涵。

（1）电子政务服务体系是以公众为中心，其体系结构、组成部分以及实现的服务内容都不再是根据政府的管理意识来设定，而是根据公众的服务需求和公共服务的实现流程来设定，充分体现政府与公众参与的结合；同时电子政务服务体系的服务重心也不再是以管理、监督为主，而是在以审批、协调等手段维护秩序的基础上更多地向提高服务质量和工作效率转移，以此来满足公众需求。

（2）电子政务服务体系的灵魂和价值在于服务，通过规范公共服务方法，改进公共服务手段，提高公共服务质量，实现公共服务与信息技术发展的有机结合，从而体现电子政务服务体系对于公共服务的价值。

（3）电子政务服务体系的生命力来自于政府内部的整合，电子政务服务体系实现公共服务的前提是政府内部服务资源的有效利用，而这种有效利用体现在政府内部部门之间信息共享的效率和政府部门之间协同办公的实现上。电子政务服务体系的内部机制要求政府机构内部打破部门之间和地域之间的纵横限制，整合利用政府内部的服务资源，优化政府服务的工作流程，建立以公众需求为导向的服务模式和以服务实现为核心的体系结构。

目前我国电子政务服务体系在服务平台建设、服务数量丰富、服务方式改进和服务理念转变等方面已经取得了一定的成就，但是电子政务服务体系构建的目标是为公众享受政府服务创造条件，而且站在公众的视角，从公众接受服务的感受出发，对我国的电子政务服务体系的建设情况进行判断，我国电子政务服务体系在公共服务输出便于公众使用、内部资源整合等多个方面仍然存在较大不足，直接影响了服务的实现。电子政务是一个复杂的综合体，由多个部分整合而成，每个部分都会制约电子政务体系的发展，因此应该从整体的视角来探究我国电子政务服务体系的现存问题，逐步建立完善的功能定位和服务规范，强化安全性与开放性的平衡，构建一体化的服务集成机制。

2. 电子政务服务体系的构成

电子政务服务体系的组成部分包括电子政务服务体系的具体组成及其实现的服务内容，体现为我国电子政务服务体系的两大平台和基于服务对象需求形成的服务输出，如图 8.3 所示。

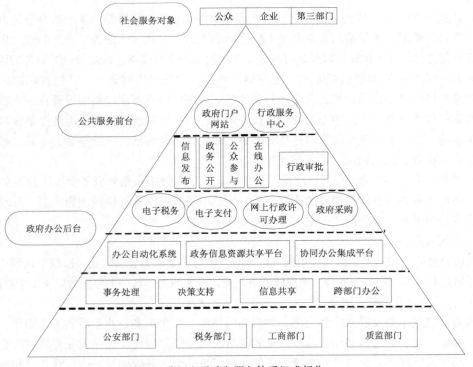

图 8.3　我国电子政务服务体系组成部分

（1）公共服务前台

我国电子政务服务体系的公共服务前台由政府门户网站和行政服务中心两部分组成，形成物理实体与网络虚拟相结合的存在形式，这是由我国信息化发展程度、国民信息意识和电子政务建设水平等原因形成的。其中政府门户网站和行政服务中心又体现着不同的价值理念，承载着不同的服务职能。

① 政府门户网站

政府门户网站是现代信息技术与先进的公共服务理念的有机结合，纵观全球电子政务的发展概况，几乎所有的发达国家政府都把建设功能强大的政府门户网站放在重要的战略位置上。现阶段我国政府通过政府门户网站实现的服务职能主要集中在信息发布、政务公开、公众参与和在线办公 4 个方面。公众能够通过政府门户网站迅速地获取政府机构的职能、组成、办事流程、政策法规和政府服务项目等信息，能够直接表达自己的意志，向政府提出服务的要求，并能够通过网络合法地实现权利并履行义务。政府也可以通过网络来发布信息，获得公众对服务种类和质量的反馈信息，处理公众需求，管理公共事务，提供公共服务。

② 行政服务中心

自从 1999 年浙江金华率先建立起第一家综合性的行政服务中心以来，这种集中式的公共服务供给模式便在全国范围铺展开来。目前我国已经建立起 3000 多家行政服务中心，但是这些服务机构无论是在名称上还是职能定位上都存在着较大差异，人们所推崇的行政服务中心是指通过集中式的政府职能组织方式，依靠先进的服务手段，为公众提供一站式服务的新型行政服务机构，在现阶段这种职能主要体现在行政审批的实现上。基于以上所定位的行政服务中心具有以下特点。

● 以服务为中心，以公众为导向。行政服务中心建立的初衷既是为了解决办公地点分散、办事环节繁琐，政府服务供给与公众办事不便之间的矛盾，又从"公众为中心"的理念出发对现有的政府职能进行梳理和优化，减少政府与公众之间的服务交易成本，提高公众对服务的满意度。

● 集中式的政府职能组织方式。这种集中既包含物理实体的集中，又包含职能、流程的集成。物理实体的集中是指把与公众密切相关的各职能部门的办事窗口集中设置在一个物理地点，各职能部门授予本部门入驻中心的办事窗口一定的行政决定权和审批权，由各办事窗口依权限办理相关事项。而职能、流程的集成是指对办事流程的一系列再造，包括整合、消减、细化，目的在于加大对服务资源的利用，提高行政效率。

● 提供"一站式"服务。"一站式"服务是近几年我国用来指导服务型政府建设的重要理论之一，是电子政务服务体系建设的重要目标，也是电子政务服务提供的理想形态，行政服务中心的建设正是为了满足现阶段"一站式"服务实现的需要。

（2）政府办公后台

政府办公后台在对外为公众提供服务需求时，也对内实现办公自动化，以政府内网为平台，通过资源信息共享和协同办公平台，实现政府对政府的服务职能。这一平台分为以下 3 个层面内容。

① 办公自动化系统

随着信息技术的发展和广泛应用，政府部门逐步开始实现办公业务活动的智能化、数字化、无纸化和电子化，办公自动化在诠释信息和网络时代特征的同时，也在改变着政府的管理方式。办公自动化系统按照办公自动化系统任务的实现层级分为事务处理层、信息管理层和决策支持层 3 个功能层次，通过先进的科学理论和技术来优化办公系统，达到管理方便、决策科学和效率提高的目的。

② 政务信息资源共享平台

网络化的办公技术和手段，影响了政府内部的信息产生、信息加工和信息传递过程，提供了突破政府部门"信息孤岛"的技术力量。资源共享平台以政府内网为平台，各部门的信息系统为基础，运用合理的协调机制，使信息在政府部门间的流动趋于合理，使各部门能够充分掌握所需信息。资源共享平台的搭建既是电子政务服务体系构建的关键步骤，也是电子政务服务体系能满足公众服务需求的保障。

③ 协同办公集成平台

协同办公平台着眼于打破政府部门之间地理界线和人本思想的阻隔，在政府内部实现统一的指挥和管理。协同办公平台要求通过政府内网连接，进行政府部门横向或纵向的功能和系统集成，把局部的自动化扩充到整个政府体系中，从而在更广泛的范围内保障办公资源的共享和交流，实现跨部门的协同办公。

8.2.3　电子公务

1. 政务与公务

政务，是指有关施政的事务，与政治和行政有关的事务。政务具体可以表现为政府与非营利性组织、政府与营利性组织、政府与公民、政府与政府之间通过各种手段来实现政府的管理和服务职能，以保证政府事务的贯彻和实施。

公务，是指政府、社会组织、企业、公民在生产公共产品过程中的事务，是"公共事务"的简称。其狭义含义是指上述活动中产生的互动的公共事务；其广义含义是指一切公共事务，包括互动的事务和非互动的自身活动产生的公共事务。

因此，政务更多的是强调政府在管理社会和提供公共产品、公共服务的作用；而公务则更多的是强调政府、社会组织、企业和公民在互动中为社会提供的公共产品和服务。政务强调的是政府的管理角色；而公务则强调政府的服务角色。在现代社会，公民意识的觉醒、当代公共事务和公共问题的复杂性，以及政府环境的动态性和多元性，都使得政府已经无法成为唯一的治理者。在此背景下，传统的单一的仅靠政府的治理模式已经无法适应变化的社会，因此，构建网络式的，即政府、公民社会、市场组织相互协力的治理主体已经是大势所趋。

2. 电子公务

在城市管理中，公务（GBCP）是政府（Government）、企业（Business）、公众和社区（Citizen and Community）、公共设施与公共环境（Public Facilities and Public Environment）构成的涵盖城市公共管理服务各方面的完整动态循环系统，并构成以 P 为内点核心，G、B、C 为外点的和谐三角。在 GBCP 中，P 通过间接发送、接收信息成为城市公共管理服务物质基础核心。C 是 G、B、P 管理服务的对象，GBCP 系统循环运转的最终目的是满足 C 的需求。G 通过接收和发送信息达到监管 B、P 和管理服务 C 的目的，同时接收 B 和 C 的监管。B 接收来自 G、C 的信息，通过施加作用力于 P，达到满足 G、C 需求的目的。

电子公务是指利用信息化手段，高效实现政府、企业、公众（社区）在生产公共产品过程中的事务。这里的企业，既包括营利性组织，也包括非营利组织。eGBCP 是电子公务的模式，是指使用信息化的手段来实现 GBCP 的模式，如图 8.4 所示。

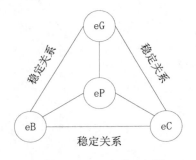

图 8.4　eGBCP 和谐三角图

电子公务包含以下内容。

（1）以政府为中心的电子政务的内容，即以实施政府的行政事务为中心的活动。主要包括政府与非营利性组织、政府与营利性组织、政府与公民、政府与政府之间通过电子技术实现的行政事务。

（2）以非营利组织为中心通过信息技术实现的公共事务，如通过信息技术实现的行业组织参与政治和行政事务的活动，行业组织与所属行业之间管理与协调活动，行业组织与行业组织之间的协调活动，以及行业组织与市民之间的互动活动等。此类非营利组织在我国公共管理的模式下从事着社会治理中不可或缺的公共活动，也将是国家治理的主体之一。这一业务活动是电子政务时代所不具有或者不完全具有的。

（3）以营利组织为中心通过信息技术参与公共事务的活动，如政府外包，或者企业基于授权所从事的公共事务活动。具体说来，企业对公共基础设施的建设与维护问题、公共企业的产品定价问题等都属于电子公务的范畴，也是电子政务时代所不具有的。

（4）以市民为中心通过信息技术实现参与公共事务的活动，主要是指以市民个体为中心的参与各个公共事务的活动。如基于市民、社会和居民社区的服务，市民利用网络技术向社区居民提供属地化服务的综合服务体系，同时也包括市民向政府或其他组织提出倡议或者请求帮助等活动。以市民为中心通过信息技术参与公共事务的活动是丰富多彩的，形式也是多种多样的。

习 题

1. 什么是电子商务？
2. 基于交易主体和交易方式的电子商务模式主要有哪些？
3. 简述移动电子商务的概念及运营模式。
4. 简述互联网金融的主要模式。
5. 简述电子政务的概念与主要模式。
6. 简述电子政务服务体系的构成。

第9章
人工智能技术

人工智能（Artificial Intelligence，AI）技术在很多方面取得了新的进展，随着互联网的普及和应用，社会对人工智能的需求变得越来越迫切，也给人工智能技术的发展提供了新的广阔空间。人工智能艺术呈现的电影是《星球大战》《终结者》《2001：太空漫游》等，电影是虚构的，那些电影角色也是虚构的，因此人们总觉得人工智能技术缺乏真实感；人工智能是个很宽泛的话题，从手机上的计算器到无人驾驶汽车，到未来可能改变世界的重大变革。人工智能可以用来描述很多东西，所以人们会有疑虑。日常生活中人们已经不自觉在使用人工智能，还希望让所使用的计算机变得更智能。本章主要介绍人工智能包含的主要内容、研究方法、主要应用及人工智能的发展方向，以帮助人们正确认识信息-知识-智能的转换全过程中的具体逻辑规律，正确认识人工智能技术。

9.1   智能及其本质

在了解人工智能之前，首先要了解什么是智能，智能的本质是什么。智能一词来源于拉丁语，字面意思是采集、收集、汇集，并由此进行选择。一般认为，智能是指人类在认识世界和改造世界的活动中，由脑力劳动表现出来的能力。即个体对客观事物进行合理分析、判断及有目的的行动和有效处理周围环境事宜的综合能力。目前科学界已经从不同的角度、不同的侧面、采用不同的方法阐述了智能的本质，其中已经达成共识的大致可以概括为以下3点。

（1）智能具有感知能力。感知能力是指人们通过视觉、听觉、味觉、触觉等感觉器官感知外部世界的能力。人类的大脑具备感知能力，通过感知获取外部信息。如果没有感知，人类就无法获取前提知识，也就不可能引发各种智能行为。因此，感知是智能活动的必要条件。

（2）智能具有记忆和思维能力。记忆和思维是人脑最重要的功能，它们是人具有智能的根本原因，需要同时具备。记忆用于存储由感官器官感知到的外部信息以及由思维所产生的知识；思维用于对记忆的信息进行处理，利用已有知识对信息进行分析、计算、比较、判断、联想及对策等。思维是一个动态过程，是获取知识及运用知识求解问题的过程。思维分为逻辑思维（抽象思维）、形象思维（直感思维）以及顿悟思维3种。

（3）智能具有学习能力、自适应能力及行为能力。学习能力是指通过指导、实践等过程来丰富自身的知识和技巧的能力；自适应能力是指在各种环境下都能保持同等效率的能力；行为能力是指可以把思维决策转化为行动的能力。

9.2　人工智能的概念

美国斯坦福大学人工智能研究中心的尼尔逊教授给人工智能下了这样一个定义：人工智能是关于知识的学科，是怎样表示知识以及怎样获得知识并使用知识的科学。从人工智能所实现的功能来定义，人工智能是智能机器所执行的通常与人类智能有关的功能，如判断、推理、证明、识别学习和问题求解等思维活动。这些反映了人工智能学科的基本思想和基本内容，即人工智能是研究人类智能活动的规律。若是从实用观点来看，人工智能是一门知识工程学，以知识为对象，研究知识的获取、知识的表示方法和知识的使用。

9.2.1　人工智能的定义

人工智能至今尚无统一的定义，不同科学或学科背景的学者对人工智能有不同的理解，并提出了不同的观点。一般认为，人工智能是研究、开发用于模拟、延伸和扩展人的智能的理论、方法、技术及应用系统的一门新的技术科学。人工智能是计算机科学的一个分支，通过了解智能的实质，生产出一种新的能以与人类智能相似的方式做出反应的智能机器。

9.2.2　智能机器

智能机器也叫智能机器人，是指能够在各类环境中自主地或交互地执行各种拟人任务的机器，即让机器会"思考"。智能机器至少要具备三个要素：感觉要素、反应要素和思考要素。智能机器能够理解人类语言，用人类语言同操作者对话，在它自身的"意识"中单独形成了一种使它得以"生存"的外界环境。它能分析出现的情况，能调整自己的动作以达到操作者所提出的全部要求，能拟定所希望的动作，并在信息不充分的情况下以及环境迅速变化的条件下完成这些动作。

9.2.3　脑智能和群智能

群智能是有别于脑智能的，它们是属于不同层次的智能。脑智能是一种个体智能，而群智能是一种社会智能，或者说是系统智能。但对于人脑来说，宏观心理（或者语言）层次上的智能为脑智能，而无智能或简单智能的个体通过任何形式的聚集协同而表现出智能行为称为群智能。脑智能与神经元层次上的群智能又有密切的关系，正是由于微观生理层次上低级的神经元的群智能形成了宏观心理层次上高级的脑智能。

9.2.4　符号智能和计算智能

1．符号智能

符号人工智能简称符号智能，它是模拟脑智能的人工智能，也就是所说的传统人工智能或经典人工智能。符号智能以符号形式的知识和信息为基础，主要通过逻辑推理，运用知识进行问题求解。符号智能的主要内容包括知识获取、知识表示、知识组织与管理和知识运用等技术（这些构成了知识工程以及基于知识的智能系统等）。

2．计算智能

计算人工智能简称计算智能，它是模拟群智能的人工智能。计算智能以数值数据为基础，主要通过数值计算，运用算法进行问题求解。计算智能的主要内容包括神经计算、进化计算、免疫计算、粒群算法、蚁群算法、自然计算以及人工生命等。计算智能主要研究各类优化搜索算法，是当前人工智能学科中一个十分活跃的分支领域。

9.3　人工智能的发展简史

人工智能的历史源远流长。在古代的神话传说中，技艺高超的工匠可以制作人造人，并为其赋予智能或意识。现代意义上的 AI 始于古典哲学家用机械符号处理的观点解释人类思考过程的尝试。20 世纪 40 年代基于抽象数学推理的可编程数字计算机的发明使一批科学家开始严肃地探讨构造一个电子大脑的可能性。

回顾人工智能的产生与发展过程，人工智能可大致分为孕育、形成、知识应用和综合集成这 4 个阶段。

1. 孕育期

一般认为 AI 的最早工作是麦克卡洛（Warren Sturgis Mc Culloch）与匹茨（Walter Pitts）完成的。他们吸取了 3 种资源后提出一种人工神经元模型，从而成为了神经控制论和人工智能的奠基人。唐纳德·海布阐述了一种简单的更新规则，用于修改神经元间的连接强度。2 名普林斯顿大学数学系的研究生在 1951 年建造了第 1 台神经元网络计算机。

2. 形成期

人工智能诞生于 1956 年一次历史性的聚会。几位来自美国的数学、神经学、心理学、信息科学和计算机科学方面的杰出年轻科学家，在一起探讨并由麦卡锡提议正式采用了"人工智能（AI）"这一术语，从而诞生了一个研究如何用机器来模拟人类智能的新兴学科。1969 年的国际人工智能联合会议标志着人工智能得到了国际的认可。正当人们在为人工智能所取得的成就而高兴的时候，人工智能却遇到了许多困难。人工智能的先驱者们在反思中认真总结了人工智能发展过程中的经验教训，从而又开创了一条以知识为中心、面向应用开发的研究道路。

1956 年，在达特茅斯学院举行的一次会议上正式确立了人工智能的研究领域。会议的参加者在接下来的数十年间是 AI 研究的领军人物。他们中有许多人预言，经过一代人的努力，与人类具有同等智能水平的机器将会出现。同时，上千万美元被投入 AI 研究中，以期实现这一目标。最终研究人员发现自己大大低估了这一工程的难度，美国和英国政府于 1973 年停止向没有明确目标的人工智能研究项目拨款。七年之后受到日本政府研究规划的刺激，美国政府和企业再次在 AI 领域投入数十亿研究经费，但这些投资者在 20 世纪 80 年代末重新撤回了投资。AI 研究领域诸如此类的高潮和低谷不断交替出现，但至今仍有人对 AI 的前景做出异常乐观的预测。

人工智能学科虽然正式诞生于 1956 年的这次学术研讨会， 但实际上它是逻辑学、心理学、计算机科学、脑科学、神经生理学、信息科学等学科发展的必然趋势和必然结果。单就计算机来看，其功能从数值计算到数据处理，再下去必然是知识处理。实际上就其当时的水平而言，也可以说计算机已具有某种智能的成分了，因为计算机能自动地进行复杂的数值计算和数据处理。

3. 知识应用期

1977 年，费根鲍姆在第五届国际人工智能联合会议上正式提出了知识工程的概念。从此之后，各类专家系统得以发展，大量的商品化专家系统和智能系统纷纷推出。知识专家系统在全世界得到了迅速发展，其应用范围也扩大到了人类各个领域，并产生了巨大的经济效益。专家系统本身所存在的应用领域狭窄、缺乏常识性知识、知识获取困难、不能访问现存数据库等问题被逐渐暴露出来，人工智能又面临着一次考验。

4. 综合集成期

在专家系统方面，从 20 世纪 80 年代末开始逐步向多技术、多方法的综合集成与多学科、多领域的综合应用发展。大型专家系统开发采用了多种人工智能语言、多种知识表示方法、多种推理机制和多种控制策略相结合的方式，并开始运用各种专家系统外壳、专家系统开发工具和专家系统开发环境等。

目前，人工智能技术正在向大型分布式人工智能、大型分布式多专家协同系统、并行推理、多种专家系统开发工具、大型分布式人工智能开发环境和分布式环境下的多智能体协同系统等方向发展。但从目前来看，人工智能的理论、方法和技术都不太成熟，人们对它的认识也比较肤浅，甚至连人工智能能否归结、如何归结为一组基本原理也还是个问号，这些都还有待于人工智能工作者的长期探索。

人工智能是一个知识处理系统，而知识表示、知识利用和知识获取则成为人工智能系统的 3 个基本问题。

9.4　人工智能的主要内容

人工智能已构成信息技术领域的一个重要学科。因为该学科研究的是如何使机器（计算机）具有智能或者说如何利用计算机实现智能的理论、方法和技术，所以，当前的人工智能既属于计算机科学技术的一个前沿领域，也属于信息处理和自动化技术的一个前沿领域。但由于人工智能研究内容涉及"智能"，因此，人工智能又不局限于计算机、信息和自动化等学科，还涉及智能科学、认知科学、心理科学、脑及神经科学、生命科学、语言学、逻辑学、行为科学、教育科学、系统科学、数理科学，以及控制论、哲学甚至经济学等众多学科领域。所以，人工智能实际上是一门综合性很强的交叉学科和边缘学科。

9.4.1　搜索与求解

所谓搜索与求解，就是为了达到某一目标而多次进行某种操作、运算、推理或计算的过程。事实上，搜索是人在求解问题而不知现成解法的情况下采用的一种普遍方法。一方面这可以看作是人类和其他生物所具有的一种元知识；另一方面，人工智能的研究实践也表明，许多问题（包括智力问题和实际工程问题）的求解都可以描述为或者归结为对某种图或空间的搜索问题。人们进一步发现，许多智能活动（包括脑智能和群智能）的过程，甚至几乎所有智能活动的过程，都可以看作或者抽象为一个基于搜索的问题求解过程。因此，搜索技术就成为人工智能最基本的研究内容。

9.4.2　学习与发现

学习与发现是指机器的知识学习和规律发现。事实上，经验积累能力、规律发现能力和知识学习能力都是智能的表现。要实现人工智能就应该赋予机器这些能力，因此，关于机器的学习和发现技术就是人工智能的重要研究内容。

9.4.3 知识与推理

发现客观规律是一种有智能的表现，能运用知识解决问题也是有智能的表现，而且是最为基本的一种表现。而发现规律和运用知识本身还需要知识，因此可以说，知识是智能的基础和源泉。所以，要实现人工智能，计算机就必须拥有知识和且懂得运用知识。为此，人们就要研究面向机器的知识表示形式和基于各种表示的机器推理技术。知识表示要求便于计算机的接收、存储、处理和运用，机器的推理方式与知识的表示又息息相关。由于推理是人脑的一个基本功能和重要功能，因此，在符号智能中几乎处处都与推理有关。

9.4.4 发明与创造

这里的发明与创造是广义的，它既包括人们通常所说的发明与创造，如机器、仪器、设备等的发明和革新，也包括创新性软件、方案、规划、设计等的研制和技术、方法的创新以及文学、艺术的创作，还包括思想、理论、法规的建立和创新等。众所周知，发明与创造不仅需要知识和推理，还需要想象和灵感。它不仅需要逻辑思维，而且还需要形象思维。所以，这个领域应该说是人工智能中最富挑战性的一个研究领域。目前，人们在这一领域已经开展了一些工作，并取得了一些成果。例如，人们已展开了关于形象信息的认知理论、计算模型和应用技术的研究，已开发出计算机辅助创新软件，还尝试用计算机进行文艺创作等。但总的来讲，原创性的机器发明创造进展甚微，甚至还是空白。

9.4.5 感知与交流

感知与交流是指计算机对外部信息的直接感知和人机之间、智能体之间的直接信息交流。机器感知就是计算机直接"感觉"周围世界，就像人一样通过"感觉器官"直接从外界获取信息，如通过视觉器官获取图形、图像信息，通过听觉器官获取声音信息等。所以，机器感知包括计算机视觉、听觉等各种感觉能力。机器信息交流涉及通信和自然语言处理等技术，自然语言处理又包括自然语言理解和表达。感知和交流是拟人化智能个体或智能系统（如代理人和智能机器人）所不可缺少的功能组成部分，所以这也是人工智能的研究内容之一。

9.4.6 记忆与联想

记忆是智能的基本条件，不管是脑智能还是群智能，都以记忆为基础。记忆也是人脑的基本功能之一。在人脑中，伴随着记忆的就是联想，联想是人脑的奥秘之一。

计算机要模拟人脑的思维就必须具有联想功能，要实现联想无非就是建立事物之间的联系，在机器世界里就是有关数据、信息或知识之间的联系。当然，建立这种联系的办法很多，如用指针、函数、链表等，我们通常所说的信息查询就是这样做的。但传统方法实现的联想，只能对于那些完整的、确定的（输入）信息，联想起（输出）有关的信息。这种"联想"与人脑的联想功能相差甚远。人脑对那些残缺的、失真的、变形的输入信息，仍然可以快速准确地输出联想响应。

当前，在机器联想功能的研究中，人们利用这种按内容记忆原理，采用一种称为"联想存储"的技术来实现联想功能。联想存储的特点如下：①可以存储许多相关（激励，响应）模式对；②通过自组织过程可以完成这种存储；③可用分布、稳健的方式（可能会有很高的冗余度）存储信息；④可以根据接收到的相关激励模式产生并输出适当的响应模式；⑤即使输入激励模式失真或不完全时，仍然可以产生正确的响应模式；⑥可在原存储中加入新的存储模式。

9.4.7　系统与建造

系统与建造是指智能系统的设计和实现技术，它包括智能系统的分类、硬/软件体系结构、设计方法、实现语言工具与环境等。由于人工智能一般总要以某种系统的形式来表现和应用，因此，关于智能系统的设计和实现技术也是人工智能的研究内容之一。

9.4.8　应用与工程

应用与工程是指人工智能的应用和工程研究，这是人工智能技术与实际应用的接口。它主要研究人工智能的应用领域、应用形式、具体应用工程项目等。其研究内容涉及问题的分析、识别和表示，相应求解方法和技术的选择等。

9.5　人工智能的研究途径与方法

9.5.1　心理模拟，符号推演

心理模拟，符号推演就是从人脑的宏观心理层面入手，以智能行为的心理模型为依据，将问题或知识表示成某种逻辑网络，采用符号推演的方法，模拟人脑的逻辑思维过程，从而实现人工智能。

采用这一途径与方法的原因如下：①人脑可意识到的思维活动是在心理层面上进行的（如记忆、联想、推理、计算、思考等思维过程都是一些心理活动），心理层面上的思维过程可以用语言符号显式表达，从而人的智能行为就可以用逻辑来建模。②心理学、逻辑学、语言学等实际上也是建立在人脑的心理层面上的，从而这些学科的一些现成理论和方法就可供人工智能参考或直接使用。③当前的数字计算机可以方便地实现语言符号的知识表示和处理。④可以运用人类已有的显式知识（包括理论知识和经验知识）直接建立基于知识的智能系统。

9.5.2　生理模拟，神经计算

生理模拟，神经计算就是从人脑的生理层面，即微观结构和工作机理入手，以智能行为的生理模型为依据，采用数值计算的方法，模拟脑神经网络的工作过程，实现人工智能。具体来讲，就是用人工神经网络作为信息和知识的载体，用称为神经计算的数值计算方法来实现网络的学习、记忆、联想、识别和推理等功能。

9.5.3　行为模拟，控制进化

还有一种基于"感知—行为"模型的研究途径和方法，人们称其为行为模拟法。这种方法是用模拟人和动物在与环境的交互、控制过程中的智能活动和行为特性，如反应、适应、学习、寻优等，来研究和实现人工智能。基于这一方法研究人工智能的典型代表是 MIT 的布鲁克斯（R.Brooks）教授，他研制的六足行走机器人（也称为人造昆虫或机器虫），曾引起人工智能界的轰动。这个机器虫可以看做是新一代的"控制论动物"，它具有一定的适应能力，是一个运用行为模拟（即控制进化方法）研究人工智能的代表作。

9.5.4　群体模拟，仿生计算

群体模拟，仿生计算就是模拟生物群落的群体智能行为，从而实现人工智能。例如，模拟生物种群有性繁殖和自然选择现象而出现的遗传算法，进而发展为进化计算；模拟人体免疫细胞群而出现的免疫计算、免疫克隆计算及人工免疫系统；模拟蚂蚁群体觅食活动过程的蚁群算法；模拟鸟群飞翔的粒群算法和模拟鱼群活动的鱼群算法等。这些算法在解决组合优化等问题中表现出卓越的性能。而对这些群体智慧的模拟是通过一些诸如遗传、变异、选择、交叉、克隆等算子或操作来实现的，所以人们统称其为仿生计算。仿生计算的特点是，其成果可以直接付诸应用，解决工程问题和实际问题。

9.5.5　博采广鉴，自然计算

因为至今为止，人们对智能的科学原理还未完全弄清楚，所以在这种情况下研究和实现人工智能的一个自然的思路就是模拟自然智能。起初，人们知道自然智能源于人脑，于是，模拟人脑智能就是研究人工智能的一个首要途径和方法。后来，人们发现一些生命群体的群体行为也会表现出某些智能，于是，模拟这些群体智能，就成了研究人工智能的又一个重要途径和方法。现在，人们进一步从生命、生态、系统、社会、数学、物理、化学甚至从经济等众多学科和领域寻找启发和灵感，展开人工智能的研究。

9.5.6　原理分析，数学建模

原理分析，数学建模就是通过对智能本质和原理的分析，直接采用某种数学方法来建立智能行为模型。例如，人们用概率统计原理（特别是贝叶斯定理）处理不确定性信息和知识，建立了统计模式识别、统计机器学习和不确定性推理的一系列原理和方法。又如，人们用数学中的距离、空间、函数、变换等概念和方法，开发了几何分类、支持向量机等模式识别和机器学习的原理和方法。人工智能的这一研究途径和方法的特点也就是纯粹用人的智能去实现机器智能。

基于概率分析的医学诊断程序已经能够在某些医药学领域达到专家医师的水平。有一个案例，一个淋巴结病理学方面的权威专家嘲笑程序对一个特别困难的病例的诊断。程序的创造者建议他听听计算机对诊断的解释。机器指出了影响判断的主要因素，并解释了该病例中的一些微妙的病发症状，最终，专家同意了程序的诊断。

9.6　人工智能的应用

人工智能技术可分为符号智能和计算智能，其应用十分广泛，主要涉及以下 15 个方面的应用。

9.6.1　难题求解

这里的难题，主要指那些没有算法解，或虽有算法解但在现有机器上无法实施或无法完成的困难问题，如智力性问题中的梵塔问题、N 皇后问题、旅行商问题、博弈问题等；又如，现实世界中复杂的路径规划、车辆调度、电力调度、资源分配、任务分配、系统配置、地质分析、数据解释、天气预报、市场预测、股市分析、疾病诊断、故障诊断、军事指挥、机器人行动规划等。在这些难题中，有些是组合数学理论中所称的非确定型多项式（Nondeterministic Polynomial,

NP）问题或 NP 完全问题。NP 问题是指那些既不能证明其算法复杂性超出多项式界，但又未找到有效算法的一类问题。PROVERB 是一个可以解纵横字谜的计算机程序，能比大多数人解得都好。它使用了对可能的填充词的约束，一个以前字谜的庞大数据库，以及多种信息资源，包括词典及诸如包含电影及演出演员清单的联机数据库。参照人在各种活动中的功能，可以得到人工智能的领域，有人进行智力活动的领域就是人工智能研究的领域。人工智能就是为了应用机器的长处来帮助人类进行智力活动。

9.6.2　自动规划、调度与配置

在上述的难题求解中，自动规划、调度与配置问题是实用性、工程性最强的一类问题。自动规划一般指设计制定一个行动序列，如机器人行动规划、交通路线规划；调度就是一种任务分派或者安排，如车辆调度、电力调度、资源分配、任务分配，调度的数学本质是给出两个集合间的一个映射；配置则是设计合理的部件组合结构，即空间布局，如资源配置、系统配置、设备或设施配置。

从问题求解角度看，自动规划、调度、配置三者又有一定的内在联系，有时甚至可以互相转化。事实上，它们都属于人工智能经典问题之一的约束满足问题。这类问题的解决体现了计算机的创造性。所以，自动规划、调度、配置问题求解也是人工智能的一个重要研究领域。

在远离地球几百万公里的太空，NASA（美国航空航天局）的远程智能体程序成为第一个船载自主规划程序，用于航天器的操作调度。远程智能体根据地面指定的高级目标生成规划，并且在规划的执行过程中监视航天器的运转，一旦发现问题就进行检测、诊断以及恢复。

在 1991 年的波斯湾危机中，美国军队配备了一个动态规划和重规划工具——DART，用于自动后勤规划和运输调度。这项工作同时涉及 5 万车货物和人，而且可以考虑起点、目的地、路径以及解决所有参数之间的冲突。AI 规划技术使一个规划可以在几小时内产生，而用旧的方法则需要花费几个星期。

9.6.3　机器定理证明

机器定理证明也是人工智能的一个重要的研究课题，它也是人工智能最早的研究领域之一。机器定理证明是最典型的逻辑推理问题，它在发展人工智能方法上起到重要作用。例如，关于谓词演算中推理过程机械化的研究，帮助人们更清楚地了解某些机械化推理技术的组成情况。很多非数学领域的任务，如医疗诊断、信息检索、规划制定和难题求解，都可以转化成一个定理证明问题，所以机器定理证明的研究具有普遍的意义。

机器定理证明的方法主要有以下 4 类。

（1）自然演绎法，其基本思想是依据推理规则，从前提和公理中可以推出许多定理，如果待证的定理恰在其中，则定理得证。

（2）判定法，即对一类问题找出统一的在计算机上可实现的算法解。在这方面一个著名的成果是我国数学家吴文俊教授于 1977 年提出的初等几何定理证明方法。

（3）定理证明器，它研究一切可判定问题的证明方法。

（4）计算机辅助证明，它是以计算机为辅助工具，利用机器的高速度和大容量，帮助完成手工证明中难以完成的大量计算、推理和穷举。

9.6.4　自动程序设计

自动程序设计就是让计算机设计程序。具体来讲，就是只要给出关于某程序要求的非常高级的描述，计算机就会自动生成一个能完成这个要求目标的具体程序。所以，这相当于给机器配置了一个"超级编译系统"，它能够对高级描述进行处理，通过规划过程，生成所需的程序。但这只是自动程序设计的主要内容，它实际上是程序的自动综合。自动程序设计还包括程序自动验证，即自动证明所设计程序的正确性。这种程序描述可能是采用形式语言的一条精辟语句，也可能是一种松散的描述，这就要求在系统和用户之间进行进一步对话来澄清语言的模糊。自动程序设计重大贡献之一是作为问题求解策略的一种选择，自动程序设计也是人工智能和软件工程相结合的研究课题。

9.6.5　机器翻译

机器翻译就是完全用计算机作为两种语言之间的翻译。机器翻译由来已久，早在电子计算机问世不久，就有人提出了机器翻译的设想，随后就开始了这方面的研究。当时人们总以为只要用一部双向词典及一些语法知识就可以实现两种语言文字间的机器互译，结果却遇到了挫折。例如，当把"光阴似箭"的英语句子"Time flies like an arrow"翻译成日语，然后再翻译回来的时候，竟变成了"苍蝇喜欢箭"。

9.6.6　智能控制

智能控制就是把人工智能技术引入控制领域，建立智能控制系统。智能控制具有两个显著的特点：第一，智能控制是同时具有知识表示的非数学广义世界模型和传统数学模型混合表示的控制过程，也往往是含有复杂性、不完全性、模糊性或不确定性，以及不存在已知算法的过程，并以知识进行推理，以启发来引导求解过程；第二，智能控制的核心在于高层控制，即组织级控制，其任务在于对实际环境或过程进行组织，即决策与规划，以实现广义问题求解。

由美国卡内基·梅隆大学机器人学院、NavLab 实验室和视觉与自动化系统研究中心（VASC）联合开发的 ALVINN 计算机视觉系统被训练成用于驾驶汽车沿车道行进的系统。它安置在 CMU 的 NAVLAB 计算机控制微型汽车上，并用来导航穿越美国——行程 2850km，其中 98%的时间由这个系统掌控方向盘，另外 2%的时间由人驾驶。NAVLAB 装有给 ALVINN 传送道路图像的视频摄像机，ALVINN 在以前训练行驶获得经验的基础上计算出最佳的驾驶方向。

9.6.7　智能管理

智能管理就是把人工智能技术引入管理领域，建立智能管理系统。智能管理是现代管理科学技术发展的新动向。智能管理是人工智能与管理科学、系统工程、计算机技术及通信技术等多学科、多技术互相结合、互相渗透而产生的一门新技术、新学科。它研究如何提高计算机管理系统的智能水平，以及智能管理系统的设计理论、方法与实现技术。

智能管理系统是在管理信息系统、办公自动化系统、决策支持系统的功能集成和技术集成的基础上，应用人工智能专家系统、知识工程、模式识别、人工神经网络等方法和技术，进行智能化、集成化、协调化，设计和实现的新一代的计算机管理系统。

9.6.8　智能决策

　　智能决策就是把人工智能技术引入决策过程，建立智能决策支持系统。智能决策支持系统是在 20 世纪 80 年代初被提出来的，它是决策支持系统与人工智能，特别是专家系统相结合的产物。它既充分发挥了传统决策支持系统中数值分析的优势，也充分发挥了专家系统中知识及知识处理的特长，既可以进行定量分析，又可以进行定性分析，能有效地解决半结构化和非结构化的问题，从而扩大了决策支持系统的范围，提高了决策支持系统的能力。

　　智能决策支持系统是在传统决策支持系统的基础上发展起来的，传统决策支持系统再加上相应的智能部件就构成了智能决策支持系统。智能部件可以有多种模式，如专家系统模式、知识库系统模式等。专家系统模式把专家系统作为智能部件，这是目前比较流行的一种模式，它是一个智能计算机程序系统，其内部具有大量专家水平的某个领域知识与经验，能够利用人类专家的知识和解决问题的方法来解决该领域的问题。也就是说，专家系统是一个具有大量专门知识与经验的程序系统，它应用人工智能技术，根据某个领域一个或多个人类专家提供的知识和经验进行推理和判断，模拟人类专家的决策过程，以解决那些需要专家决定的复杂问题。该模式适合于以知识处理为主的问题，但实现它与决策支持系统的接口比较困难。知识库系统模式是知识库作为智能部件。在这种情况下，决策支持系统就是由模型库、方法库、数据库、知识库组成的四库系统。这种模式接口比较容易实现，其整体性能也较好。目前专家系统是人工智能研究中开展较早、最活跃、成效最多的领域，广泛应用于医疗诊断、地质勘探、文化教育等各方面。它是在特定的领域内具有相应的知识和经验的程序系统，它应用人工智能技术、模拟人类专家解决问题时的思维过程，来求解领域内的各种问题，以达到或接近专家的水平。

9.6.9　智能通信

　　智能通信就是把人工智能技术引入通信领域，建立智能通信系统。智能通信就是在通信系统的各个层次和环节上实现智能化。例如，在通信网的构建、网管与网控、转接、信息传输与转换等环节，都可实现智能化。这样，网络就可在最佳状态下运行，使呆板的网变成活化的网，使其具有自适应、自组织、自学习和自修复等功能。

9.6.10　智能仿真

　　利用人工智能技术能对整个仿真过程（包括建模、实验运行及结果分析）进行指导，能改善仿真模型的描述能力，在仿真模型中引进知识表示将为研究面向目标的建模语言打下基础，提高仿真工具面向用户、面向问题的能力。从另一方面来讲，仿真与人工智能相结合可使仿真更有效地用于决策，更好地用于分析、设计及评价知识库系统，从而推动人工智能技术的发展。正是基于这些方面，近年来，将人工智能特别是专家系统与仿真相结合，就成为仿真领域中一个十分重要的研究方向，引起了大批仿真专家的关注。

9.6.11　智能人机接口

　　智能人机接口就是智能化的人机交互界面，也就是将人工智能技术应用于计算机与人的交互界面，使人机界面更加灵性化、拟人化、个性化。显然，这也是当前人机交互的迫切需要和人机接口技术发展的必然趋势。事实上，智能人机接口已成为计算机、网络和人工智能等学科共同关注和通力合作的研究课题。该课题涉及机器感知，特别是图形图像识别与理解、语音识别、自然语言处理、机器翻译等诸多 AI 技术，另外，还涉及多媒体、虚拟现实等技术。智能接口技术的研究既有巨大的应用价值，又有基础的理论意义。目前，智能接口技术已经取得了显著成果，文字识别、语音识别、语音合成、图像识别、机器翻译以及自然语言理解等技术已经开始实用化。

9.6.12　模式识别

识别是人和生物的基本智能信息处理能力之一。事实上，我们几乎时刻都在对周围世界进行着识别。而所谓模式识别，是指利用计算机进行物体识别，这里的物体一般指文字、符号、图形、图像、语音、声音及传感器信息等形式的实体对象，并不包括概念、思想、意识等抽象或虚拟对象。模式识别属于心理、认知及哲学等学科的研究范畴。也就是说，这里所说的模式识别是狭义的模式识别，它是人和生物的感知能力在计算机上的模拟和扩展。经过多年的研究，模式识别已发展成为一个独立的学科，其应用十分广泛，在信息、遥感、医学、影像、安全、军事等领域，模式识别已经取得了重要成效，特别是基于模式识别而出现的生物认证、数字水印等新技术正方兴未艾。近年来迅速发展起来的应用模糊数学模式、人工神经网络模式的方法逐渐取代传统的用统计模式和结构模式的识别方法。特别是神经网络方法在模式识别中取得了较大进展。当前模式识别主要集中在图形识别和语音识别领域。图形识别方面，如识别各种印刷体和某些手写体文字，识别指纹、白血球和癌细胞等技术已经进入实用阶段。语音识别方面主要研究各种语音信号的分类。语音识别技术近年来发展很快，现已有商品化产品（如扫描仪）上市。

计算机视觉已从模式识别的一个研究领域发展为一门独立的学科。视觉是感知问题之一。整个感知问题的要点是形成一个精练的表示，用以表示难以处理的、极其庞大的未经加工的输入数据。最终表示的性质和质量取决于感知系统的目标。机器视觉的前沿研究领域包括实时并行处理、主动式定性视觉、动态和时变视觉、三维景物的建模与识别、实时图像压缩传送和复原、多光谱和彩色图像的处理与解释等。机器视觉已在机器人装配、卫星图像处理、工业过程监控、飞行器跟踪和制导以及电视实况转播等领域获得极为广泛的应用。

9.6.13　数据挖掘与数据库中的知识发现

数据挖掘（DM，也称数据开采、数据采掘等）和数据库中的知识发现（KDD）的本质含义是一样的，只是前者主要用于统计、数据分析、数据库和信息系统等领域，后者则主要用于人工智能和机器学习等领域，所以现在有关文献中一般都把二者同时列出。

DM 与 KDD 现已成为人工智能应用的一个热门领域和研究方向，其涉及范围非常广泛，如企业数据、商业数据、科学实验数据、管理决策数据、Web 数据的挖掘和发现。

9.6.14　机器博弈

机器博弈是人工智能最早的研究领域之一，而且一直经久不衰。早在人工智能学科建立的1956 年，塞缪尔就成功研制了一个跳棋程序。1959 年，装有这个程序的计算机就击败了塞缪尔本人，1962 年又击败了美国一个州的冠军。1997 年 IBM 的"深蓝"计算机以 2 胜 3 平 1 负的战绩击败了蝉联 12 年之久的世界国际象棋冠军加里·卡斯帕洛夫，轰动了全世界（见图 9.1）。2001 年，德国的"更弗里茨"国际象棋软件更是击败了当时世界排名前 10 位棋手中的 9 位，计算机的搜索速度达到创纪录的 600 万步每秒。2016 年 3 月阿尔法围棋（AlphaGo）对战世界围棋冠军、职业九段选手李世石，并以 4∶1 的总比分获胜（见图 9.2）。

虽然"深蓝"与"AlphaGo"都表现为机器博弈，但两者区别很大。"深蓝"之所以能够有超人的绝佳表现，几乎纯粹是靠运算能力：它被输入了数百万个国际象棋案例，因此能在众多可能性中进行筛选，从而确定下一步棋的最佳位置。但是，围棋比国际象棋还是要复杂得多，国际象棋中，平均每回合有 35 种可能，一盘棋可以有 80 回合；相比之下，围棋每回合有 250 种可能，一盘棋可以长达 150 回合。围棋落子的可能性要多得多，即便是运算速度最快的计算机都无法模拟哪怕其中一小部分。阿尔法围棋（AlphaGo）的主要工作原理是"深度学习"。"深度学习"是指多层的人工神经网络和训练的方法。一层神经网络会把大量矩阵数字作为输入，通过非线性激活方法取权重，再产生另一个数据集合作为输出。这就像生物神经大脑的工作机理一样，通过合适的矩阵数量，多层组织链接在一起，形成神经网络"大脑"并进行精准复杂的处理。阿尔法围棋（AlphaGo）是通过两个不同神经网络"大脑"合作来改进下棋的。其大脑是多层神经网络，跟那些 Google 图片搜索引擎识别图片在结构上是相似的，它们从多层启发式二维过滤器开始，去处理围棋棋盘的定位，就像图片分类器网络处理图片一样。经过过滤，通过完全连接的神经网络层产生，对它们做分类和逻辑推理。这些网络通过反复训练来检查结果，再去校对调整参数，让下次执行更好。这个处理器有大量的随机性元素，所以人们不可能精确知道网络是如何"思考"的，但经过更多的训练能让它进化得更好。在下棋程序中应用的某些技术，如向前看几步，把复杂的问题分解成一些比较容易的子问题等，均可发展演变为搜索、归纳这样的人工智能的基本技术。"阿尔法围棋"生动地诠释了新方法的威力。这个方法创建了一个几乎完全靠自学，并通过观察成功与失败案例来掌握得胜技巧的系统。目前，该项目技术发展很快。可以预见，人工智能打败人类最顶尖的围棋选手，这将成为人工智能发展的另外一座里程碑。

机器人足球赛是机器博弈的另一个战场。近年来，国际大赛不断，盛况空前。现在这一赛事已波及全世界的许多大专院校，激起了大学生们的极大兴趣和热情。

事实表明，机器博弈现在不仅是人工智能专家们研究的课题，而且已经进入了人们的文化生活。机器博弈是对机器智能水平的测试和检验，它的研究将有力推动人工智能技术的发展。

图 9.1 1997 年 5 月，超级电脑"深蓝"对战国际象棋大师卡斯帕罗夫

图 9.2 2016 年 3 月，阿尔法围棋对战世界围棋冠军、职业九段选手李世石

9.6.15 智能机器人

机器人分为一般机器人和智能机器人。一般机器人是指不具有智能，只具有一般编程能力和操作功能的机器人。而智能机器人一般至少要具备以下 3 个要素：一是感觉要素，用来认识周围环境状态；二是运动要素，对外界做出反应性动作；三是思考要素，根据感觉要素所得到的信息，思考出采用什么样的动作。

智能机器人也是当前人工智能领域一个十分重要的应用领域和热门的研究方向。由于它直接面向应用，社会效益强，所以，其发展非常迅速。事实上，有关机器人的报道，近年来在媒体上已频频出现，如工业机器人、太空机器人、水下机器人、家用机器人、军用机器人、服务机器人、医疗机器人、运动机器人、助理机器人、机器人足球赛、机器人象棋赛……几乎应有尽有。

图 9.3　智能机器人系统组成

现在很多外科医生在显微外科手术中使用机器人助手。Hipnav 使用计算机视觉技术创建病人的内部解剖三维模型系统，然后系统利用机器人控制引导插入股骨假体。设计一个能完成上述操作任务的机器人很难，因此开发高智能机器人是一个重要研究方向。

一般来说，智能机器人包括机构、结构本体、驱动传动、能源动力、感知等系统。机器人核心部件包括伺服电机、减速器及控制器、驱动器及传感器（见图 9.3）。

虽然工业机器人已广泛应用于各大门类工业领域，但主要在结构化环境中执行各类确定性任务。工业机器人面临操作灵活性不足、在线感知实时作业弱等问题。服务机器人是应对未来全球人口老龄化趋势加剧的核心手段，存在无法接收抽象指令、难与人有效沟通、人机协调合作能力不足、安全机制欠缺等问题。特种机器人是代替人类在极地、深海、外星、核辐射、军事战场、自然和人为灾害等危险甚至不可达区域执行任务的重要手段，存在依赖离线编程、在动态未知环境中依赖人类远程操作等问题。机器人在智能和自主方面与人存在巨大差距，机器人的进一步发展必然要寻求作业能力的提升、人机交互能力的改善及安全性能的提高。

智能机器人的研制几乎需要所有的人工智能技术，而且还涉及其他许多科学技术部门和领域。所以，智能机器人是人工智能技术的综合应用，其能力和水平已经成为人工智能技术水平甚至人类科学技术综合水平的一个体现。

当今的人工智能研究与实际应用的结合越来越紧密，受应用的驱动越来越明显。现在的人工智能技术已同整个计算机科学技术紧密地结合在一起，其应用也与传统的计算机应用越来越相互融合，有的则直接面向应用。归纳起来，人工智能技术形成了以下 5 条主线。

（1）从专家（知识）系统到代理人（Agent）系统和智能机器人系统。

（2）从机器学习到数据挖掘和数据库中的知识发现。

（3）从基于图搜索的问题求解到基于各种智能算法的问题求解。

（4）从单机环境下的智能程序到以 Internet 和 WWW 为平台的分布式智能系统。

（5）从智能技术的单一应用到各种各样的智能产品和智能工程（如智能交通、智能建筑）。

9.7　人工智能的发展方向

9.7.1　人工智能历史的大事件

1950 年，阿兰·图灵出版《计算机与智能》。

1956 年，约翰·麦卡锡在美国达特茅斯计算机大会上创造"人工智能"一词。

1956 年，美国卡内基·梅隆大学展示世界上第一个人工智能软件的工作。

1958 年，约翰·麦卡锡在麻省理工学院发明 lisp 语言———一种 AI 语言。

1964 年，麻省理工学院的丹尼·巴洛向世人展示，计算机能掌握足够的自然语言从而解决了开发计算机代数词汇程序的难题。

1965 年，约瑟夫·魏岑堡建造了 ELIZA———一种互动程序，它能以英语与人就任意话题展开对话。

1969 年，斯坦福大学研制出 SHAKEY，它是一种集运动、理解和解决问题能力于一身的机器人。

1979 年，第一台计算机控制的自动行走器"斯坦福车"诞生。

1983 年，世界第一家批量生产统一规格计算机的公司"思考机器"诞生。

1985 年，哈罗德·科岑编写的绘图软件 Aaron 在 AI 大会亮相。

20 世纪 90 年代，AI 技术的发展在各个领域均展示长足发展——学习、教学、案件推理、策划、自然环境认识及方位识别、翻译，乃至游戏软件等领域都瞄准了 AI 的研发。

1997 年，IBM（国际商用机械公司）制造的计算机"深蓝"击败了国际象棋冠军加里·卡斯帕罗夫。

20 世纪 90 年代末，以 AI 技术为基础的网络信息搜索软件已是国际互联网的基本构件。

2000 年，互动机械宠物面世。麻省理工学院推出了会做数十种面部表情的机器人 Kisinel。

2005 年，谷歌软件完成的阿拉伯转英文翻译和中文转英文翻译。

2011 年由 IBM 公司开发的能使用自然语言回答问题的人工智能程序沃森（Watson）参加美国智力问答节目，打败了两位人类冠军。

2015 年，谷歌 DeepMind 宣布它的软件在 29 款雅特丽游戏中达到了人类级别的表现。

2016 年，由谷歌 DeepMind 开发的 AlphaGo，通过组合低层次特征形成更加抽象的高层表示，以发现数据的分布式特征表示，为模拟人脑提供了可能。

9.7.2　需求推动人工智能的发展

商业上的成功，成为实验室研究工作的催化剂。AI 的边界正一步步向人类智慧逼进。

全球的高科技实验室不约而同盯上了 AI 大脑，这其中响当当的名字包括卡内基·梅隆大学，IBM 和日本的本田汽车公司。

在比利时，Starlab（星实验室）正开发一种能取代真猫大脑工作的人工大脑。据"人工大脑网站"报道，它将拥有约 7500 个人工脑神经细胞。该人工大脑能自如地操控猫咪行走，玩耍毛线球。

软件在将复杂决策程序化整为零方面取得突破。像外貌识别等看似简单的人类能力实际涉及广泛、复杂的认知和判断步骤。今天的计算机软件越来越精于模仿人类最精细的思维。而计算机硬件在追赶人脑能力方面也不遗余力。

美国商用机器公司（IBM）于 2000 年 6 月 28 日研制的超高速巨型计算机是为美国能源部"提高战略运算能力计划（ASCI）"制造的，它已经有人脑 0.1% 的运算能力。

斯坦福大学 AI 领域的首席专家埃里克·霍维兹及其许多同行相信，AI 技术迎来突破发展的日子近在眼前，那时，AI 将细分并派生出跨越广泛领域的学科。

关于智能机器人（AI），人们最迫切希望知道的问题是，它真能和人一样聪明吗？许多科学家相信，这只是个时间上的问题。IBM 的霍恩估计比较保守，他认为 AI 赶上人还需要 40~50 年时间。人们还迫切想知道智能机器人能代替人类吗？回答是否定的，因为智能机器的进步主要表现为计算和决策能力的提升，任何机器都必须按照固定的规则运行。然而人类生活的现实世界最大的特点是没有绝对、固定的规则，在局部、单个层面上也许存在特定的规律，但总体上则复杂到了人不可能完全掌握的程度，无论是数学、物理学还是社会科学，探索的空间都无穷无尽。机器人在工作强度、运算速度和记忆功能方面可以超越人类，但在意识、推理等方面不可能超越人类。它们无法复制创造力，无法重组更高级的抽象概念，无法基于很少的信息或事例想象未来，它们没有直觉；而所有人类、包括科学家都是有直觉的。所以，智能机器的发展历程还会很漫长，人类还不必想象所谓机器人统治人类的末日恐惧。人们只有正确看待和使用智能机器人，才能使其更好地服务人类、造福人类。

9.7.3　人工智能发展的方向与趋势

人工智能的近期研究目标是研制可代替人类从事脑力劳动的智能计算机，要准确地预测人工智能的未来是不可能的。但是，从目前的一些前瞻性研究可以看出未来人工智能可能会向 4 个方面发展：模糊处理、并行化、神经网络和机器情感。目前，人工智能的推理功能已获突破，学习及联想功能正在研究之中，下一步就是模仿人类右脑的模糊处理功能和整个大脑的并行化处理功能。人工神经网络是未来人工智能应用的新领域，未来智能计算机的构成，可能就是作为主机的冯·诺依曼机与作为智能外围的人工神经网络的结合。研究表明：情感是智能的一部分，而不是与智能相分离的，因此人工智能领域的下一个突破可能在于赋予计算机情感能力。情感能力对于计算机与人的自然交往至关重要。人工智能一直处于计算机技术的前沿，人工智能研究的理论和发现在很大程度上将决定计算机技术的发展方向。

人工智能技术的发展趋势可能如下。

（1）从独立进行的过程仿真走向与相关技术进行组合的功能仿真。

（2）从机器替代走向机器参与。

（3）从机器思维走向机器辅助人脑思维。

（4）从机器学习走向机器帮助人学习。

在机器翻译技术的发展过程中，几乎涉及了人工智能技术发展中的所有上述问题。应该说，如果机器翻译界（乃至人工智能界）能够克服在没有确立基本方法论的状态下急于进行实际应用课题的盲目探索，而是更广泛地吸收科学界的不同意见，投入更多的精力来不断进行人工智能基本方法论的探讨，将不会经历如此漫长的艰苦探索。

克隆技术、转基因技术的巨大突破却可能使人们设计创造出具有生命、甚至具有智能的东西。现在的生物技术已使人们相信，将来人们完全可把不同的基因加以组合，然后在生物工厂中利用这些基因繁殖细胞，生长出一个具有生命的东西，那么这个东西就具有了智能。更让人担忧的是，有机体完全可以同无机体结合在一起，在动物身上植入芯片已不稀奇。

1999 年 6 月 4 日互联网周刊报道说，一群科学家用微型电极对置于培养皿中的蚂蟥神经细胞进行了电刺激，这些细胞在受到刺激后会互相"通信"。科学家们然后用每个神经细胞代表特定的整数，并将各神经细胞相连，最终该生物计算机成功地得出各数字相加的正确结果。神经细胞是动物大脑思考和解决问题的基本通信组件，虽然不同动物拥有的神经细胞数目差别很大，但其功能却基本类似。佐治亚理工学院科学家说，他们之所以选用神经细胞较少的蚂蟥，主要因为早先的很多研究已比较深入地揭示了蚂蟥神经细胞的工作机理。科学家们的研究目前还停留在非常原始的阶段，他们下一步的计划是使该"蚂蟥计算机"实现乘法功能，并希望最终能研制出在硅片上生长神经细胞以及将该硅片与现有计算机芯片结合的技术，制造出更接近人脑工作方式的计算机。科学家们说，现有计算机必须有程序的"指导"才能完成特定的信息处理任务，由于动物活的神经细胞具有自我组织信息、甚至自我思考的能力，因此将其与现有电子计算机结合后，将有助于提高计算机的"智能"。

这个试验结果令人鼓舞，正如光的波动性和粒子性经过了漫长岁月的对立之后，由爱因斯坦证明了光是同时具有波粒二象性（Wave-particle Duality）一样，我们完全有理由相信，连接主义、符号主义和行为主义等人工智能方法会以百家争鸣的方式发展下去，最后以生物计算机等方式统一起来，实现真正的人工智能。就像任何新事物的产生一样，人工智能的发展必然是曲折的，人工智能也必然和其他科学一样，为人类的发展做出贡献。

21 世纪是信息化在全球普遍开展的时代，作为现代信息技术的精髓，人工智能技术必然成为新世纪科学技术的前沿和焦点。

21 世纪，人工智能会涉及人性化智能机器人、生命科学和脑科学等领域的研究。

习　题

1. 什么叫人工智能？"图灵测试"揭示了什么？
2. 如何理解符号智能和计算智能？
3. 简述人工智能包含的主要内容。
4. 如何理解搜索与求解运行机理？这些对我们学习过程有何帮助？
5. 如何理解艺术创作是人工智能研究的内容？
6. 简述人工智能的研究途径与方法。
7. 举例说明难题求解方法解决的实际问题。
8. 举例说明模式识别在人工智能技术应用中的地位与作用。
9. 为什么说智能机器不能代替人类？
10. 计算机技术与人工智能技术结合的主要方面是什么？

第 10 章
自动化与智能控制

10.1　自动控制理论的发展

自动控制理论是在人类认识自然和改造自然的历史中不断发展、完善起来的。它是自动控制技术的理论基础，是研究自动控制系统组成、分析和设计的一般性理论，是研究自动控制共同规律的一门技术学科。自动控制理论的发展是与控制技术的发展密切相关的。自动控制理论的发展历史，大致可分为以下 4 个阶段。

1. 经典控制理论阶段

利用反馈对系统实施控制有着悠久的历史。例如，古代发明的油灯和酒桶的液面控制系统就是一个典型的例子。它要求不管从桶中汲取多少液体，总能保持液面是满的，其工作原理和现代卫生间的水箱很相似。大约在公元前 250 年，菲隆（Philon）发明的一种油灯，就是采用浮球调节器来保持油面高度的稳定。

人们普遍认为最早应用于工业过程的闭环自动控制装置，是 1788 年左右瓦特（J.Watt）发明的离心调速器，它被用来控制蒸汽机的转速。此装置利用飞球的转动控制阀门的开度，进而控制进入蒸汽机的蒸汽流量，从而控制蒸汽机的转速。

1868 年之前，自动控制系统发展的主要特点是凭借直觉的发明。比如瓦特，他是位实干家，但他并没有对调速器进行理论分析。后来有人发现并从微分方程的角度讨论了系统的稳定性问题，从而开始了反馈控制动力学问题的研究。

首先对反馈控制的稳定性进行系统研究的是英国物理学家麦克斯韦尔（J.C.Maxwell），1868 年他的一篇论文"论调节器"，基于微分方程描述，从理论上给出了系统的稳定性条件是其特征方程的根是否具有负实部，开辟了用数学方法研究控制系统中运动的途径，开创了控制理论研究的先河。

1877 年英国数学家劳斯（E.J.Routh）及 1895 年德国数学家霍尔维茨（A.Hurwitz）分别独立给出了高阶线性系统的稳定性判据——劳斯判据和霍尔维茨判据；同一时期，俄国数学家李雅普诺夫（A.M.Lyapunov）也开始研究运动的稳定性，1892 年，他发表了题为"运动稳定性的一般问题"的论文，用严格的数学分析方法全面讨论了稳定性问题，为线性和非线性理论奠定了坚实的理论基础，Lyapunov 稳定性理论至今仍然是分析系统稳定性的重要方法之一。

1922 年米罗斯基（N.Minorsky）给出了位置控制系统的分析，并对 PID 控制给出了控制规律公式；他研制了船舶操纵自动控制器，并且证明了如何从描述系统的微分方程中确定系统的稳定性。1942 年，齐格勒（J.G.Zigler）和尼科尔斯（N.B.Nichols）又给出了 PID 控制器的最优参数整定法。上述研究基本上是建立在微分方程基础上，是时域法。

1932 年奈奎斯特（Nyquist）提出了负反馈系统的频率域稳定性判据。这种方法只需利用频率响应的实验数据，不用导出和求解微分方程。根据这一理论，波德（H.Bode）进一步研究通信系统频域方法，于 1940 年前后提出了频域响应的对数坐标图描述方法，提出了反馈放大器的一般设计方法。这就是频域分析法。1943 年，霍尔（A.C.Hall）利用传递函（复数域模型）和方框图，把通信工程的频域响应方法和机械工程的时域方法统一起来，人们称此方法为复域方法。频域分析法主要用于描述反馈放大器的带宽和其他频域指标。

第二次世界大战结束后，经典控制技术和理论基本建立。1948 年伊万思（W.Evans）又进一步提出了属于经典方法的根轨迹设计法，它给出了系统参数变换与时域性能变化之间的关系，其依据是系统参数变化时，特征方程式根变化的几何轨迹。直到现在，它还是系统设计和稳定性分析的一个重要方法。至此，复数域与频率域的方法得以进一步完善。

综上所述，由于工业技术发展的需要，在其他相关学科的发展促进下，经典控制理论逐渐发展成熟而形成独立的学科。以 Nyquist 稳定性判据和 Bode 图为核心的频率域分析法和根轨迹分析法两大系统分析工具配之以数学解析方法的时域分析法，构成了经典控制理论的基础。在经典控制理论的研究中，所使用的数学工具主要是线性微分方程、基于拉普拉斯变换的传递函数和基于傅里叶变换的频率特性函数；研究对象基本上是单输入单输出系统，以线性定常系统为主。在此阶段，较为突出的应用是直流电动机调速系统、高射炮随动跟踪系统和一些初期的过程控制系统等。

2. 现代控制理论阶段

经典控制理论以传递函数作为系统数学模型，常利用图表进行分析设计，可以通过实验方法建立数学模型，物理感念清晰，至今仍得到广泛的工程应用，推动了现代科学技术的进步和发展。但是 经典控制理论只适应单输入单输出线性定常系统，对于系统内部状态缺少了解，因此研究对象和范围有限，还不能解决控制中的许多复杂问题。从 20 世纪 50 年代开始，由于航空航天技术和电子计算机的迅速发展，在经典控制理论充分发展的基础上，又形成了所谓的"现代控制理论"，这是人类在自动控制技术认识上的一次飞跃。许多经典控制理论不能解决的问题，在此期间都开始得到满意的答案。

现代控制理论研究所使用的数学工具主要是状态空间法，研究的对象更为广泛，如线性系统与非线性系统、定常系统与时变系统、多输入多输出系统、强变量耦合系统等。

为现代控制理论的状态空间法的建立做出开拓性贡献的有美国的贝尔曼（R.Bellman）、卡尔曼（R.E.Kalman）和苏联的庞特里雅金（L.S.Pontyagin）。20 世纪 50 年代，他们开始考虑用常微分方程作为控制系统的数学模型，这个工作在很大程度上是由于人造地球卫星的开发而提出的。卫星要求重量轻、控制精确，在分析和设计中用常微分方程作为数学模型比较方便，而且数字计算机的发展已经有可能解决过去尚不能实现的计算问题。在此期间，李雅普诺夫的工作开始应用到控制中来，维纳等人在第二次世界大战期间关于最优控制的研究也被推广到研究轨迹的优化问题。1954 年贝尔曼的动态规划理论、1956 年庞特里雅金的极大值原理、1960 年卡尔曼的多变量最优控制和最优滤波理论等研究工作不是利用频率响应和特征方程，而是在标准形式或状态形式的微分方程的基础上直接进行，并且大量使用计算机，这就是状态空间方法。状态空间方法属于时域方法，它以状态空间描述（实际上是一阶微分或差分方程组）作为数学模型，利用计算机作为系统建模分析、设计乃至控制的手段，适用于多输入多输出、非线性、时变系统；它不但在航空、航天、制导与军事武器控制中有成功的应用，在工业生产过程中也得到逐步应用。

3. 大系统控制理论阶段

20 世纪 70 年代开始，一方面现代控制理论继续向深度和广度发展，出现了一些新的控制方法和理论。例如，现代多变量频域理论，该理论以传递函数矩阵作为数学模型，研究线性定常多变量控制系统；自适应控制理论和方法，该方法以系统辨识和参数估计为基础，处理被控对象的不确定和缓时变，在实时辨识基础上在线确定最优控制规律；鲁棒控制方法，该方法在保证系统稳定性和其他性能基础上，设计不变的鲁棒控制器，以处理数学模型的不确定性；预测控制方法，该方法是一种计算机控制算法，在预测模型的基础上，采用滚动优化和反馈校正，可以处理多变量系统。

另一方面，控制理论应用范围不断扩大，从个别小系统的控制，发展到对若干个相互关联的子系统组成的大系统进行整体控制，从传统的工程控制领域推广到包括能源、运输、环境、经济管理、生物工程、生物医学等大系统以及社会科学领域，人们开始对大系统理论进行研究。

大系统理论是过程控制与信息处理相结合的综合自动化的理论基础，是动态的系统工程理论，具有规模庞大、结构复杂、功能综合、目标多样、因素众多等特点。它是一个多输入、多输出、多干扰、多变量的系统。例如，人体就可以看成一个大系统，其中有体温的控制、化学成分的控制、情感的控制、动作的控制等。

大系统理论目前仍处在发展阶段。

4. 智能控制理论阶段

智能控制理论是近年来新发展起来的一种控制技术，是建立在现代控制理论的发展和其他相关学科的发展基础上的，是人工智能在控制上的应用。所谓智能，全称人工智能，是基于人脑的思维、推理决策功能而言的。智能控制的概念和原理主要是针对被控对象、环境、控制目标或任务的复杂性提出来的，它的指导思想是依照人的思维方式和处理问题的技巧，解决那些目前需要人的智能才能解决的复杂控制问题。被控对象的复杂性体现在模型的不确定性、高度非线性、分布式的传感器和执行器、动态突变、多时间标度、复杂的信息模式、庞大的数据量以及严格的性能指标等，而环境的复杂性则表现为变化的不确定性和难以辨识。试图用传统的控制理论和方法去解决复杂的对象、复杂的环境和复杂的任务是不可能的。

智能控制理论的研究是从"仿人"的概念出发的，以人工智能的研究为方向，引导人们去探讨自然界更为深刻的运动机理。当前研究的方向包括模糊控制理论研究、人工神经元网络研究以及混沌理论研究和专家控制系统，并且有许多研究成果产生。不依赖于系统数学模型的模糊控制器等工业控制产品已投入使用，超大规模集成电路芯片（VLSI）的神经网络计算机已经运行，美国宇航专家应用混沌控制理论将一颗将要报废的人造卫星仅利用自身残存的燃料成功地发射到了火星等。

智能控制理论的研究与发展，在信息与控制学科研究中注入了蓬勃的生命力，启发与促进了人的思维方式，标志着信息与控制学科的发展远没有止境。

10.2 自动化

当今世界的科学技术发展日新月异，微电子、计算机、互联网、物联网、机器人、3D 打印、云计算、高速列车、磁悬浮列车、智能手机、智能交通、神舟飞船、纳米材料、基因工程等令人目不暇接，新技术不断涌现，新产品层出不穷，与信息、材料、能源、制造、生物工程等相关联的高新技术不断推陈出新，对社会产生了深刻的影响。它们使很多行业都发生了根本性变革，并在很大程度上改变了人们的生活方式、出行方式，而且其影响日益巨大，变革日益激烈，改变日益显著。在这缤纷多彩的现代科技的百花园中，自动化就是这万紫千红中的一朵奇葩。

10.2.1　自动化的基本概念

如今的时代不仅是数字化、网络化和信息化的时代，也是自动化的时代。自动化是伴随人类的发展而发展的，人类文明越进步，自动化程度就越高。自动化技术的应用领域已远远超出了工业生产、航空航天、国防军事等传统范畴，脱去了神秘的外衣，渗透进了各行各业，跨入了千家万户。自动化在飞速发展的同时，也正在迅速普及，自动化的身影无处不在，自动化装置随处可见，到处都有自动化系统在运行、在工作、在为人们服务。

空调机自动使房间的温度保持恒定，电冰箱自动使食物保鲜，洗衣机自动洗净衣物，电梯自动把人们送到想去的楼层，商店的自动门随着人的接近和离开而自动开闭，红外线防盗装置能自动探测出有陌生人闯入并进行报警，电力系统自动维持电源的电压幅值和频率的恒定，数控机床和数控加工中心自动完成零部件加工。自动化生产线源源不断地制造出人们所需要的各种产品，机器人自动完成装配、焊接、抛光、喷漆、处理危险品等各种各样的任务，无人机自动进行气象探测、遥感测绘、侦查监视、攻击作战等，现代农业的各种自动化装置和自动化机械可进行播种、灌溉、施肥、杀虫、收割等，火箭自动把人造卫星送上预定轨道，火炮自动进行瞄准和射击，导弹自动修正轨迹以击中目标，汽车、火车、飞机等各种交通工具中的自动化系统使人们能够安全、舒适、快捷地到达目的地。

当我们享受着自动化带来的所有便利和好处时，我们是否想过自动化到底是怎么一回事？它包含哪些核心内容？涉及哪些基本原理？能给我们带来多大好处？它是如何发展到今天的？未来的前景又如何？

现在我们就从自动化的基本概念出发，去遨游神奇的自动化世界。

什么是自动化？"自动化"一词是一个比较笼统的、形象化的概念，并没有一个明确统一的定义。"机械化"强调的是大规模使用机器，"电气化"强调的是普遍应用电力，"信息化"强调的是大范围利用计算机、网络等现代技术工具高效地获取、处理、分析和利用信息，而"自动化"的重点是在"自动"二字上，是一个动态的发展过程：过去，人们对自动化的理解或者说它的功能目标是以机械的动作代替人力操作，自动地完成特定的作业，这实质上是自动化代替人的体力劳动的观点。后来随着电子和信息技术的发展，特别是随着计算机的出现和广泛应用，自动化的概念已扩展为不仅利用机器(包括计算机)代替人的体力劳动而且还代替（或辅助）人的脑力劳动，以自动地完成特定的作业。

通俗地讲，自动化就是利用机器、设备或装置代替人或帮助人自动地完成某个任务或实现某个过程；具体来讲，自动化是指在没有人的直接参与（或尽量少参与）的情况下，利用各种技术手段，通过自动检测、信息处理、分析判断、操纵控制，使机器、设备等按照预定的要求自动运行，实现预期的目标，或使生产过程、管理过程、设计过程等按照人的要求高效自动地完成。

下面举几个比较典型的例子，看看自动化系统通常是如何工作的及自动化过程是如何进行的。

（1）自动恒温空调——自动调节房间温度

利用自动化的空调系统（见图 10.1）来调节房间的温度，人要做的只是用遥控器设定好期望的温度值，剩下的事情空调系统会帮你自动完成。通常情况下，空调系统是如何工作的呢？

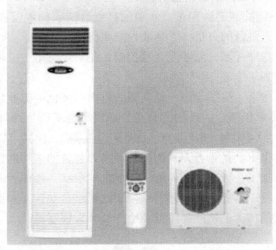

图 10.1　空调系统（室内外主机）示意图

空调系统的"心脏"是压缩机，压缩机放在室外机中。压缩机运行，制冷剂也不断循环，制冷剂在循环过程中先被压缩，然后再膨胀蒸发，利用压缩时产生的热量——制热，膨胀蒸发时，利用热量被吸收制冷。以冬季取暖为例，空调系统通过它的"感觉器官"——温度传感器检测房间的温度高低，空调控制器将检测的温度与设定值进行比较，若温度低于设定值的下限，则会使压缩机运行，温度上升，在温度上升到设定值的上限时，压缩机则停止运行。很显然，此时空调的运行是基于反馈信息（温度测量值）的基础，属于"反馈控制"，也是最为常见的控制方式。反馈控制方式是自动化系统中应用最为普遍的控制方式，同时也是自动化系统中最为核心的组成部分。

（2）全自动洗衣机

图 10.2　全自动洗衣机示意图

用全自动洗衣机（见图 10.2）洗衣服，较常用的方式：由人来选择最合适的洗涤程序，一旦程序确定，洗衣机就会严格按照预先设定好的程序一丝不苟、按部就班地工作。这是自动化系统的另一种典型工作方式——程序控制。更高档的全自动洗衣机还具有一定的"智能"，并拥有较多的"感觉功能"，能够检测出被洗衣物量的多少、脏的程度、衣料的质地等，并根据这些信息自动进行分析、计算，决定洗涤剂的用量、水位的高低、洗衣的强度和洗衣时间等，从而实现"智能型"的全自动洗衣。人要做的只是将衣物放入洗衣机和接通电源。这种工作方式实际上既包含了反馈控制，又包含了程序控制，属于混合型控制，在实际应用中也是很常见的。

（3）数控机床和数控加工中心

数控机床和数控加工中心（见图 10.3）是典型的机电一体化的工业自动化设备。数控机床是计算机技术与传统机械技术相结合的产物，是在普通机床的基础上增加了计算机控制及检测部分，相当于给机床添加了"大脑"和"感觉器官"，赋予了"智慧"，使其可以做更复杂的事情，完成难度更大的任务。数控加工中心是带有刀具库和自动换刀装置的多功能数控机床，能自动完成多种工序和复杂形状的产品加工。要把零部件加工成要求的形状，操作者只需要把零部件的相关数据输入到机器的"大脑"——计算机中，机器就会根据要求自动选择和更换刀具，并指挥刀具沿着设定的形状进行高精度的加工，使产品质量和生产效率大幅度提高。

图 10.3　数控加工中心示意图

（4）现代战机和武器系统

现代战机（见图 10.4 和图 10.5）在攻击目标时，可以在几十千米、甚至几百千米以外就将导弹发射出去，最新型的导弹可以做到"发射后不管"，即在发射后能够自动搜寻、跟踪和击毁目标，是一种高度自动化的攻击方式。导弹发射后，战机无需对其进行引导就可以立即返航，被攻击方可能连战机的影子还未见到就已经被摧毁了。

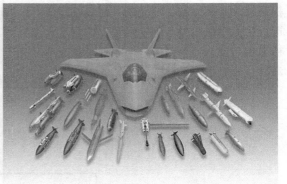

图 10.4　战斗机发射导弹　　　　　图 10.5　战机的武器系统

（5）计算机辅助设计

计算机辅助设计（Computer Aided Design，CAD）是综合运用计算机软、硬件及网络技术来实现产品设计过程的自动化。通常，设计者只要输入相关数据（如产品的规格、功能、要求等），计算机就能完全自动地进行分析、计算和设计，并自动输出设计的结果。利用 CAD 技术，不仅能大幅度减少设计人员的工作量，而且还能显著提高设计水平、缩短产品开发周期、降低产品的成本，从而提高企业及其产品在市场上竞争力，因此 CAD 技术目前已被广泛应用于服装、纺织、建筑、汽车、机械、造船、电子、航空航天、消费品生产等诸多行业领域。

近年来，与 CAD 关系密切的虚拟制造技术（Virtual Manufacturing Technology）发展非常迅猛，它以 CAD 技术、实时三维图像技术、虚拟现实交互技术和计算机仿真技术为基础，对产品的设计、生产过程统一建模，在计算机上实现产品设计、加工和装配、检验到使用的整个生命周期的模拟和仿真。采用这种技术，可以在产品的设计阶段就模拟出产品及其性能和制造过程，依此来优化产品的设计质量和制造过程，优化生产管理和资源规划，以达到产品开发周期和成本的最小化、产品设计质量的最优化和生产效率的最高化，从而形成企业的市场竞争优势。虚拟制造技术目前已成功应用于飞机工业、汽车产业、军事装备、电子产品等诸多制造领域，并正在迅速扩大应用范围。

10.2.2　自动化的发展历程

自动化技术的产生和发展经历了漫长的历史过程。从古至今，人类一直都有创造自动化装置以减轻或代替人体力和脑力劳动的想法。例如，中国古代的能自动指向的指南车、能自动计时的漏壶，17 世纪欧洲的利用风力驱动的磨坊控制装置，古希腊的能自动开启大门的教堂等。尽管这些发明互不相关，但都对自动化技术的形成起到了先导作用。

自动化的发展历程虽然可以追溯到几千年前，但真正对社会的生产和生活方式产生了巨大影响的当数英国机械师瓦特（Watt）的蒸汽机及其转速自动调节装置。在蒸汽机时代，能自动稳定运行的蒸汽机是大规模工业生产必不可少的动力机械。

科学技术的发明通常都不是一个人完成的，而是很多人知识经验的积累、智慧和汗水的结晶。人们习惯上说瓦特发明了蒸汽机，实际上严格地讲，蒸汽机并不是瓦特发明的，纽可门和卡利两人才是史学界公认的"蒸汽机之父"，瓦特只是创造性地对纽可门的蒸汽机进行了重大改进，解决了热效率和传动方式两个关键性的技术问题，从而使蒸汽机真正成为了能广泛应用的动力源。纽可门蒸汽机是在多项技术成果的基础上于 1705 年问世的，瓦特从 1764 年开始涉足蒸汽机领域，并在 1784 年完成了对纽可门蒸汽机的改造。蒸汽机的运行需要保持转速基本恒定，但运行过程存在很多不确定因素，如蒸汽压力波动、负荷变化等，都影响到蒸汽机的转速，因此瓦特又在 1788 年利用离心力原理研制成功了能使蒸汽机转速保持恒定的离心调速器，这是实现蒸汽机自动运行的关键装置（见图 10.6）。

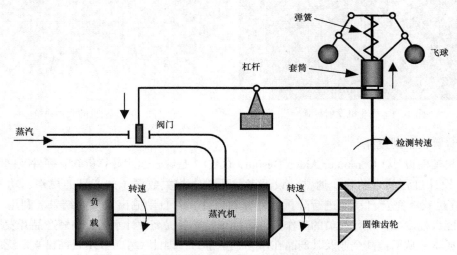

图 10.6　基于离心调速器的蒸汽机转速控制系统原理图

那么什么是离心调速器呢？如图 10.6 所示，离心调速器的核心部件实际上主要是两个飞球，飞球转起来以后因为离心力，就会向外张开，转速不同则飞球张开的程度不同，因而会带动下面的套筒上升或下降，再通过杠杆装置使蒸汽阀门关小或开大，从而自动调节转速。若蒸汽机转速过高，飞球就张开得多一些，从而使蒸汽阀门关小一些，蒸汽机转速下降；反之则飞球张开得少一些，就会使蒸汽阀门开大一些，蒸汽机转速就会上升。这就是离心调速器为什么能使转速基本恒定的道理，调节过程实际上就是反馈控制，反馈的信息是转速，调速器根据反馈信息自动改变蒸汽阀门的开度，从而维持转速基本不变。

直观地看，离心调速器的飞球做得越大，离心越大，调节的力量就越强，控制的精度就应当越高。但实践中发现，球做大了以后，蒸汽机的运行反而变得不平稳了，转速忽高忽低，也就是说，转速产生了振荡现象。这是什么原因呢？工程师们最初主要是在阀门、弹簧等硬件方面找原因，都未能解决问题；后来通过分析，并借助于麦克斯韦尔（Maxwell）、劳斯（Routh）、霍尔维茨（Hurwitz）等物理学家和数学家的稳定性理论，将调速器和蒸汽机看作一个完整的系统，建立相应的微分方程来进行研究，才彻底搞清楚了问题的根源。实际上，问题是由离心调速器的飞球质量和杠杆装置的传动比例设置不当引起的。也就是说，离心调速器相当于一个放大转换装置，将蒸汽机转速的偏差放大转换成蒸汽阀门的开度，其放大比例过高就会引起系统不稳定。由此可见，社会需求是技术发展的动力，而技术在发展过程中经过不断地总结经验逐步上升为理论，理论反过来指导实践；两者相辅相成，相互推动。

离心调速器实际上也并非完全是瓦特的发明，在此之前，已经有了应用这类装置的例子，如风力磨房的速度调节，所以瓦特的贡献只是有针对性地将其应用到了蒸汽机的转速调节上，只不过习惯上将其和瓦特的蒸汽机相联系，故称为瓦特的离心调速器。

不管其产生的背景和过程如何，瓦特的蒸汽机及其离心调速器都具有重要的里程碑意义，它不仅为大规模使用机器的工业生产（见图 10.7）奠定了基础，引发了以"机械化"为特征的第一次工业革命，而且也代表着自动化初级阶段的开始。

图 10.7　蒸汽时代的工厂模拟图

"蒸汽时代"维持了差不多 100 年，到了 19 世纪下半叶，随着电磁感应、发电机、电动机、电磁波等的发明和应用，人类进入了"电气时代"。由于电能所具有的突出特点，电力迅速取代了蒸汽动力，电动机获得了广泛应用，从而掀起了以"电气化"为主要标志的第二次工业革命。在此次变革中，继电器、接触器、断路器、放大器、电磁调速器等各种简单的电气控制装置被大量地应用到生产设备中，显著提高了生产效率和工厂的自动化水平，改善了产品质量及生产的安全性，标志着自动化发展的第二个里程碑。在此基础上，美国福特汽车公司于 1913 年建成了最早的汽车装置流水线，1926 年建成了加工汽车底盘的自动生产线，从而使单件生产方式发展成大批量生产方式，显著提高了劳动效率和产品质量，降低了生产成本，对劳动分工、社会结构、教育制度和经济发展都产生了重要影响。1946 年，美国福特公司的机械工程师 D.S.哈德最先提出来"自动化"一词，并用来描述发动机气缸的自动传送和加工的过程。

19 世纪末至 20 世纪中叶是自动化技术和理论发展的关键时期。理论发展的动力主要源于两个方面：一是大规模工业生产对广泛应用各种自动化装置的需求；二是第二次世界大战对改进武器系统性能的需求，当时主要想解决雷达跟踪、火炮控制、舰船控制、鱼雷导航、飞机导航等技术问题。在自动化技术方面，由于大多数自动化系统都采取了反馈控制方式，因此需要从理论上搞清楚反馈系统的基本原理和设计方法，几种一直沿用至今的著名方法都是在这一时期提出来的，并逐步形成了以分析和设计单输入单输出系统为主要内容的经典控制理论，如奈奎斯特（Nyquist）提出的基于系统频率响应特性的分析方法、伊万思（Evans）提出的分析系统性能如何随增益变化的根轨迹法、李雅普诺夫（Lyapunov）关于运动稳定性的分析方法等。经典控制理论的主要思想是首先将系统表达为一个输入/输出微分方程（通常为高阶），而高阶微分方程难以直接在时间域进行分析和求解，所以需要利用复变函数等数学工具将其变换为代数方程，这样就容易分析系统的性能了。同一时期，美国数学家维纳（Wiener）于 1948 年出版了著名的《控制论》一书，比较了工程控制系统与生物机体中的某些控制机制以及人类的思考和行为方式，高度概括了各类系统的共同特征，强调了反馈控制原理的普遍适用性；1954 年，我国著名科学家钱学森出版的《工程控制论》一书，系统阐述了控制论在工业领域的应用，对自动化的发展具有重要意义。

20世纪60年代，航空航天领域发展迅速，涉及大量的多输入多输出系统的最优控制问题，用经典的控制理论已难以求解，于是产生了以状态空间方法为核心的第二代控制理论（通常称为"现代控制理论"）。所谓的"状态空间方法"，简单地讲，就是将描述系统运动规律的高阶微分方程转换为一阶微分方程组来进行分析，由于对一阶微分方程可以在时间域直接进行分析和求解，所以该方法属于"时域法"。现代控制理论已成功应用于人造卫星的发射、登月飞行、导弹的制导、飞机的控制等。

计算机的出现对自动化的发展至关重要，其影响和作用是毋庸置疑的。自从1946年第一台电子数字计算机诞生以来，计算机已从采用电子管、晶体管、中小规模集成电路发展到了大规模、超大规模集成电路，其体积越来越小，成本却越来越低，这就为自动化领域广泛采用计算机奠定了基础。从20世纪60年代开始，随着计算机应用于自动化领域，自动化技术发生了根本性的转变，由处理连续时间变量转变为处理离散时间变量或数字量，自动化系统变得更加"聪明"——能适应更复杂的情况，改变控制方式只需要改变软件，即修改计算机程序，无需更换硬件设备，而且既能实现简单的控制，也能够实现模仿人类智能的高级控制或复杂的最优控制，使系统性能达到最佳状态，因此，自动化系统越来越多地采用了计算机作为控制和调节装置。这一阶段可以被称为"数字化"或"计算机化"。

从20世纪70年代开始，随着微型计算机的普及和计算机网络的发展，自动化领域又开始了一次重大变革，由基于单台计算机、单个受控设备的单机自动化演变为基于网络和多台计算机、多台受控设备的多机协同自动化，这一过程通常称为"网络化"。"网络化"可以是一个工程的几台设备相连接，也可以是整个车间、整个工厂、整个企业乃至由分布在世界各地的企业构成的企业集团连接成网络，或者由从企业内部的局域网和互联网有机结合，从而构成全球化的生产和管理系统。自动化系统不再是独立存在的"孤岛"，而是通过网络连接成的有机整体，可以实现各种信息和各种技术的综合集成，可以将管理功能和自动控制功能结合在一起，形成"管控一体化"系统，对系统内的各个子系统进行协调控制，实现综合效益和性能的最优，而不是局部的最优。除此之外，还可以更多地引入人工智能和智能控制技术，以更为灵活的方式来执行人类更高层次的智能活动，在复杂和不确定的环境中自动完成信息获取、分析判断、综合决策、逻辑推理、学习调整等任务。"网络化"的综合自动化系统目前已广泛应用于工业、农业、国防、电力、交通、智能建筑、智能家居等领域，代表了自动化发展的趋势。

另一方面，从理论发展的角度，自动化系统的"网络化"是系统规模越来越大，复杂程度越来越高。例如，对大型企业的综合自动化系统、全国铁路自动调度系统、国家电网自动调度系统、空中交通管制系统、城市交通控制系统、自动化指挥和作战系统等复杂大系统的分析与研究推动了大系统控制、网络控制、智能控制、非线性系统控制等相关理论和方法的发展。

自动化正朝着"数字化""网络化""集成化""智能化"和"综合化"方向快速发展。需要说明的是，综合自动化包含了很丰富的内涵，它是一个随时代而演变的概念，除了上述的发展趋势外，目前值得一提的主要有两个动向：一个动向是由于认识到机器不可能完全取代人，机器所能实现的"智能"是有限的，因此不再追求完全的"无人化"，而是将人作为自动化系统的一部分，充分发挥人的优势，形成由智能机器和人类专家共同组成的"人机一体化"智能自动化系统，合作完成诸如分析、构思、推理、判断和决策等智能活动；另一个动向是自动化系统应当从设计、运行、维护到报废整个过程考虑对环境的影响和可持续发展问题，实现最有效地利用资源，最大限度地减少对人类的损害和对环境的污染，尽可能少地产生废弃物，这就是所谓的"绿色化"，其内涵包括人机和谐、洁净生产、有害电磁谐波的抑制、考虑整个产品生命周期的绿色制造、减少或消除自动化过程中的信息污染等。

纵观自动化的发展历程，可以得出以下几点结论。

（1）自动化的发展史体现了人类总是在寻求把今天的事情交给明天的机器或设备去完成，并尽可能地通过机器设备来延伸和超越自己的聪明才智、扩展和创新自身的器官功能。

（2）自动化的发展始终是和社会需求紧密联系在一起的，几次大的发展阶段更是如此，而且都是由重大社会需求驱动。

（3）自动化的发展具有鲜明的时代特征。在任何阶段产生的先进技术，只要在自动化领域有"用武之地"，总会最快地"为己所用"，从蒸汽机、电力、电子技术到计算机、网络、通信、检测等信息技术，无一例外。换句话讲，新技术、新发明、新创造往往给自动化带来新的机遇、新的挑战和新的发展，并有可能从根本上改变自动化的存在形式和实现方式。

（4）由于自动化研究的重点是整个系统，而不仅仅是某个局部，再加上其应用领域广泛，因此必然涉及多学科的交叉融合，其发展过程充分体现了科学技术的综合作用，既离不开机械、电气、自动控制及其他信息技术，同时也紧密依托了数学、系统科学等相关理论学科的发展，而且还需要根据其应用领域的不同，了解相关领域的专门知识。

（5）"自动化会导致失业率增加"的观点早已不攻自破。自动化在把人从枯燥乏味、劳神费力、繁重危险的工作中解放出来的同时，也创造了大量新的就业机会，包括自动化行业及相关产业从原材料供给、产品设计、生产、维护到产品销售、售后服务等各个环节。历史上，自动加工和装配生产线、机器人、计算机综合自动化系统等的产生和发展过程都无可辩驳地证明了这一点，现在已经没有人再对此进行无谓的争论了。

（6）自动化具有很强的渗透性和普遍适用性，其应用不仅从工业领域扩展到了非工业领域，而且也从工程领域扩展到了非工程领域，如办公自动化、楼宇自动化、交通自动化、医疗自动化、农业自动化、家庭自动化、商业自动化、管理自动化、社会控制、经济控制等。随着技术和理论的发展，自动化系统将在更大程度上模仿人的智能，并更多地能采用智能机器人，以期在未来科技的发展和社会进步中发挥更加重要的作用。

10.2.3　自动化的作用与应用概况

自动化使人们的生活与工作更加方便、高效、省心、省力；自动化使生产过程的效率更高、成本更低、产品质量更好、竞争力更强、对环境的影响和冲击更小，并显著地降低能源和原材料消耗；自动化使人们能够做很多以前无法做的事情，如通过载人航天器翱翔太空、"九天揽月"，借助无人潜水器探测深海，利用机器人处理危险品、爆炸物、核废料，利用人造卫星实现全球通信等；自动化已经实现了人类的很多梦想，未来必将实现更多的梦想。

机器延伸了人的四肢，计算机延伸了人的大脑，传感器及检测技术延伸了人的感官，通信技术延伸了人的神经传导和信息传递功能，而自动化则全面提升、取代和扩展了人的功能。

早期的自动化使人类从体力上获得了解放，其作用主要体现在能自动取代人的很多操作及系统调整活动。例如，自动保持工业过程中的流量、温度、压力、液位、厚度、张力、酸碱度、真空度等基本恒定，机床和轧钢设备中主轴转速的稳定，以及保持军事装备对运动目标的随动跟踪、火炮的自动瞄准、运动物体的自动驾驶等。现代的自动化则已发展为综合自动化，通过与计算机及网络系统的结合，可以对数据自动进行采集和处理，自动完成分析、设计、计算、优化、协调、决策等，并将管理功能与现场设备的自动化控制功能融为一体，不仅对单一设备，而且对多种不同性质、类型、分布在不同区域的设备和装置进行综合控制和协调控制，从而使人不仅从体力上，也从脑力上获得了很大程度的解放；现在，综合自动化系统的规模越来越大，应用越来越广，如电力系统、交通系统、城市自来水系统、国防军事系统、全球化生产系统等。

自动化广泛应用于工业、农业、交通、国防、商业、医疗、航空航天、服务和家庭等各个领域，下面列举几个常见的自动化应用类型。

（1）工厂自动化

工厂自动化（Factory Automation）主要包括生产设备、生产线、生产过程、管理过程等的自动化，如数控机床、数控加工中心、工业机器人、自动传送线、无人运输车、自动化仓库等都是自动化设备。由这些设备及计算机监控中心可以构成自动化生产线或自动化无人工厂。生产过程自动化则主要针对温度、压力、流量、液位、成分等连续变量的控制，涉及化工、炼油、发电、冶金、纺织、制药等众多行业，一般由各种自动检测仪表、调节装置和计算机等组成自动化生产系统。管理过程自动化一般包含一个网络化的计算机信息管理系统，通过该系统可实现全厂乃至整个企业集团生产、信息采集与处理、财务、人事、技术与设备等的自动化管理。

生产自动化与管理自动化是整个工业生产系统不可分割、密切相关的两个方面，二者的有机结合或一体化通常称为"管控一体化"或"综合自动化"（见图10.8），体现了现代化工业生产的发展趋势，可以实现从需求分析、产品预订、产品设计、产品生产到产品销售、用户信息反馈及售后服务全方位的高水平自动化，从而最迅速地对市场做出反应，最大限度地满足客户需求、提高生产效率、确保产品质量、减少原材料和能源等各种消耗。

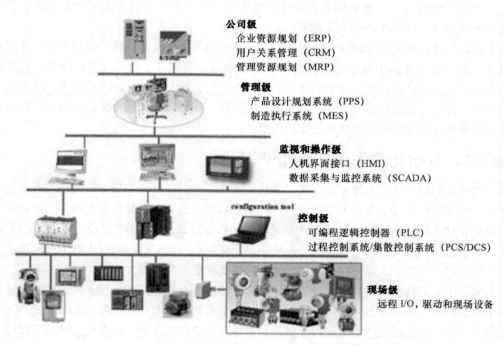

图 10.8 一种工厂"管控一体化"系统的系统结构图

（2）办公自动化

办公自动化（Office Automation，OA）目前并没有统一的定义，主要指利用计算机、扫描仪、复印机、传真机、电话机、网络设备、配套软件等各种现代化办公设备和先进的通信技术，高效率地从事办公业务，广泛、全面、迅速地收集、整理、加工、存储和使用各种信息，为科学管理和决策服务。

办公自动化通常有以下三个层次。

① 事务级 OA，包括文字处理、电子排版、电子表格处理、文件收发登录、电子文档管理、办公日程管理、人事管理、财务统计、报表处理等；

② 信息管理级 OA，在事务级 OA 的基础上，利用数据库技术进行信息管理，如各种政务信息的管理，企业对经营计划、市场动态、供销业务、库存统计等信息的管理等；

③ 决策支持型 OA，在信息管理级 OA 基础上，利用数据库提供的信息，由计算机执行决策程序，进行综合分析、做出相应的决策。

若将上述 3 个层次作一个概括性的描述，则第一个层次只能用计算机处理文件；第二个层次可以用计算机查询各种资料数据；第三个层次则可由计算机自动分析相关资料，自动提供若干个可供决策者采用的解决方案，属于"智能型"的办公自动化。

办公自动化正朝着计算机网络化和智能化分析方向发展。

（3）家庭自动化

家庭自动化（Home Automation）主要指家庭生活服务或家庭信息服务的自动化。例如，空调可以让人们在家里享受"四季如春"；洗衣机能够免除人们洗衣服的辛劳；防盗安保系统可以自动探测到陌生人的闯入并报警；自动抄表系统将水电气的信息自动传送给相关的公司；计算机网络使人们足不出户就可以获取信息、收发邮件、预订机票和酒店、完成购物等。

随着网络技术在家庭中的普及和网络家电、信息家电的成熟，更高层次的家庭自动化是利用中央微处理机及网络统一管理和控制所有的家电设备，既可以在家里通过键盘、触摸式屏幕、按钮等设备将指令发送至中央微处理机，也可以在外面通过电话、手机或互联网发出指令，获取工作状态的信息，接收提示或报警等。

家庭自动化正在向智能化和网络化方向发展。

（4）楼宇自动化

楼宇自动化（Building Automation）系统主要是对建筑物中所有能源、机电、消防、安全保护设施等实行高度自动化和智能化的统一管理，以创造出一个有适宜温度、湿度、亮度、空气清新、节能高效、舒适安全和方便快捷的工作或生活环境。

楼宇自动化系统包含很多子系统，通常有空调与通风监控系统、给排水监控系统、照明监控系统、电力供应监控系统、电梯运行监控系统、综合防盗保安系统、消防监控系统、停车场监控系统等；能够自动调节室温、湿度、灯光、供水压力、电源电压、空气质量等；能自动控制防火、防盗及门禁系统等设备。

（5）交通自动化

交通自动化（Traffic Automation）是在水、陆、空各个运输领域综合运用计算机、通信、检测、自动控制等先进技术，以实现对交通运输系统的自动化管理和控制。交通自动化追求的目标是安全、快捷、舒适、准点和经济，主要涉及交通状况的监控与管理、交通信息的提供与服务、运输系统的最优化运行与控制等。

城市交通的管理与控制是交通自动化的重要内容，其发展目标早已超越了一般意义上的自动化，是要在网络化和自动化的基础上实现智能化。图 10.9 为一种常见的城市智能交通管理系统的总体结构，其中最核心的是集成管控与指挥调度中心系统。它不仅是交通指挥中心的管控平台，也是为交通指挥系统服务的统一信息平台,可实现信息交换与共享、快速反应决策与统一调度指挥,还可以通过对采集到的大量交通数据进行分析、加工处理,来实施交通控制、管理、决策和指挥。一般的城市智能交通管理系统,通常包含指挥调度中心系统和智能交通信号控制系统,以及电子警察、综合交通监测、实时交通诱导、交通信息服务、交通组织优化与仿真等子系统。

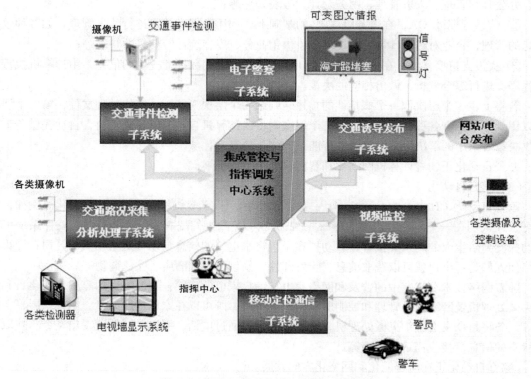

图 10.9　城市智能交通管理系统的总体结构

　　智能化的交通自动化系统是高科技前端采集技术与后台智能化分析决策软件的整合系统,具有很好的兼容性和扩展性,不仅能够从点到线、从点到面地进行区域联网,覆盖整个城市,还可以扩展到城市以外更广泛的区域。

　　除了城市交通管理的自动化外,汽车、地铁、列车、飞机等运输工具自身就采用了大量的自动控制技术。例如,在汽车中,对发动机最佳点火时刻和空气燃料比的控制可以使发动机工作在最佳状态;自动变速器可以根据车速等参数自动进行换挡;自动巡航控制系统可以自动保持车速恒定,不受负载和路况变化的影响;用于动力辅助转向的自动控制系统可使用户轻松自如地操纵方向盘并完成转向;基于雷达或红外线探测仪的安全控制系统可根据路况自动调节车速,与其他车辆或障碍物保持安全距离,并在紧急情况下发出警报或自动刹车避让,进一步还可以发展为全自动的无人驾驶,从而大大提高驾驶的舒适性、安全性和道路通行效率。

　　交通自动化正在走向智能化、信息化和综合自动化,其发展方向是将人、车、路及环境通过信息网络连接成一个整体,密切配合、和谐统一,从而建立起一种先进的一体化交通综合管理系统。未来的发展还将统一管理铁路、水运、公路和航空的交通,在更大范围内实现综合的交通自动化。

（6）军事自动化

军事自动化（Military Automation）主要指信息技术与自动化技术在军事和国防上的综合运用。现代战争已从传统的机械化战争发展成为信息化和自动化的战争，信息技术与自动化技术的飞速发展及其在军事上的推广应用已从根本上改变了现代国防的基本架构与现代战争的进行方式。一旦开战，谁胜谁负不再仅仅取决于飞机、大炮和坦克等武器数量的多少，而更主要地取决于信息化和自动化水平的高低。核心是武器装备的自动化和军事指挥的自动化。谁能够更快、更准确的获取信息，并在最短的时间里完成分析和决策，以最快的方式实施尽可能精确的打击，谁就掌握了战争的主动权。

军事自动化的核心是武器装备的自动化和军事指挥的自动化。一方面，各种高新技术不断被应用于军事领域，为实现军事自动化奠定了坚实的技术基础，如用于遥感、遥测、定位及通信的军用卫星，扰乱敌方通信系统或使其瘫痪的电子战和电磁战。另一方面，海、陆、空、天一体的作战指挥系统（见图 10.10）综合应用了指挥、控制、通信、计算机及情报 5 个功能要素，使各兵种和各类武器系统之间的作战协同更加完善和周密，使部队的行动节奏和反应能力大幅提高，使武器装备的打击更为精确、打击能力更为强大。因此，各种自动化武器与指挥自动化系统的有机结合将有效提高国家的整体军事实力和作战水平。

图 10.10　海、陆、空、天一体的作战指挥系统示意图

随着自动化技术在军事上的广泛应用和指挥自动化的深入发展，作战机器人、无人飞机、无人潜艇等各种智能型武器系统不断涌现，未来的战争可能不再是士兵的直接对抗，而是智能机器与智能机器的较量，比的是自动化水平的高低和计算机、通信、检测、控制等信息技术的优劣。

（7）农业自动化

农业自动化（Agriculture Automation）是指在农业生产和管理中大量应用自动化技术和现代

信息技术，是农业现代化的重要标志之一。总体上讲，实现农业自动化需要利用多种先进的监测手段，获取田间肥力、墒情、苗情、杂草、病虫害等信息，而各种农业自动化系统则根据这些信息自动进行精确或精准的耕作、播种、施肥、灌溉、除草、喷洒农药、收割等作业，从而达到省力、高效、安全、节省资源和保护生态的目的。这实际上就是目前正在推广和发展的所谓"精准农业（Precision Agriculture）"的核心内容。

农业最繁重的任务是耕耘、播种和收获，目前已经有了基于全球卫星定位系统（GPS）、卫星信息系统和计算机地理信息系统的无人驾驶的拖拉机、插秧机和收割机，作业过程全部自动化，而且作业的精度、质量和效率远远高于单纯机械化的人工操作方式。随着时间的推移，各种智能型的自动化农业机械会越来越多地得到推广和应用。

高效农业要求实现水资源的有效利用，农田灌溉正在从传统的"漫灌"方式转变为采用计算机控制和管理的"喷灌""滴灌""微灌"方式，可以实现精确的自动灌溉。全自动化的灌溉系统还可以根据降雨、蒸发、墒情等检测数据，并考虑农作物的供水规律，经过计算机综合分析和优化计算，再控制相应的"喷灌""滴灌"或"微灌"装置，实现按时、按需自动供水。

农作物田间管理的自动化要根据土壤土质、环境状况和农作物的生长特点，利用专家经验和人工智能技术，通过计算机分析给出最佳管理方案，如选择最适宜种植的农作物品种、决定最佳施肥时间和施肥量、预报病虫害的发生时期和程度并适时进行防治等。在这个过程中，卫星遥感遥测技术和针对各种作业的自动控制技术发挥着重要的作用。

综上所述，自动化不仅是工业、农业、国防和科学技术现代化的重要体现，而且在各行各业和人们的生活中都得到了广泛的应用，成为推动新的产业革命，促进社会全面发展的重要力量。自动化水平的高低已成为衡量一个国家实力大小和社会文明程度的显著标志，自动化技术的研究、应用和推广必将对人类的生产和生活方式产生深远的影响，必将加快社会产业结构变革和社会信息化的进程。

10.2.4 自动化的核心——自动控制

"控制"一词大家都比较熟悉，人们常常说"要控制自己的行为""控制玩计算机游戏的时间""政府控制物价""企业进行成本控制"等，其含义是很清楚的，指的都是通过某些措施，使人们做事情的过程或事物变化的过程符合规范或预期，最终能达到或实现预定目标。那么，加上"自动"二字的"自动控制"又是什么意思呢？

简单来讲，自动控制就是在没有人直接参与或尽量少参与的情况下，通过控制装置去自动操纵机器、设备、生产过程等，使其按照预定的规律运行，实现预定的目标。之所以说"没有人的直接参与或尽量少参与"，是因为人不可能完全不参与，如向控制系统输入指令并启动系统，或出现意外情况时要进行干预等。只是在实施自动控制的过程中人一般不会介入。

自动控制与自动化的定义很相似，二者都含有"自动"一词，都是利用信息去自动地完成要求的任务，但二者同时又有所区别。笼统地说，自动化强调的是代替人完成任务，而自动控制强调的是控制，通过控制使某些变量（如温度、速度、压力、位置、液位等）按要求变化。因此，自动化的含义要宽泛一些，其包容量更大、内涵更丰富、覆盖面更广。例如，办公自动化、设计过程自动化以及生产管理自动化等都属于自动化的范畴，但它们涉及的主要是信息的获取和技术的处理，而不是自动控制技术。当然，办公、设计和管理过程中所采用的很多设备都包含自动控制技术，但毕竟不是这些过程的主体，而是属于设备的设计、制造及维护的范畴。尽管如此，实现一个自动化系统在绝大部分情况下必须依靠自动控制技术，因此可以认为，自动控制是自动化的核心和重要组成部分。

自动化涉及自动控制、计算机、通信、检测等众多学科领域，是典型的综合性交叉学科。自动化系统的实现形式和方法也多种多样，但是万变不离其宗，信息始终是实现自动化的基础，而自动控制始终是自动化的核心和灵魂。正因如此，自动控制的实际应用也和自动化系统一样包罗万象。在人们的家里，全自动洗衣机的全自动控制水位、洗衣强度和洗衣时间等；电冰箱、空调、电饭煲等会自动控制温度来满足人们的要求。在大楼里，电梯依靠自动控制平稳地加减速和高度升降；无论楼层高低和用水量大小，恒压供水控制系统都会自动保持水压基本恒定；通风控制系统会根据人多人少和空气质量自动调节通风量等。在工厂里，数控机床、数控加工中心以及机器人会按照人的要求自动加工出各种产品，自动小车会自动运送加工用的材料和加工好的产品，自动化仓库会自动控制材料和产品的存取。在航空航天领域，飞机可以通过驾驶仪自动地按照一定高度、方位速度飞行，宇宙飞船、人造卫星、航天飞机等可以通过自动控制装置按要求的轨迹飞行。在核电站，为了保证反应堆的安全运行，可以通过控制铀棒在反应炉中的位置来实现对核反应过程的自动控制。在国防上，雷达对目标的跟踪，火炮的瞄准和射击，导弹的发射及其飞行方向、姿态、高度和速度的制导，以及最终击中目标等更是离不开自动控制。

自动控制的应用非常广泛，涉及各行各业，现代社会和人们的生活已离不开自动控制，那么自动控制如何实施呢？其基本思路、基本原理和基本方法是什么？最常用的控制策略是什么？最热门的控制方法有哪些？所有这些，将在后续的章节中逐一给予解答。

10.3　自动控制系统的基本控制方式

自动控制系统的任务是利用控制装置（简称为控制器），使需要控制的机器、设备、生产过程等（称为控制对象或受控对象、受控系统）自动按照预先设定的规律运行。一个系统一般都有输入量和输出量，输出量受输入量的影响。对于控制对象而言，它的输出量一般对应人们想控制的变量（称为被控量或受控变量），而输入量则可分为两类：一类是通过控制器可以进行操纵或任意改变，从而使被控制量按要求变化的输入量，又被称为控制输入或控制量；另一类属于干扰或扰动，它会使被控制量偏离期望值，是人们不希望存在而又普遍存在的，一般被称为扰动输入，或简称扰动。为了更为直观、简洁地表达系统的输入/输出关系，通常采用方框图来描述一个系统，图 10.11 所示即为控制对象的方框图，图中带箭头的线条代表某个信号变量，箭头表示信号的传递方向，方框则代表具有一定功能的环节或系统。

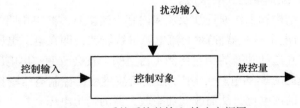

图 10.11　受控系统的输入/输出方框图

自动控制系统的控制目标就是在受到各种扰动影响的情况下，通过改变控制输入来影响被控量，使其按照预定规律变化。尽管自动控制系统的种类繁多，但其基本的控制方式可以归纳为开环控制、闭环控制（又称反馈控制）以及将这二者相结合的复合控制 3 类，其中开环控制和闭环

（反馈）控制是自动控制的两种基本形式。

10.3.1　最简单的控制——开环控制

什么是开环控制呢？下面先来看工业上的应用较多的一个简单例子。图 10.12 所示为一个加热炉温度开环控制系统，控制的目标是使炉温达到期望值，并基本保持不变。那么如何对开环进行控制呢？首先分析一下加热炉自身的工作过程。如果在电热丝两端施加一个电压，加热炉内部的温度就会上升；加热炉与外部有热交换，刚开始升温时，加热炉内外温差小，热交换量小，因而升温快；随着加热炉内部温度的上升，内外温差增大，热交换量也随之增大，升温速度下降；当电热丝产生的热量和加热炉散发的热量达到平衡时，炉温就会恒定。因此，改变电热丝两端的电压，达到平衡时的炉温就会改变；也就是说，当电热炉所处的温度不变时，电热丝两端的电压取值与达到平衡时的炉温高低是一一对应的。

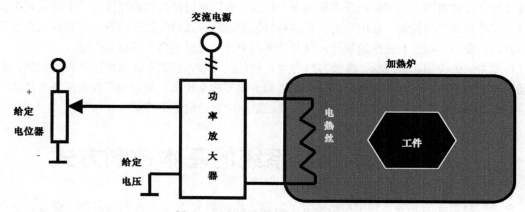

图 10.12　加热炉温度开环控制系统

电热丝两端的电压和电流较大，可以是上百伏、上千伏和几十安培、几百安培乃至上千安培，使用强电，直接对该电压操作既不安全，也不方便，而且即使能制造这样的装置，其成本和能耗也会很高。因此需要通过功率放大器将属于弱电范畴的电压和电流（一般在几伏和几十毫安以内）转换为强电，这样一来，人的操作只要在弱电范围内进行即可。这种"以弱控强"的方式是大部分电气类控制系统都具有的一个共同特征。功率放大器的输入信号（控制电压）与输出电压之间近似为比例关系，增大或减小控制电压，输出电压也会随之增大或减小，从而改变电热炉的温度。要调节炉温，只需要设定一个炉温期望值（即通过调节给定电位器，对控制电压进行相应的设定），就可以使炉温基本达到期望值。

功率放大器的内部结构和工作原理涉及较多内容，这里只做简单说明。功率放大器是利用大功率电子开关器件(电力电子开关器件)对交流电源进线斩波，即在电源电压的一个正弦周期内频繁地开通和关断，改变开通和关断的相对比例（占空间）就会改变输出电压的平均值。功率放大器里面还有一个控制电路（驱动电路），用于控制斩波过程；控制电压则作用于驱动电路，改变控制电压就会改变斩波的占空比，从而改变功率放大器的输出电压。

利用方框图可以直观、清楚地表达出系统的各组成部分及其之间的相互联系，加热炉温度开环控制系统的方框图如图 10.13 所示，其中的加热炉为控制对象，功率放大器为控制装置，给定电位器为产生指令信号的给定装置，扰动通常代表某些不确定因素引起的对系统的干扰，如交流电源的电压波动、环境温度的变化等。

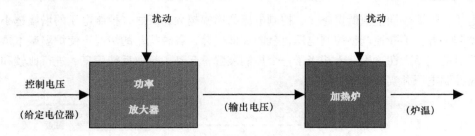

图 10.13　加热炉温度开环控制系统的方框图

图 10.12 和图 10.13 所示系统的控制方式属于开环控制，之所以这样称呼，是因为没有检测输出变量炉温，炉温信号没有反馈到输入端，输入信号（控制电压）只单向传递到输出信号（炉温）就终止了，信号的传输没有形成闭合回路。开环控制有时又被称为前馈控制或顺馈控制。

这样的控制方式效果如何呢？假定系统内部和外部的条件完全不变，而且操作人员对整个系统的输入/输出特征以及对应关系了解很准确，那么只要设定好控制电压，炉温经过一个动态变化过程后就会到达期望值并且恒定不变。但操作不会这么理想化，实际系统总是存在这样或那样的扰动和不确定性，这些因素都会影响炉温，造成炉温波动或偏离期望值。举例来说，在设定值（控制电压）不变的情况下，交流电源的电压波动会造成输出电压波动，从而导致炉温波动；环境温度变化会引起加热炉与外界的热交换速度也发生改变，炉温也会随之改变；当加热炉中被加热物体的质量和体积不同时，加热炉的热惯性也不同，炉温变化规律就会不一样；打开和关闭加热炉、取出和放入被加热物体、系统中各种零件的老化和特性改变等因素都会引起炉温变化。总而言之，各种类型的扰动，无论是内部的还是外部的，都会导致炉温改变，如果人不干预的话，炉温就会偏离期望值。但如果人要进行干预，首先就需要一个温度检测装置，通过该装置随时观察炉温，并根据炉温与期望值之间的误差大小随时调整控制电压，从而保证炉温的误差不超出允许范围，但这样做会导致人太辛苦，这种控制也就不是自动控制了，而形成了人参与的反馈控制。

根据上面的叙述可以看出，没有反馈的开环控制系统存在一个较大的缺陷，即抗扰动能力差（包括内部和外部的扰动），但它同时也具有较多的优点，主要是结构简单、工作可靠、调整方便、成本低廉，因此可以在精度要求不高、扰动影响较小的场合中应用。实际生活中可以见到很多开环控制的例子，如家庭使用的电灯、电风扇、电烤箱、电取暖器、半自动洗衣机，交通系统中定时切换（称为时基控制）的红绿信号灯，五颜六色、不断闪烁的霓虹灯以及造型千变万化、五彩缤纷的音乐喷泉等。

10.3.2　自动控制的精髓——反馈控制

上一节讨论的加热炉开环控制系统由于没有检测炉温，没有形成反馈，因而在受到扰动影响时，炉温会偏离期望值，但系统自身是无法获知这一消息的，因此不会自动地对炉温进行调节，所以通常会产生较大的误差，控制效果不好。反之，如果能够获得炉温的信息，并根据炉温的信息及时调整控制电压，炉温就有可能重新回到期望值。这样做实际上就形成了所谓的反馈控制。

1. 反馈控制的基本思想和基本原理

设想如果人介入控制过程的话，那么在前面开环控制系统的基础上，会如何进行反馈控制调节呢？有人参与的加热炉温度反馈控制系统如图 10.14 所示，首先需要利用一个温度检测仪来检测加热炉的温度，获取当前炉温的信息（通过眼睛），然后将其与炉温的期望值进行比较（在头脑里）。若炉温低于期望值，则增大控制电压（手动调整给定电位器）；若炉温高于期望值，则减小控制电压。炉温较期望值低得越多，控制电压的增幅越大；反之，控制电压的增幅越小。这样不断地观测炉温，不断地调整控制电压，就能在即使存在各种扰动的情况下使炉温基本恒定，不会产生明显的偏差。在这里，人相当于一个控制装置，起到了提取反馈信息、进行比较和判断、计算所需控制电压并实施控制的作用。

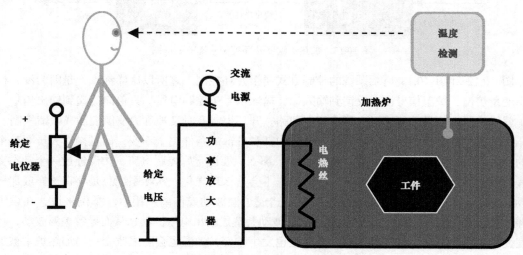

图 10.14　有人参与的加热炉温度反馈控制系统

　　如果用相应的自动化装置来取代人，就可以构成有反馈的加热炉温度自动控制系统，如图 10.15 所示。图中的温度传感器用来检测炉温，传感器检测到的信息通常比较微弱，需要用温度变送器将其变换为在标准范围内变化的电压（约几伏），得到的反馈电压被称为反馈信号，一般与炉温大致成比例关系；给定电压代表期望值，被称为给定信号（或参考信号、指令信号），给定电压与反馈电压进行比较（相减）就得到了误差信号；控制器就是根据误差信号来进行控制的，若误差为正，则表示炉温低于期望值，控制器就会增大控制电压，反之，则减小控制电压，这一过程与人参与的控制类似。那么给定电压如何设置呢？举例来说，如果希望炉温为 500℃，炉温 500℃时反馈电压是 5V，那么给定电压也应设为 5V，这样当反馈电压不为 5V 时，就意味着炉温不是 500℃，会产生误差，所以给定电压与反馈电压之间的误差反映了实际炉温的误差。

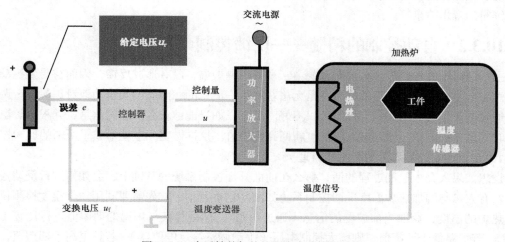

图 10.15　有反馈的加热炉温度自动控制系统

反馈控制系统控制效果的好坏与很多因素有关，但关键在于控制器，控制器好比人的大脑，其作用是根据获取的反馈信息进行分析、判断和决策，并给出所需要的控制量（控制电压）。例如，炉温控制系统检测到炉温为 300℃（假设对应反馈电压 3V），炉温的期望值为 500℃（对应给定电压为 5V），也就是说，误差信号为 2V，那么控制器应当在得到误差信息后增大控制电压，但到底增大多少最合适呢？这就需要运用控制理论来进行分析。因此，控制器的任务就是根据误差信号进行计算，从而确定并输出最适宜的控制量来进行控制，而控制器是采用什么控制策略或控制方法、通过怎样的规律计算出控制量的则是设计控制器的核心问题。控制策略和方法的种类繁多，内涵非常丰富，属于自动控制理论研究的范畴，本章的后面部分将主要从思路上介绍一些最简单和最常用的方法。

控制策略和方法属于控制器的"软件"，而控制器的硬件实现则通常有两类——模拟控制器和数字控制器。前者较典型的是采用电阻、电容、放大器等模拟器件，而后者现在最常见的是采用计算机。随着计算机技术的迅速发展和普及，模拟控制器的使用越来越少，而计算机控制系统的应用则越来越普遍。

与前面一样，可以利用方框图来直观地表示加热炉温度反馈控制系统各组成部分之间的关系，如图 10.16 所示。图中的符号 "⊗" 称为相加点（或综合点），其引出的信号是各送入信号之和。由于给定电压与反馈电压是抵消关系，反馈电压是以负的形式加上去的，因此这样的反馈系统称为负反馈控制系统。又由于系统中的信号是沿着箭头方向经控制器、功率放大器、加热炉、炉温检测环节后形成了闭合回路，所以反馈控制系统又称为闭环控制系统。

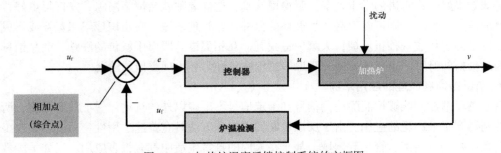

图 10.16　加热炉温度反馈控制系统的方框图

负反馈控制系统的主要特点是能够根据反馈信息自动进行调节，因此相比于开环控制系统具有明显的优越性，最主要的是抗干扰能力强、控制精度高。例如，在炉温反馈控制系统中，任何扰动，不管是内部的还是外部的，只要影响到了炉温，控制器就会根据反馈信息进行调节，从而抑制扰动的影响，保证炉温的精度。然而这里有两种扰动是例外，即由于检测信号（反馈信号）和给定信号不准确引起的炉温误差，反馈控制是无法抑制的。原因其实很简单，直观地看，检测信号不准确代表了获取的信息不准确，给定信号不准确代表了给出的指令不准确，控制基于不准确的信息和指令，当然会使执行结果出现偏差。这就好比某人接到指令向正南方向走，他手里拿着指南针辨别方向（获取反馈信息），如果指南针有误差，他就不可能走准确了；如果所接到的指令出现了偏差，变成了正南偏东 20 度，他当然就会偏离正南。因此，一个反馈控制系统的控制精度在很大程度上是由检测元件和给定装置的精度决定的，特别是检测元件，因为给定装置的精度目前在技术上很容易得到保证。

2. 正反馈现象及其特点

反馈方式除了负反馈外，还有正反馈，但在控制系统的实际应用中很少采用正反馈，因为正反馈的反馈信号是以正值的形式与给定信号相加，其作用是加强给定信号，容易引起系统振荡和发散（即相关变量越来越大，使系统失控），这种情况被称为系统不稳定。以加热炉系统为例，若炉温高，本来应该减小控制电压来降低炉温，但正反馈起的作用恰恰相反，炉温越高，反馈电压越大，误差信号以及控制电压也越大，从而使炉温进一步升高，这样就形成了恶性循环，最终有可能导致系统失控和损坏。生活中一个常见的正反馈例子是，当人们利用扩音设备讲话或唱歌时，若扩音系统的放大倍数太大或话筒离扬声器太近，扬声器就会产生刺耳的啸叫声，这是因为话筒送出的声音信号经扩音系统放大后送至扬声器，扬声器放出来的声音有一部分又回到了话筒，形成了较强的正反馈，从而引起了信号振荡所致。

正反馈并非只有负面作用，它也有积极的一面，关键在于怎么运用它。正反馈的强度要达到一定程度才会引起振荡，强度较小时只起放大作用，巧妙地利用这一特性就可以使其"为我所用"。这方面的例子有曾经出现过的再生式收音机，它的原理就是利用正反馈来适当加强从天线接收到的微弱信号，改善收听效果；在试听设备、石英钟表等装置中的振荡电路也利用了正反馈产生振荡的特性。

虽然自动控制系统中很少采用正反馈，但正反馈在自然界和人类的活动中并不少见。例如，自然界的物种繁衍大致保持着生态平衡，一旦某个物种的天敌大量减少或消失（如由于人类捕杀所致），这个物种就会大量繁殖，导致失控，如大量捕杀青蛙导致害虫泛滥、猫头鹰减少导致鼠害成灾等。这是因为物种的繁衍是一个正反馈过程，繁殖得越多，数量就越大，数量越大反过来导致繁殖越多。人口增长也是一样，所以应当进行控制或保持原有的制约机制。又如，老师水平高，讲课效果好，来听讲的学生就多，听得也认真，这样老师就会情绪高涨，发挥得更好，备课也会更加认真；反之，则可能引起恶性循环。另外，在管理领域，有意识地组织竞赛或形成竞争实际上也是为了形成一种正反馈，大家你追我赶，互相促进。股市中股价的涨跌、商品销量的增减、商品价格的升降、企业的发展与衰退等过程中也经常会出现类似的情况。

3. 负反馈控制原理的应用举例

由于负反馈控制能够抑制除检测信号和给定信号不准确以外的扰动，保证控制精度，所以负反馈控制得到了最广泛的应用。由于反馈控制的思想和方法具有普遍适用性，所以不仅在工程领域，而且在社会、经济、管理等领域，甚至在人们的日常生活中都有很多应用。正如美国数学家维纳（Wiener）在其著名的《控制论》一书中所指出的，"反馈控制机制普遍存在于各类工程系统与生物机体的控制过程中，包括人类的行为"。也正如全球众多自动控制领域的知名专家学者在 2003 年的一篇调查报告"信息爆炸时代的控制（*Future Directions in Control in an Information-Rich World*）"中所强调的，"反馈机制随处可见！反馈控制无处不在！"。下面就举一些实际例子来进行说明。

例 1：水箱的水位控制

水箱水位的反馈控制如图 10.17 所示，它是通过一个浮子来检测水位的，当进水量大于出水量时，水位上升；反之，水位下降。水位的变化引起浮子位移，浮子的位移再通过一个杠杆装置控制给定电位器的抽取电压，该抽取电压通过放大控制电路施加到驱动电机上，以调整进水阀门的开度，进而调整水箱的进水量，最终实现以浮子的高度来控制进水量大小的目的。为便于分析，假定出水量恒定，若水箱水位高于给定值，浮子升高，电位器的抽取电压变小，进水阀门的开度变小，进水量也变小，水箱水位降低，最终达到给定水位。

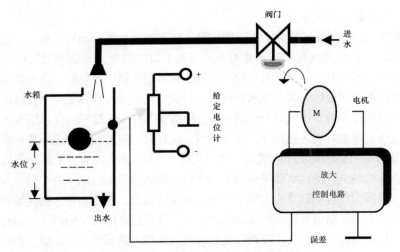

图 10.17 水箱水位的反馈控制

例 2：电冰箱的温度控制

电冰箱为什么能够保持温度基本不变呢？这是因为采用了反馈控制。电冰箱的反馈控制系统如图 10.18 所示，它里面有一个温度传感器，随时检测温度，在温度降低到低位设定值（由用户设定，一般在零下十几度）以前，冰箱的压缩机（一种交流电动机）会一直运行，进行制冷；一旦温度降低到设定值，压缩机就会停止工作，而当温度回升到高位设定值（一般只有几度）后，压缩机又开始工作。具有高低两个设定值是为了防止压缩机频繁启动。这种控制方式属于开关式反馈控制，温度并不保持恒定，而是在两个设定值之间不断变化。上述控制方式所控制的压缩机在运行时转速是恒定的，即压缩机工作时的制冷量是不变的，所以只能采用开关控制方式。如果可以控制压缩机转速，使其根据需要随时变化，温度偏高就提高转速，增大制冷量，反之，则降低转速，减小制冷量，那就没必要设置两个设定值、采用开关控制了。因此，更先进的控制方式是保持压缩机连续运行，并根据反馈的温度信息不断调节转速，从而实现真正的恒温控制。这样做需要一个调节压缩机转速的装置，通常采用变频调速器（交流电动机的转速正比于电源频率，改变电源频率就可以改变转速），但成本要高一些，这也是变频冰箱比普通开关式冰箱价格昂贵的原因。各种空调和冰柜的工作原理与上述情况类似。

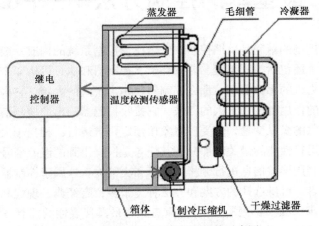

图 10.18 电冰箱的反馈控制系统示意图

例 3：燃气热水器的恒温供水

很多家庭都使用的燃气热水器的工作原理如图 10.19 所示，图 10.19 中有一个进气口、一个进水口和一个出水口，改变进气量或进水量都会改变出水口的温度。若靠手动调温，则属于开环控制，效果并不理想，因为淋浴头是通过一段热水管连接到热水器出水口的，热水器水温的改变到淋浴头水温的改变存在时间延迟，而且热水管越长，时间延迟越大，当用手检测到淋浴头出水水温过高或过低时，就要调整火力（进气量）或进水量，但需要等一下才能感觉到淋浴头水温的变化，不合适还要调，往往要反复几次才能调好，比较麻烦，而且好不容易调好了，在使用期间，其他用户用水量或用气量的变化会影响水压或气压（属于扰动），从而又会影响到水温，因此又需要调整。相比之下，现在高档的全自动热水器则采用了一个温度传感器检测出水口的水温，并将检测值与设定值进行比较，根据误差自动调节火力大小，使水温保持恒定。全自动热水器能够明显改善水温调节性能的关键在于水温反馈信号取自热水器的出水口，而不是淋浴头，因而几乎没有时间延迟，调节速度很快，一旦设定好所需温度，反馈控制器会迅速地将水温调节至设定值，而且只要控制器参数设置合理，则各种扰动（如水压变化、气压变化、用水量变化等）对水温影响不会很明显。

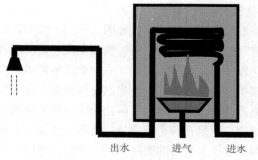

图 10.19　燃气热水器原理图

其他反馈控制的例子还有很多，例如，在数控机床自动加工零件，交通信号反馈控制，雷达火炮系统自动跟踪飞机，人的体温、呼吸、心跳等方面，乃至教学过程、人才培养过程、人口控制、经济控制的方方面面都有反馈控制的应用，因此自动控制的精髓就是反馈控制。

10.4　最基本的控制方法——PID 控制

上一节讲到自动控制的精髓是反馈控制，一个反馈控制系统的构成一般如图 10.20 所示，除了受控对象外，该系统还包括检测装置、比较环节、控制器和执行机构 4 个部分。如果把基于传感器的检测装置比喻为人的感觉器官，那么控制器就相当于人的大脑，它根据反馈信息进行分析和决策；而执行机构的作用则相当于人的四肢，它接收控制器输出的控制信号，并按照控制信号的大小来改变受控对象的操纵变量，使受控对象按预定要求运行；相当于大脑的控制器在整个控制系统中是决定系统运行性能的最关键部分，其任务是根据得到的误差信号计算出所需要的控制量。那么控制器如何利用误差信息进行分析、计算和决策呢？这属于控制器的设计问题，也是自动控制理论的重要内容。可供选择的方案和方法种类繁多，有经典、现代和最优控制等。本节及下一节的介绍并不追求"面面俱到"，而是把重点放在最具代表性的控制方法上，即最基本和最常用的控制方法以及最具发展潜力和当前最引人注目的控制方法。

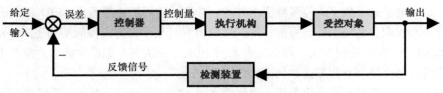

图 10.20　反馈控制系统的构成

在所有的反馈控制方式中，最简单的应当是"开关式"(On-Off)控制方式。例如，要控制温度基本不变，可以围绕期望的温度值设定一个上限和一个下限，当检测到的温度值达到上限时，控制器和执行机构就停止工作；当温度下降到下限时，则启动运行。空调、电冰箱、电热饮水机、电熨斗等通常就采用这种方式，但这种断续调节方式并不能使温度真正保持恒定，而是不断地在上、下限之间变化，因而只能用于要求不高的场合。

如果能够把间隔一段时间才调节一次的"开关式"控制方式改为不间断的连续调节方式，那么控制效果显然更好。例如，就空调机用于取暖而言，若采用连续调节方式，就无需设定温度的上、下限，只需设置一个期望的温度值，空调控制器根据反馈的室温信息不断调节压缩机转速，室温过低，则增大压缩机转速，使温度上升，反之，则降低压缩机转速，使温度下降，以保持房间的温度基本恒定。连续调节方式虽然思路上更先进、控制效果也比"开关式"更好，但如何进行调节、如何确定调节规律及相关的控制参数却比"开关式"复杂的多，往往需要借助于自动控制理论才能完成控制器的设计和调试。

在非开关式的连续调节方式中，"PID 控制"是最基本和最常用的，其原理和作用也是最直观的。PID 是英语 Proportional-Integrel-Derivative 的缩写，即比例、积分、微分的意思。PID 控制器的结构如图 10.21 所示，其工作过程是对误差信号分别按比例放大、进行积分和微分，然后再合成为控制量。如果用 $e(t)$ 表示误差，用 $u(t)$ 表示控制量，则 PID 控制规律可以表达为

$$u(t) = K_\text{p}e(t) + K_\text{i} \int e(t)\, \text{d}t + K_\text{d} \frac{\text{d}e(t)}{\text{d}t}$$

其中，K_p、K_i、K_d 分别为比例系数、积分系数和微分系数，它们的大小分别代表了比例、积分和微分作用的强度，改变这些系数就可以改变控制效果。

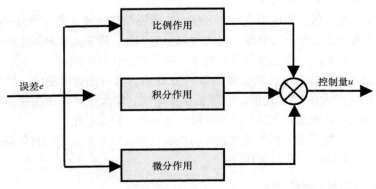

图 10.21　PID 控制器的结构

PID 控制的历史悠久，最早的自动控制系统通常采用简单的比例控制，后来针对其存在的问题逐步引入了积分和微分作用，并于 20 世纪初正式提出了 PID 控制的概念，先后有机械式、液

压式、气动式、电子式、数字式等多种实现方式，并广泛应用于各种场合。PID 控制的结构和原理都比较简单和直观，适应面广，可靠性好，生命力强，至今仍为工程应用的主流，80%以上的控制系统都采用了 PID 控制方式。那么，古老的 PID 控制为何有如此大的魅力呢？下面以家用热水供给系统为例介绍 PID 控制是如何工作的。

图 10.22 给出了家用热水供给系统（简称热水器）的水温调节示意图，系统中的控制输入为进水口的热水流量与冷水流量之比；受控变量为出水口的水温；控制目标为保持出水温度基本恒定。在进行调节控制时，需要考虑的扰动有进水口水温和水压的波动、环境温度变化、用户的用水量变化等。

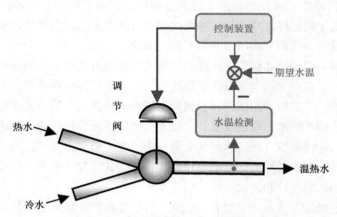

图 10.22　家用热水供给系统的水温调节示意图

总的控制思路为，若检测出水温偏低，则增大控制输入，即增大热/冷水流量的比值，从而使出水口的水温升高，最终使水温达到设定值；反之，若检测出水温偏高，则减小控制输入，即减小热/冷水流量的比值，从而使出水口的水温降低，最终也能使水温达到设定值。如何增大或减小控制输入，可以分别采取下面 3 种方法。

（1）若水温偏低，则水温低得越多，就使控制输入增大得越多；反之，若水温偏高，则水温高得越多，就使控制输入减小得越多，即控制量的大小大致与偏差成比例，此时的控制装置工作在比例控制规律，起到比例控制作用。

（2）若水温低于期望值，则将输入增大一些，如果还没有达到，就再增大一些，这样一点一点地调节，直到水温合适为止；控制输入包含对偏差的积分，即偏差在时间上的累积，可以最终消除偏差，此时的控制装置工作在积分控制规律，起到积分控制作用。

（3）若扰动使水温开始升高，则应降低热/冷水比值，且升温速度越快，降低越多；反之若水温开始降低，则应增大热/冷水比值，且降低速度越快，增大越多。即控制作用与水温的变化率成正比，此时的控制装置工作在微分控制规律，起到微分控制作用。

下面对上述 3 种控制策略分别能达到怎样的控制效果，以及相互之间有何联系、如何配合、控制参数如何选择等问题逐一进行阐述。

10.4.1　比例控制作用

设想一下手动调节热水器水温的一个基本动作过程。与期望的水温相比，实际水温如果偏低，就应增加阀门的开度（即增大热/冷水流量的比值）。水温低得越多，阀门就应开得越大；反之，水温如果偏高，就应减小阀门的开度（即减小热/冷水流量的比值），水温高得越多，阀门就应关得越小。换言之，调节的强度，也就是控制量的大小大致与误差成比例，这就是比例控制。

比例控制的结构最简单，只有一个参数，就是比例系数，这个比例参数如何设置呢？如果设置得过大，就会调节过头，误差的一点点变化会对应产生很大的控制作用，容易引起系统输出上下波动，即发生振荡；反之，如果比例系数过小，则调节作用太弱，系统变化过于缓慢，调节过程会比较长。

例如，想把水温控制到 40℃左右，当比例系数设置得过大时，如果水温受到水压、用水量变化等扰动的影响降低了一点，控制器就会使控制量过度增大，造成水温上升过头，超过 40℃；这时误差变负，控制器又会反过来进行调节，使控制量减小，但又不能减小过头，造成水温下降过多。因此，过大的比例系数会使水温上下波动，这种波动的幅度如果不随时间而减小，反而越来越大或持续不变，这种情况就称为"不稳定"了。如果比例系数设置得过小，水温即使远远地偏离了设定值，控制量的变化幅度也不大，造成水温的调节过程很缓慢。因此，比例系数应当有一个合适的取值，过大或过小都不好。至于多大的值才算合适，则可以借助控制理论将其计算出来，也可以根据经验进行设定，最后再实际调整一下就可以了。

前面谈到，实际系统总会受到各种各样的扰动影响，包括系统内部的参数变化、外部环境的改变等都有可能使系统输出偏离目标值，反馈控制的主要目的就是尽可能地减小这些不确定因素的影响。以热水器系统为例，由于多种原因，水压会产生波动，用水流量和环境温度等也会变化，这些因素都会影响到出水口的水温，但有了基于温度反馈的比例控制，只要水温一改变，误差就变了，控制量也相应地产生一个改变量，使水温朝着恢复的方向变化，因而可以使水温基本恒定。

比例控制是最简单、也是最基本的控制手段，但是单纯的比例控制并不能保证水温完全达到期望的温度值，原因正是由于比例控制是与误差成比例的。如果没有误差，控制量就会为零，不会产生调节量，也就没有调节的作用了，所以当调节过程结束了，水温恒定了，仍然会存在误差（称为稳态误差），这样才能维持改变后的控制量。因此，比例控制属于有差调节方式。

就动态调节过程而言，无论多好的控制策略都不能完全消除水温误差。例如，刚开始启动系统或系统受到扰动影响时，水温肯定会产生误差，恰当的反馈调节虽然可以使误差减小，但调节过程中的误差是不可避免的。唯一能做、也应当做的事情就是看有没有办法使稳定误差最终完全消除，也就是调节过程结束、水温达到稳态后能否使误差为零。

10.4.2　积分控制作用

要消除热水器的水温误差，使水温完全达到设定值，通常应该怎样做呢？如果水温有较大的误差，假设低于期望值，人操作时就会先以类似比例控制作用的方式较大幅度地增大控制量，然后检测水温是否达到期望值，如果没有，就再增大一点，如果还没有，就继续增大一点；这样一点一点地调节，直到水温合适为止；水温若高于期望值，则会反过来将控制量一点一点地调小。这种只要误差不消失就不断调节的控制方式就相当于积分控制。

对误差积分是误差在时间上的累积，正的误差（水温低于期望值）累积的结果是控制量不断增大，负的误差（水温高于期望值）累积的结果是控制量不断减小，直到误差为零为止；也只有当误差为零时，控制量才不再变化。所以说，积分控制作用可以最终消除稳态误差（也叫静差、残差或余差），这也是引入积分控制作用的目的。

积分控制作用一般和比例作用配合组成 PI 调节器，并不单独使用，原因是积分控制作用总是按部就班地逐渐增强，直到误差消失，控制效果比较缓慢。设想一下，热水器出水口的水温很低，也就是误差很大，本应该大幅度增大控制量，使水温尽量上升，但若只有积分控制，输入量是逐渐增大的，则水温的上升会比较缓慢。当积分控制与比例控制组合在一起时，情况就会好很多，比例控制是误差越大，控制作用越强，所以说比例控制是基本的、不可缺少的控制作用，积分控制只是配合比例控制器起作用。

积分控制作用的强弱可以通过改变积分系数来调整，积分系数与比例系数一样，过大或过小都不好，过大容易引起输出信号波动或振荡，过小则误差的消除需要较长的时间，调节较慢。另外，积分系数的调整还应和比例系数相互配合，一般来讲，比例系数较大时，积分系数就应当小一些；比例系数较小时，积分系数就应当大一些。但有时积分系数随着比例系数增大或减小效果会更好，具体要视受控对象的特性而定。

10.4.3　微分控制作用

大部分情况下，比例控制加积分控制已经可以获得比较满意的控制性能了，那么，还能不能进一步改进呢？如果不仅知道热水器水温误差的大小，而且还知道误差是增大还是减小以及增大或减小的快慢，即误差的变化率，那么是否可以利用这一信息来进一步改善系统性能呢？

假设热水器受到扰动的影响，水温开始升高，显然应该在一出现升高趋势、还没有真正升上来时就及时降低控制量，且升温速度越快，控制量就应降低得越多；反之，若水温要降低，则应该及时增大控制量，且降温速度越快，控制量就应增大得越多。也就是说，控制量的调节幅度大致与误差的变化率（即水温的变化率乘上一个负号）成比例，这就是所谓的微分控制作用。

微分控制作用的优点是很明显的，前面谈到的比例和积分控制都是要等到误差真正产生时才开始调节，而微分控制是基于误差的变化率，水温还没变，或刚有变化的趋势，调节作用就开始了，所以微分控制具有"超前"或"预测"的性质，可以及时抑制水温的变化。

由于微分控制作用反映的是误差变化率，系统达到稳定后，误差变化率为零，微分作用对控制量不再产生影响，所以微分控制只在系统的动态变化过程中起作用，不能单独使用，一般是和比例、积分作用一起构成完整的 PID 调节器，有时也只和比例作用配合组成 PD 调节器。

微分系数的设置同样需要合理和适中，系数过大会过分抑制输出量的变化，从而造成调节过程缓慢；在受控对象特性比较复杂、响应有较大时间延迟的情况下，微分作用太强还可能使系统变得"不稳定"。另外，微分系数、积分系数和比例系数之间也有互相配合的问题，调整起来难度要大一些，通常需要借助于经验或控制理论。

控制器引入微分控制作用还会带来一些实际问题，例如测量的反馈信号中通常包含一些高频成分，即变化很快的一些扰动信号，而微分控制作用与变化率成正比，因而会将这些高频扰动信号放大很多，且频率越高，放大得越厉害，有可能使有效的控制作用"淹没"在扰动信号中，这样一来，控制效果就大打折扣了。因此，微分控制作用一般都需要配置一个能够过滤高频扰动信号的滤波器。

10.4.4　PID 控制的优点、缺点和改进思路

上面大致讲述了 PID 控制的基本原理和各项控制作用的特点，现在再回过头来谈谈为何 PID 控制历经百年仍能受到工程界的广泛欢迎，保持很高的普及率和应用率。

首先，要归功于 PID 控制简单明了。比例、积分和微分控制作用的调节机制简单，物理定义清楚，专门研究自动控制的专家能理解，一般的现场工程师也能容易理解。其次，设计和调节

参数少，最多也就 3 个，而且 3 个参数如何起作用、遇到性能不好时该如何调整，这些都是明确的。从工程应用的角度看，控制系统的工作环境和工作状态一般都比较复杂，存在很多不确定和无法预料的因素，如各种各样的扰动、对系统特性的认识有误差、系统中有些参数随时间和工作状态而改变（时变参数）等，因此实际系统在完成理论设计后，都要在实际运行中进行调整，也就是要保留用于调整的控制参数，而且调整方针应该明确，操作人员知道该如何调整，控制参数的数量还不能多，否则调整起来就费神费力，PID 正好具有这些所有的特点，因此它具有好用性。懂控制的人可以用，不懂控制理论的人也可以用，大致调整一下 3 个参数，就可能基本满足要求，或者根据经验公式先估算出 3 个参数的初始值，再实际调试一下即可。当然，从控制理论的角度进行分析和设计更容易找到 3 个参数的最佳组合，而且遇到问题也知道应当如何处理和改进。最后，PID 的好用性还表现在它的普遍使用性上，热水器的温度控制可以用，电梯速度控制也可以用，家用电器、食品加工、石油化工业、钢铁生产过程、机械制造过程等都可以用。

从 20 世纪上半叶开始，控制理论一直不断发展，产生了多种理论体系和多种控制方法，如自适应控制、最优控制、模糊控制、专家控制、学习控制、预测控制、变结构控制等。这些先进的控制方法在控制性能上虽然比传统的 PID 控制更优越，但一直没有取代 PID 控制在实际应用中的统治地位，原因正是 PID 控制具有简单实用性。不需要深厚的数学功底，也不需要高深的控制理论，使用者只要具备工科的数学基础和经典控制理论的基本知识，就能够对 PID 控制系统进行分析和设计，所以 PID 控制深受生产一线工程师的欢迎。

自提出 PID 控制以来，已历时约 100 年。在这么长的时间里，PID 控制当然不会一成不变，它自身也在不断地改进和完善。例如，为了减少手工调整 3 个控制系统参数的麻烦，产生了能够自动完成设计和计算参数的自整定 PID 控制；为进一步改善控制性能，研究专家研究出了能够根据系统的工作状态实时调整 PID 参数的自适应或智能型 PID 控制方式；为了避免积分控制作用对动态性能的负面影响，同时又充分利用能够消除稳态误差的优点，产生了"积分分离"的 PID 控制，即误差较大时去掉积分，误差小到一定程度才投入积分；引入微分控制作用主要是为了反映被控量的变化趋势，因此可以不对误差、而对控制量进行微分，从而提出了所谓的"微分先行"的 PID 控制方式。

最后要说的是，PID 控制尽管通用性强、应用广泛，但并不是万能的，它也有其固有的缺点和局限性。首先，PID 控制的基本思想是以简单的控制结构来获得相对满意的控制效果，由于结构受到限制，因此控制效果一般不会达到最佳状态。要真正获得最佳效果，就应当在不限制控制结构的前提下，根据对控制性能的某个评判标准进行分析和设计，计算出最优的控制结构和控制参数（这属于最优控制的范畴）。其次，需要控制的机器、设备、生产过程等时间系统有可能比较复杂，控制难度大，如包含时变参数、较大的时间延迟、控制量或输出量可能不止一个（多输入/多输出系统），且改变一个控制量常常会同时影响多个输出量，或改变不同的控制量会影响同一个输出量（这种现象称为有"耦合"，消除这种"耦合"关系则称为"解耦"）等，对于这样的系统，PID 控制效果是很有限的，有时甚至完全无法正常工作。PID 控制的上述两方面缺陷也是人们寻求更好、更先进的控制方法的主要原因。

10.5　最热门的控制方法——智能控制

科学技术发展到今天，社会和人们的生活似乎已进入了"智能化"时代。"智能手机""智能空调""智能洗衣机"" 智能相机""智能汽车""智能交通""智能建筑""智能家居""智能小区""智能机器人"等词汇可谓铺天盖地、童叟皆知。这当中有些是真正具备了人类的智能特征，有些却不过是概念炒作而已。那么到底什么是"智能"，什么是"智能控制"呢？本书将对其进行详细介绍。

10.5.1　从传统控制到智能控制

"智能"一词虽然没有明确的定义，但有明显的含义和所指。人类是具有"智能"的生物，人的智能表现在其所具有的记忆能力、学习能力、模仿能力、适应能力、联想能力、语言表达能力、文字识别能力、逻辑推理能力、归纳总结能力、综合分析与决策能力等方面。因此，当采用的自动控制方式明显具有这些智能特征时，就可以将其称为"智能控制"。

人本身就是一个非常完美的智能控制系统，人脑及神经系统相当于智能控制器，对通过感官获取的各种信息进行综合分析、处理和决策，并利用手和脚等执行机构做出相应的反应，能适应各种复杂的控制环境，完成难度很大的任务。尽管人类已经研制出了能够战胜国际象棋大师的智能计算机系统，但综合评价的话，在人的面前，迄今为止所研制出来的绝大部分"智能机器人"都会相形见绌。

回顾一下自动控制发展的历程可以看出，自动控制的一个重要目标就是要取代人去完成任务，所以广义上讲，虽然几乎所有自动控制都在一定程度上模仿了人的控制方式，或多或少具有"智能"，但本节所讲的"智能控制"仍然有别于传统的自动控制方式，两者虽无明显的界限，但存在明显的区别。

一般地讲，传统的自动控制在设计控制器时首先需要建立描述受控对象运动规律的数学方程（数学模型），然后在成熟而系统的自动控制理论体系中选择一种最合适的设计方法，通过分析计算得到控制器的表达式，并用相应的物理器件去实现。所以，传统的自动控制是基于数学模型、以定量分析为主的控制方法；而智能控制则更多基于知识，有的利用专家经验实施控制，有的通过学习不断改进和完善控制性能，有的利用逻辑推理进行控制，有的模仿生物遗传和进化机制，有的综合运用多种方式。总的来讲，智能控制是以定性分析为主、定量与定性相结合的控制方式。因此，智能控制系统在很大程度上体现了人的控制策略和控制思想，拥有受控对象和环境相关知识以及运用这些知识的能力，具有很强的自适应、自学习、自组织和自协调能力，能在复杂环境下进行综合分析、判断和决策，即使存在各种干扰和不确定因素，也能取得很好的控制效果。

综上所述，智能控制属于典型的交叉学科，与人工智能和自动控制的关系最为密切，有时还需要结合系统论、信息论等的思想和方法。在智能控制系统的实现上则必须依托计算机技术、检测技术、通信技术等现代信息技术。尽管至今对智能控制还无法给出准确的定义，但笼统地讲，智能控制就是综合运用自动控制、人工智能、系统科学等理论和方法，以信息技术为依托，最大程度地模仿人的智能，实现对复杂系统的控制。

在理论层面上，常规控制系统的分析和设计已有成熟且较完善的理论体系可供利用，而智能控制系统则尚未建立系统的理论体系，而用于常规控制系统的理论和方法又难以直接利用和推广，即使是基本的稳定性分析，至今也没有系统的结果。究其原因，主要是智能控制与常规控制在控制思想、控制过程、实施方式等很多方面都存在本质的区别，而且智能控制的方法和形式都灵活多变，所以大部分智能控制都停留在"方法"层面，还没有上升到"理论"层面，因此控制规则的制定更多是基于人的直觉和经验，而不是某个理论体系，但这一点并没有对其实际应用造成明显影响。选择采用智能控制的主要理由是在很多情况下它确实行之有效，具有常规控制无法比拟的优越性，特别是当受控系统及所处环境都比较复杂时。

智能控制产生于 20 世纪 60 年代，1967 年，"智能控制"一词首先被使用、人工智能初步被尝试性地应用于自动控制，这标志着智能控制的萌芽。20 世纪 70 年代是智能控制的形成时期，对智能控制的概念、方法及应用都进行了一些探索。进入 20 世纪 80 年代以后，智能控制的发展速度加快，并开始应用于机器人控制、工业生产过程、家用电器等领域。20 世纪 90 年代以后，智能控制的研究成为热潮，其应用面迅速扩大到军事、交通、电力、汽车、建筑等多个领域，至今仍在快速的发展过程中。现在常用的智能控制方法主要有专家控制、模糊控制、神经网络控制、学习控制、遗传控制、进化控制、基于规则的仿人智能控制、多级递阶智能控制等。下面仅对专家控制和模糊控制做一个简单介绍，这两种方法也是提出较早、研究较深入和应用较广的方法，在智能控制方法中最具有一定的代表性。

10.5.2　专家控制

很多人可能都听说过专家系统（Expert System），如用于医学诊断及咨询的专家系统、用于指导合理使用化肥或农药的专家系统、用于服装设计的专家系统、用于汽车故障诊断及维护的专家系统等。所谓"专家"，指的是具有某一领域专门知识或丰富实践经验的人，而"专家系统"则是一个计算机系统，该系统存储有专家的知识和经验，并可用推理的方式针对问题给出结论。专家系统是人工智能的重要内容之一，这一概念早在 1965 年由美国斯坦福大学提出，但在 20 世纪 80 年代才将其引入自动控制领域，著名的自动控制专家、瑞典的奥斯特洛姆（Åström）于 1983 年首次将专家系统用于常规控制器参数的自动整定，并于 1984 年正式提出了专家控制（Expert Control）的概念。

简单地讲，"专家控制"是将专家或现场操作人员的知识和经验总结成知识库，形成很多条规则，并利用计算机、通过推理来实施控制。设计合理时，专家控制系统应接近或相当于专家在现场进行控制。

上一节讨论了热水器的 PID 控制问题，从讨论过程可以看出，PID 控制实际上或多或少体现了人的控制思想和控制方式，其参数的调整和确定往往也需要专家或操作人员的经验，但真正的专家控制会比 PID 控制灵活得多，其包含的知识和内涵也丰富得多，因此采用专家控制一般会比 PID 控制的效果更好。为了便于理解，下面只对最简单的情况进行说明。

同样考虑热水器的水温控制问题，若采用专家控制，可以把人的操作经验总结为很多条规则来进行控制。例如，根据常识和经验，水温显著偏离期望值时，无论其变化率大小，调整策略都应当是"与期望的温度比较，若水温很低，则将控制量调至最大（阀门开度最大）；若水温很高，则将控制量调至最小（阀门开度最小）"。当水温偏离期望值不多时，则调整时还应考虑其变化率大小，对应水温较低时的调整策略有可能是"若水温比较低，且没有上升或正在下降，则较大幅度调大控制量；若水温比较低，且在缓慢上升，则中等幅度调大控制量；若水温比较低，但上升较快，则适当调大控制量"。

要利用计算机来实现专家的控制思想和策略，就需要把专家的操作经验转换为计算机可以执行的规则，从而构成调节热水器水温的专家控制系统，其方框图如图 10.23 所示。其中用误差 e 表示设定值与水温检测值之差，水温检测值与实际温度值大致成比例关系，水温设定值代表了期望温度，也满足同样的比例关系。图 10.23 中，用误差 e 表示水温设定值与水温检测值之差。例如，假设水温检测值=0.05×实际温度值（V），则当期望温度是 40℃时，温度设定值应取为 0.05×40=2V，两者均为电压值；这样当实际温度为 40℃时，反馈信号也是 2V，没有误差；而当实际温度偏离 40℃时就会有误差，控制器就应当进行调节。也就是说，误差 e 间接地反映了期望温度与实际温度之差。

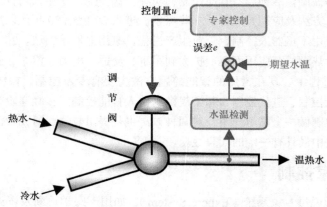

图 10.23　热水器水温的专家控制系统示意图

设 e 的变化范围为 $-5\sim+5$，再用 Δe 代表误差变化率，即当前采样时刻误差减去上一个采样时刻误差（计算机不能处理连续时间信号，所以计算机控制系统只能按一定的时间间隔采集误差信号，也就是将连续时间信号先变换为离散时间信号后再送入计算机进行处理）；用 u 表示专家控制器输出的控制量，并假设其最大值为 10（对应最大阀门开度），最小值为 0（对应最小阀门开度），则相应的控制规律可能是如下形式。

if $e>4$,　　then u=10;　　（水温很低，则输入最大）

if $e<-3$,　　then u=0;　　（水温很高，则输入最小）

if $3<e\leqslant4$ and $\Delta e\geqslant0$, then u=8;

（水温较低且没有上升，则输入很大）

if $3<e\leqslant4$ and $-1<\Delta e<0$,　then u=6;

（水温较低且缓慢上升，则输入较大）

if $3<e\leqslant4$ and $-2<\Delta e\leqslant-1$,　then u=3;

（水温较低且较快上升，则输入中等）

······

上述控制规律的基本思想实际上是把误差 e 和误差变化率 Δe 进行了分段，并根据其位于哪一段来决定相应的控制量，属于最简单且最直观的分段智能控制方法。专家的知识和经验一方面体现在如何对 e 和 Δe 进行分段，另一方面（也更重要）还体现在如何根据每一段的 e 和 Δe 来确定控制量 u 的具体取值。

对于上面讨论的热水器水温控制例子，也可以转换一种方式来构成专家控制系统。例如，将常规的 PID 控制与专家控制系统相结合，把专家设计和调试 PID 参数的知识和经验总结成一些规则，根据系统的运行状态自动调整控制器的相关参数。这就是所谓的"基于规则的参数自整定"PID 控制，属于智能型 PID 控制的范畴。

人工智能领域的专家系统主要由知识库、数据库、推理机构、解释机制和知识获取 5 个部分组成，其主要任务是完成咨询工作，对分析、计算和推理的实时性要求不高。而专家控制则要求不断根据反馈信息迅速做出决策，对实时性要求很高，因此专家控制器的结构一般比专家系统简单，其核心是知识库和推理机构。知识库主要存放相关领域的专门知识、控制专家及操作人员的经验、控制规则、控制算法等，推理机构则根据获取的反馈信息，在搜索知识库的基础上，利用相关知识和控制规则进行推理，给出所需要的控制量。专家控制系统的知识库规模都比较小，因此推理机构的搜索空间依然相当有限，推理机制也就相对简单得多。

与常规控制方法相比，专家控制的主要特点是，控制过程的核心是处理知识信息，而不是数值信息。它依据知识的表达和基于知识的推理来进行问题的求解，而不是基于数学描述方法建立处理对象的计算模型，在固定计算模式下通过执行指令完成求解任务，而且专家控制系统所存储的知识既可以是定性的知识，也可以是定量的知识，并可以利用知识获取系统随时对知识进行补充、修改和更新，因此，专家控制比常规控制更加灵活，运行更为方便可靠，对复杂环境的适应能力更强。

专家控制已成功应用于机器人控制、飞机的操纵控制、故障诊断、各种各样过程控制等领域，但同时也有一些问题有待进一步研究探讨。首先是专家经验和知识的获取问题，如何简便有效地获取专家知识、如何构建通用的满足控制要求的专家开发工具，成为研究专家控制系统的主要"瓶颈"；其次是知识的动态获取和更新问题，专家控制系统不同于一般的专家系统，是随时间变化的动态系统，如何在控制过程中自动修改、更新和扩充知识，并满足实时控制的快速性需求是非常关键的。

10.5.3　模糊控制

如果到电器商场走一圈，就会发现，洗衣机、空调、吸尘器、电冰箱、电饭煲、微波炉、照相机等很多家用电器都宣称采用了"模糊控制（Fuzzy Control）"，由此可见模糊控制的普及程度。模糊控制的基础是"模糊集合"和"模糊推理（模糊逻辑）"，而"模糊集合"的概念则是美国的扎德（L.A.Zadeh）教授于 1965 年首先提出的，并在此基础上建立了"模糊数学"理论。1974 年，英国的马丹尼（Mamdani）首次将模糊理论应用于蒸汽机控制，1985 年 AT&T 贝尔实验室研制出第一个模糊逻辑芯片。大约在 1990 年之前，模糊控制的发展一直比较缓慢，研究和应用都相当有限，控制界对"模糊理论"的严密性一直存在争议，对模糊控制的有效性一直心存疑虑。然而，在 20 世纪 80 年代末，当日本将模糊控制广泛应用于家用电器（洗衣机、空调、吸尘器、电冰箱、电饭煲、微波炉、照相机等）并取得成功后，更多的人加入到模糊控制的研究和应用行列中。1990 年以后，对模糊逻辑及其应用形成高潮，应用范围包括工业控制、地铁、电梯、交通、汽车、空间飞行器、机器人、核反应堆、图像识别、故障诊断、污水处理、数据压缩、移动通信、财政金融等领域，模糊逻辑和模糊控制取得了巨大的成功，知名度不断提高，几乎是家喻户晓。

那么，模糊逻辑技术为何如此受欢迎？它的优越性到底体现在哪里？简而言之，可将模糊逻辑技术的优越性概括为"简单、直观、有效、可靠"8 个字。

1. 模糊集合和隶属度函数

经典数学讲究"精确"，经典集合都有准确的定义。例如，所有正整数可以构成一个集合，1、2、3、…属于正整数集合，但-1、-2、1.3 等不属于正整数集合；正整数中的所有偶数也可以构成一个集合，2、4、6、…属于偶数集合，但 1、3、5、…不属于偶数集合。这就是经典集合的概念，它只能表达"属于"或"不属于"，"是"或"不是"，也就是"非黑即白"，没有中间状态，但在人采用的语言描述中，很多事情或概念比较模糊、并非如此"是非分明"，因此无法用经典集合来描述。例如，人的身高可以分为"高""中等""矮"，但"高"的程度不一样，"矮"

的程度也不一样，"中等"同样有程度区分，而且有的人可能介于"高"和"中等"之间，也可能是"中等"和"矮"之间，这些情况都无法用经典集合来描述。同样，气温也有"高""低"之分，但"高"到什么程度，"低"到什么程度，都是无法用经典集合描述的。

模糊集合的提出正是为了克服这样的缺陷，其关键是引入了一个"隶属度函数（Membership Function）"的概念，用来表达某个元素属于某个集合的程度，隶属度函数的取值为0~1，取 0 表示完全"不属于"，取 1 表示完全"属于"，介于两者之间时，取值越大表示"属于"的程度越高，反之亦然。

例如，如果要描述气温的高低，可以用 μ 代表隶属度函数，作为纵坐标，以气温 T 作为横坐标，则气温的"冷""热""适中" 3 个模糊集合可以直观而形象地表示为图 10.24 所示的 3 条隶属度函数曲线。这和人的感觉基本一致，"冷""热""适中"之间并没有明确的界限，只有程度的不同。就"冷"而言，一般认为 0℃以下肯定属于"冷"，对应于模糊集合"冷"的隶属度函数取值 1；0℃以上则随着气温的升高，"冷"的程度逐渐降低，对应于的隶属度函数取值也逐渐减小。"热"及"适中"的情况与此类似，20℃左右为"适中"，隶属度函数取 1，在此基础上气温升高或降低都会使"适中"的程度逐渐降低；约 37℃以上肯定属于"热"，在此温度以下"热"的程度越来越低。

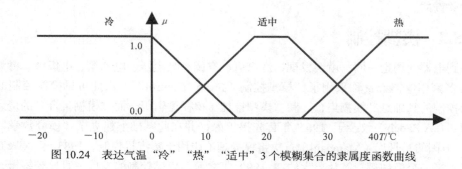

图 10.24　表达气温"冷""热""适中"3 个模糊集合的隶属度函数曲线

2. 模糊控制的基本思路与方法

下面以水箱水位控制系统为例进行说明。

水位或液位控制在建筑物、发电厂、食品加工厂、工业生产过程等很多地方都有应用，图 10.25 所示为简单而直观的一种基于模糊控制的水箱水位控制系统原理图。图 10.25 中的 y 表示实际水位高度，通过一个浮子—杠杆—电位器机构将水箱的期望水位与实际水位之差转换为电位器上的误差电压 e，模糊控制器则根据误差 e 进行决策，计算出所需的控制量 u，并通过执行电动机去改变阀门开度，调节进水流量，从而调节水位。该系统的进水口供水压力一般不恒定，出水量也可能是随机变化的，这是两种主要的扰动作用，控制的目标就是在系统受到各种扰动作用的情况下，通过调节进水流量来使水箱水位基本保持恒定。

图 10.26 为采用模糊控制的水箱水位控制系统的方框图，图中的给定输入 r 及经检测环节得到的反馈信号在图 10.25 中并没有明确表示出来，是隐含在浮子—杠杆—电位器机构中的，图10.25 的原理图只是直接表示出了误差信号。

模糊控制是基于模糊集合和模糊逻辑推理来完成任务的，模糊控制器的输入 e 是精确的数值，而模糊推理是要模仿人的思维方式，主要是定性的，因此首先要将输入的数值量转化为用隶属度函数表达的模糊量，这一过程称为"模糊化"；在"模糊化"的基础上根据事先确定好的推理规则进行模糊推理，模糊推理的结果也产生一个用隶属度函数表达的模糊控制量，但作为受控对象的水箱系统并不认识"模糊量"，因此需要把模糊控制量再转化成用具体数值表达的控制量 u，这个过程就称为"清晰化"或"解模糊化"。下面就来介绍模糊控制器是如何进行模糊化、模糊推理和清晰化的。

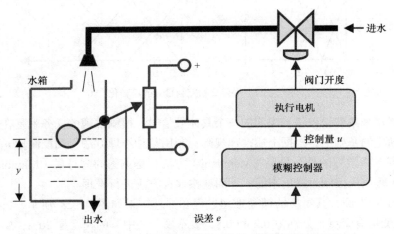

图 10.25　基于模糊控制的水箱水位控制系统原理示意图

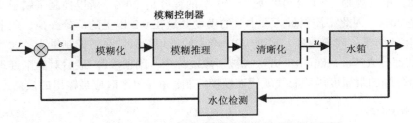

图 10.26　采用模糊控制的水箱水位控制系统的方框图

　　设误差和控制量的取值范围分别为 $-1 \leqslant e \leqslant 4$ 和 $0 \leqslant u \leqslant 5$，$e$ 的上下限分别对应水位变化的最低点和最高点，u 的上下限分别对应阀门的全开和全关。

　　为叙述简洁，假设对 e 和 u 的语言描述只有"大""中""小"3 种情况，那么对其模糊化的结果可能是图 10.27 所示的情况，图中"大""中""小"3 个模糊变量的隶属度函数曲线应尽可能地设置合理，因为会直接影响到后面的推理结果和控制效果。

　　模糊推理一般是同时根据误差和误差变化率来决定控制量的，这里为简单起见，只根据误差来进行推理。模糊推理规则的确定一般是根据经验和知识，此处可以制定如下规则。

　　（1）若 e 小，则 u 小；

　　（2）若 e 中，则 u 中；

　　（3）若 e 大，则 u 大。

　　由于 e、u 分别都只设了 3 级，且只考虑了误差，没有考虑误差变化率，因此只有 3 条规则。要控制得更精确一点，语言描述以"大"为例，还可以细分为"非常大""很大""比较大""有些大"等情况。显然，语言变量的级数越多，规则数就越多，若还考虑了误差变化率，则总的规则数应为（误差的级数）×（误差变化率的级数）。

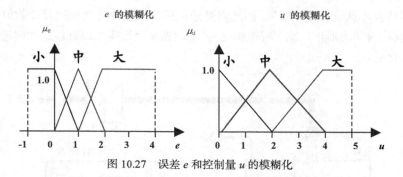

图 10.27 误差 e 和控制量 u 的模糊化

当模糊控制器采集到误差信号当前的一个具体数值时，模糊推理的任务就是在对误差变量 e 和控制量 u 模糊化的基础上，根据上述推理规则，利用某种推理方法得到控制量 u 的模糊值。推理的方法有很多，最常用的是马丹尼（Mamdani）方法，是英国的马丹尼（Mamdani）在首次将模糊理论应用于蒸汽机控制时提出来的，下面就按这种方法进行推理。

以误差 e=1.8 为例，其对应的模糊推理过程和推理结果如图 10.28 所示，e=1.8 与"中""大"两个模糊变量有交点，分别为 0.2 和 0.8，表示属于"中"的程度是 20%，属于"大"的程度是 80%。由于 e=1.8 同时属于"中"和"大"两个模糊变量，因此推理要用到前述的（2）和（3）两条规则，根据规则（2），e=1.8 属于"中"的程度是 20%，所以控制量属于"中"的程度也应该大约是 20%，因此将控制量为"中"的模糊变量在 0.2 以上的部分去掉，剩下的部分就是规则（2）产生的结果。同样道理，规则（3）产生的推理结果则是将控制量为"大"的模糊变量在 0.8 以上的部分去掉。Mamdani 方法也被形象地称为"削顶法"。最后对两个推理结果进行合并，合并后沿外围的隶属度函数曲线就代表模糊控制器在 e=1.8 时应当输出的模糊控制量。

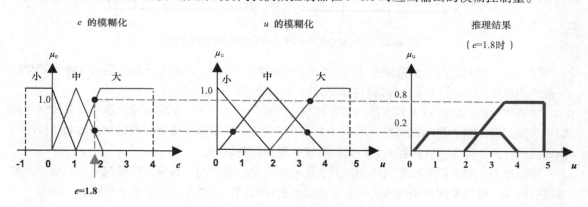

图 10.28 误差 e=1.8 时的模糊模糊推理过程和推理结果

通过模糊推理所得到的模糊控制量需要转化为一个具体的数值（清晰化），才能作用于受控对象。清晰化的方法有多种，最常用的是"重心法"。按照该方法求模糊量所占面积的重心，重

心所对应的横坐标可由 $u(k) = \dfrac{\displaystyle\int_0^5 \mu_{\mathrm{u}}(u)u\mathrm{d}u}{\displaystyle\int_0^5 \mu_{\mathrm{u}}(u)\mathrm{d}u} = 3.51$ 求出。对于上面的推理结果，如图 10.29 所

示，模糊控制量隶属度函数曲线所占面积的重心所对应的横坐标值，也就是 3.51，即为当前所需

要的控制量 u（该控制量对应阀门的开度为最大开度的 70.3%），该控制量作用于执行机构，从而使阀门开度达到要求。

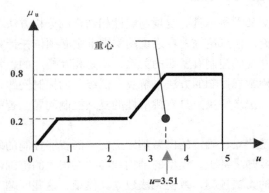

图 10.29　误差 e=1.8 时推理结果的清晰化

关于模糊控制有以下 5 点补充说明。

（1）模糊控制的设计主要依据操作人员的经验和操作数据，不需要建立精确的数学模型，模糊控制的性能好坏取决于如何确定模糊化所对应的隶属度函数，如何制定模糊推理规则，以及采用什么样的推理方法和清晰化方法，每一个环节都有多种选择，都涉及人的知识和经验，因此模糊控制本质上属于一种特殊的专家控制，也可以建立相应的知识库并在此基础上进行模糊化、模糊推理及清晰化。

（2）为了减小计算量，模糊控制的各个环节在实施时都采用"离散"的方式。首先是误差输入环节，e 在取值范围内按连续函数看有无穷多个数值，需要将其压缩为有限个，只按一定间隔取值，这个过程称为"量化"，如 e 按间距 0.1 离散后有－1，－0.9，－0.8，…，0.5，0.6，0.7，…，则输入值为 e=0.53 时，按四舍五入应量化为 0.5；其次是所采用的隶属度函数和重心法等清晰化方法也不一定按连续曲线来进行计算，而是采用按一定间隔值的"离散"方式，"离散"重心法又称为"加权平均法"。

（3）模糊控制器的输入量一般是同时取误差 e 和误差变化率Δe，在 e、Δe 和控制量 u 都进行量化后，有限个数据使 e、Δe 与 u 的对应关系就变成了只有有限种，因此模糊化、模糊推理和清晰化可以都采用离线的方式事先计算好，最终形成一个 e、Δe 与 u 的对应关系表（称为"查询表"），实时控制时只需要简单地采用查表的方式即可，这样在线计算量会很小，控制器对不同的误差情况可以做出快速反应，而且硬件实现的成本也相当低，一个廉价的单片机（集成在单个芯片上的计算机）就能满足要求。

（4）上面所举的模糊控制例子只采用了误差 e 作为输入，对应每一个具体 e，通过推理，都对应产生一个控制量 u，因此本质上等价于一个比例控制调节器（P 控制），只是比例系数并不固定，所以属于变参数的比例调节器。一般情况下，模糊控制器的输入为 e 和 Δe，这就等价于变参数的比例微分调节器（PD 控制）。由于没有积分环节，因此会产生稳态误差，即达到稳态后受控变量与期望值之间有误差，所以模糊控制常常和 PID 控制相结合，动态调节过程中采用模糊控制，而接近稳态时切换到 PID 控制方式或只引入积分控制作用。

（5）模糊控制虽然在控制性能上通常优于常规控制方法，展现出强大的生命力，但要从理论分析和数学推导的角度来加以证明却异常困难。另外，模糊控制系统的分析和设计尚缺乏系统性，设计过程更多地基于直觉、经验、试凑手段，因此常规的控制理论很难直接应用。

10.5.4 智能控制的特点

智能控制属于典型的交叉学科，具有定量与定性相结合的分析方法和特点，涉及人工智能、自动控制、运筹学、系统论、信息论等，在系统的实现上则必须依托计算机技术。

智能控制与传统的或常规的控制有密切的关系，不是相互排斥的，常规控制往往包含在智能控制之中，智能控制也利用常规控制的方法来解决"低级"的控制问题，力图扩充常规控制方法并建立一系列新的理论与方法来解决更具有挑战性的复杂控制问题。智能控制与传统的自动控制相比，有以下方面的特点。

（1）传统的自动控制是建立在确定的模型基础上的，而智能控制的研究对象则存在模型严重的不确定性，即模型未知或知之甚少，模型的结构和参数在很大的范围内变动。比如工业过程的病态结构问题、某些干扰的无法预测，致使无法建立其模型，这些问题对基于模型的传统自动控制来说很难解决。

（2）传统的自动控制系统的输入或输出设备与人及外界环境的信息交换很不方便，人们希望制造出能接收印刷体、图形甚至手写体和口头命令等形式的信息输入装置，能够更加深入而灵活地和系统进行信息交流，同时还要扩大输出装置的能力，能够用文字、图纸、立体形象、语言等形式输出信息。另外，通常的自动装置不能接收、分析和感知各种看得见、听得着的形象、声音的组合以及外界其他的情况。为扩大信息通道，就必须给自动装置安上能够以机械方式模拟各种感觉的精确的送音器，即文字、声音、物体识别装置。可喜的是，近几年计算机及多媒体技术的迅速发展，为智能控制在这一方面的发展提供了物质上的准备，使智能控制变成了多方位"立体"的控制系统。

（3）传统的自动控制系统对控制任务的要求要么使输出量为定值（调节系统），要么使输出量跟随期望的运动轨迹（跟随系统），因此具有控制任务单一性的特点，而智能控制系统的控制任务比较复杂。例如，在智能机器人系统中，它要求系统对一个复杂的任务具有自动规划和决策的能力，有自动躲避障碍物运动到某一预期目标位置的能力等。对于这些具有复杂任务要求的系统，采用智能控制的方式便可以满足。

（4）传统的控制理论对线性问题有较成熟的理论，而对高度非线性的控制对象虽然有一些非线性方法可以利用，但不尽人意。而智能控制为解决这类复杂的非线性问题找到了一个出路，成为解决这类问题行之有效的途径。工业过程智能控制系统除具有上述 3 个特点外，又有另外一些特点，如被控对象往往是动态的，而且控制系统在线运动，一般要求有较高的实时响应速度等，恰恰是这些特点又决定了它与其他智能控制系统（如智能机器人系统、航空航天控制系统、交通运输控制系统等）的区别，决定了它的控制方法和形式的独特之处。

（5）与传统自动控制系统相比，智能控制具有了人的控制策略和控制思想，拥有受控对象和环境的相关知识以及运用这些知识的能力，具有很强的自适应、自学习、自组织和自协调能力，能在复杂环境下进行综合分析、判断和决策，实现对复杂系统的控制。

（6）与传统自动控制系统相比，智能控制系统能结合以知识表示的非数学广义模型和以数学表示的混合控制过程，采用开闭环控制和定性及定量控制结合的多模态控制方式。

（7）与传统自动控制系统相比，智能控制系统具有变结构特点，能总体自寻优。

（8）与传统自动控制系统相比，智能控制系统有补偿及自修复能力和判断决策能力。

总之，智能控制系统通过智能机器自动地完成其目标的控制过程，其智能机器可以在熟悉或不熟悉的环境中自动地或人机交互地完成拟人任务。

10.5.5　对智能控制的展望

通过对前面智能控制及其两种典型方法的介绍可以看出，现有的各种智能控制方法都具有各自明显的优势和特点，但同时也都存在一定的局限性。因此智能控制的发展趋势就是将不同的方法有机结合在一起，取长补短，以获得单一方法难以达到的效果，如模糊控制与神经网络相结合构成模糊神经网络控制，基于专家系统的专家模糊控制，基于遗传算法或进化机制的神经网络控制等。

虽然智能控制与传统的常规控制方法在很多方面存在本质区别，然而智能控制仍然属于传统控制方法的延伸和发展，是自动控制发展的高级阶段。智能控制与常规控制并不是相互排斥的，而是可以有机结合或相互融合的。例如，常规的 PID 控制可以和智能控制结合构成所谓的 "智能 PID 控制"，可以利用专家系统、模糊推理或神经网络来自动调整 PID 控制器的 3 个参数。对于比较复杂的系统，反馈信息往往包括图像、声音、统计数据、各种时实变量等，这种情况下控制系统通常需要综合运用多种 "智能" 手段、智能控制与常规控制相结合的方式来解决问题，既要用到对各种检测信息进行处理和识别的技术，也可能用到 "多传感信息融合" 技术，还可能必须采取多层控制结构，在高层（决策、协调层）利用人工智能和智能控制进行综合分析、决策及协调，在底层（执行层）利用常规控制来解决 "低级" 控制问题，这样优势互补才可以更好地完成比较复杂的任务。

智能控制在很多方面已进入工程化、使用化的阶段，被广泛应用于社会各个领域，解决了大量传统控制无法解决或难以奏效的实际控制问题，展现出强大的生命力和发展前景。例如，城市交通、电力系统、智能型自主机器人等复杂系统的控制，往往要依据智能控制才能获得满意的效果；各种家用电器、各类生产过程等应用智能控制不仅避免了耗时耗力的常规建模过程，而且控制系统的设计通常也更简便，控制效果也更好，如智能控制的空调会比常规控制更节能、温度波动更小，智能控制的洗衣机洗衣会更干净、衣服磨损更小、耗水量更少等。

智能控制尽管已经取得了大量的研究和应用成果，但在控制领域仍属于比较 "年轻" 的学科，还处在一个发展时期，无论在理论上还是应用上都不够完善，虽然其应用前景广阔、应用成果丰富，但理论研究发展缓慢，在某些方面甚至停滞不前，造成了一种不平衡现象。随着基础理论的不断创新，人工智能技术和计算机技术的迅速发展，以及实际应用领域的不断扩大，智能控制将迎来它新的发展高潮，再创辉煌。

10.6　自动化技术与信息技术

人类经历了农业社会、工业社会，现在已迈入信息社会。那么什么是信息？什么是信息技术？它与自动化是什么关系呢？

"信息（Information）" 一词并无统一、准确的定义，大体的意思是指人类的一切活动和自然存在所表达出来的信号和消息，泛指各种消息、情报、数据、符号、信号等客观事物的有意义的表现形式。例如，讲话、手势、书报杂志、电话、传真、电视、互联网的内容，以及水、电、气表和温度计的刻度等都表达了某种信息。

信息技术（Information Technology，IT）是指对信息的获取、传输、处理和应用的技术。信息技术包括检测技术（信息的获取）、通信技术（信息的传输）、计算机技术（信息的存储和处理）、自动控制技术（信息的应用）等。

在信息技术的形成、发展和普及过程中，计算机技术与通信技术起到了极其重要的作用，所以在很多人的观念里，常常将信息技术和计算机技术与通信技术划等号。后来，人们进一步认识到，计算机技术与通信技术的结合虽然很好地实施了信息的存储、处理、传输和资源共享，但是，经过处理的信息如何发挥实际效用呢？能否利用这些信息来影响或改变外部事物的运动状态，使其有利于实现人们的目标呢？这就需要用到控制技术。因此，现在比较流行的看法是，信息技术是通信技术加计算机技术再加控制技术（自动化技术的核心），即所谓的"3C"技术（Communication，Computer，Control）。然而，这种观念似乎也有失偏颇，如果没有基于各种传感器件的声、光、电、温度、压力、流量、文字、图形、图像等的检测手段，如何获取信息？所以更全面的观点是，计算机技术、通信技术、控制技术和检测技术构成了现代信息技术的核心，但还不是全部。另外，微电子技术、图形图像的处理技术以及对各种信号进行分解、变换及滤波的技术等都应当属于信息技术的范畴。

人的各部分器官功能可以完全与信息技术相对应。人的感觉器官对应于信息获取，人的传导神经对应于信息传输，人的大脑（可以进行记忆、联想、分析、推理、决策等）对应于信息处理，而人的大脑与手、脚、语言器官等合起来对应于信息应用。自动化的主要目的就是取代人和帮助人更好地完成任务，因此大部分自动化系统的工作方式与人类似，都包含了信息获取、传输、处理与应用4个部分，例如，空调机的工作过程是先通过一个温度传感器检测室内温度（信息获取），然后将温度信号送至控制装置（信息传输），控制装置对该信号进行处理后（信息处理），按照一定的规则计算出所需的控制量并调整空调的运行状态（信息应用）；银行或商店的自动门通过一个红外传感器检测是否有人接近（信息获取），并将信号送至控制装置（信息传输），控制装置对该信号进行处理和运算后（信息处理），输出控制作用使门打开或关闭（信息应用）。这就说明，自动化技术涉及信息技术的全部。因此，自动化的发展离不开计算机、通信、检测等信息技术的支撑，信息技术领域的任何创造发明都可能给自动化带来新的机遇和发展。

需要指出的是，一方面，自动化是一个综合性很强的领域，它不仅涉及信息技术的全部，同时也涉及其他很多学科和技术，如机械和电气学科、气动和液压传动技术、电源变换技术、光电转换技术等。而且，自动化技术和信息技术虽有共性，但两者的侧重点是明显不同的。自动化是综合运用信息技术，使机器、设备、生产过程、管理过程等按照预定的规律自动运行或达成预期的目标。所以，自动化技术的重点在于信息的应用，即如何利用信息去实现有目的的行为，其核心是如何进行分析、决策和控制，而信息的获取、传输和处理则是实现这一目的的手段。因此可以认为，虽然自动化在很大程度上属于信息技术，但信息技术对于自动化而言主要是作为工具。自动化综合集成了信息技术和其他技术为自己服务。

另一方面，就信息技术而言，它的各个环节都涉及自动化技术，无论是信息的获取或传输，还是信息的处理或应用，如计算机的运算过程、其内部多种硬件的控制、计算机通信网络的建模与调控、网络流量的控制、网络服务的质量控制、通信卫星的控制、各种仪器仪表的控制等，都涉及自动化技术。所以，信息技术也离不开自动化技术的支持，自动化技术的发展同样会推动信息技术的发展。自动化技术与信息技术的关系是"你中有我、我中有你"，相辅相成，相互推动，同时又有各自的特色、要达到的目标以及各自要完成的任务。

10.7　自动化与信息化

　　"信息化（Informatization）"指的是在社会各领域普遍采用现代信息技术，更有效地开发和利用信息资源，从而大幅提高社会的工作效率、生产力和生活质量，推动经济发展和社会进步。

　　"信息化"一词最早起源于 20 世纪 60 年代的日本，日本社会学家梅棹忠夫在其发表的《信息产业论》中首次提出了"信息化"这个概念。他认为，信息社会是信息产业高度发达且在产业结构中占据优势的社会，信息化是由工业社会向信息社会演进的动态发展过程。到了 20 世纪 70 年代后期，随着信息技术的快速发展和广泛应用，信息化的概念才逐步为人们所接受和使用，信息产业步入了高速发展阶段。目前，信息产业已经成为全球第一大产业，同时也成为整个社会经济结构的基础产业，信息化极大地推动着当今社会的发展，使人类社会进入了崭新的信息时代。正是由于信息技术和信息化的影响如此巨大和深远，因此不少专家学者认为，可以将当前以信息化为主要特征的社会变革描述为"第三次工业革命"。

　　信息化是一个动态的发展过程，其基础是信息技术和信息资源，其核心是信息资源的开发和利用。信息化的发展与信息技术的发展密切相关，也经历了计算机化或数字化、网络化、智能化和集成化 4 个阶段。

　　从信息化的定义、内涵、产生背景及发展过程可以看出，自动化与信息化虽然并不是一回事，但是两者的关系密切，既交叉融合，又各有特色和重点。

　　首先，自动化与信息化都包含了信息获取、传输、处理与应用 4 个部分，都紧密依托于计算机、通信、控制、检测等信息技术，都广泛应用于工业、农业、社会、经济、国防军事、日常生活等领域。但两者的出发点和目的不同。自动化主要针对机械设备的自动运转，重点在于如何运用"信息"来进行"控制"与"优化"；信息化则主要针对信息本身的获取、传输、处理、检索及安全问题，包括信息编码、传输效率、信息纠错等内容，其重点是信息资源的开发利用，信息科技的推广普及和产业化等。

　　其次，宏观地看，信息化与自动化两者所包含的内涵虽然有很多交叉融合的地方，但总的来讲，信息化的概念显得更为广泛一些，可以大到一个国家及全球的信息化，也可以小到一个企业或家居的信息化。今天的自动化虽然已具有"综合化"的特征，其内涵相当丰富和广泛，但是毕竟比"信息化"略逊一筹。因此，也可以说自动化在很大程度上是信息化的重要组成部分，但不能认为其完全属于信息化，因为自动化有很多独特的地方，是信息化所不具备的。

　　最后，需要说明的是，自动化与信息化既交叉融合，又互为依托、相互促进。实现信息化的基础是信息技术，而信息技术的发展离不开自动化技术，所以自动化技术也是信息化的基础，自动化的发展会推动信息化的进程。反过来看，自动化的重点是根据所获取的信息进一步分析、决策和控制，信息化做得好，就可以快速准确地得到所需要的信息，为进一步的分析、决策和控制提供依据。因此，信息化在很大程度上也是实现自动化的基础，信息化的发展同样会促进自动化。当今社会，无论是一个城市的"信息化系统"，还是一个企业的综合自动化系统，或者是正在推广普及的家庭自动化系统，都无一例外地同时包含了信息化和自动化的内容，而且两者常常是融为一体的，很难将其截然分开。如今一些流行的说法，如信息家电、智能家居、智能建筑、智能交通、电子商务、数字电力、数字城市、数字地球等，实际上都需要信息化与自动化的有机结合，只不过有的偏重于信息化，有的偏重于自动化而已。

21 世纪是数字化和信息化时代，同时也是自动化进入新的发展高潮的时代。自动化是信息化的重要组成部分，也是实现信息化必不可少的载体。没有自动化，就没有信息化，也不可能有现代化。如今，国家正致力于通过信息化带动和推进工业化，以提高企业的市场竞争力和整体实力。根据我国 2006 年发布的《2006—2020 年国家信息化发展战略》，中国信息化发展战略可概括为，以信息化促进工业化，以工业化带动信息化，走出中国特色的信息化道路，并明确指出了发展重点之一是"利用信息技术改造和提升传统产业，促进信息技术在能源、交通运输、冶金、机械和化工等行业的普及应用，推进设计研发信息化、生产装备数字化、生产过程智能化和经营管理网络化。充分运用信息技术推动高耗能、高物耗和高污染行业的改造"。随着自动化与信息化的不断深入融合与发展，自动化应该、也必将会在这一过程中发挥重要作用。

习　题

1. 简述自动控制理论的发展阶段。
2. 简述自动化的基本概念和发展历程。
3. 简述自动控制系统的基本控制方式和控制方法。
4. 日常生活中有许多开环控制和闭环控制系统，试举几个具体例子，并说明它们的工作原理。
5. 简述智能控制的特点。
6. 简述自动化技术和信息技术的联系与区别。
7. 简述自动化和信息化的关系。

第11章
智能家居与智能汽车

11.1 家庭自动化——智能家居

在自动化的应用领域里，"家庭自动化（Home Automation）"应当是最贴近人们日常生活的，与人们的关系最为密切。谈到"家庭自动化"，很多人可能都会联想到家里的空调、冰箱、洗衣机、吸尘器、微波炉、计算机、宽带网、手机等电器和设备，尽管这些装置确实属于"家庭自动化"的组成部分，但不是全部。"家庭自动化"的内涵要比这丰富得多，未来的发展空间非常广阔，发展前景也极为诱人。

11.1.1 家庭自动化的基本概念和发展概况

与"家庭自动化"含义相近的说法还有"智能家居（Smart Home）""数字家园（Digital Family）""网络家居（Network Home）""电子家庭（Electronic Home 或 E-home）"等，而在各种媒体上使用频率最高的词汇往往是"智能家居"或"智能住宅"。虽然每种说法的侧重点有所不同，但实际意思大同小异。

随着生活水平和消费能力的不断提高，人们开始追求更高的生活质量和更舒服的生活环境，自动化及智能化的家庭越来越受到人们的青睐。在生活与工作节奏越来越快的今天，实现家庭自动化不仅可以减少烦琐的家务，节约时间，提高效率，使生活更为惬意、轻松和安全，而且能够全面提高生活质量、改善生活品质，让人们有更多的时间去休息和休闲，去学习和提高，去做更具创造性和挑战性的事情。

那么，家庭自动化主要指什么呢？就总体目标而言，家庭自动化就是要给人们创造一个安全、高效、优雅、舒适、节能和环保的居住环境；就其技术手段而言，家庭自动化就是要充分利用计算机、通信、检测、人工智能、自动控制、机器人等现代科技，通过对环境的自动监测，对信息的综合处理和各种服务功能的优化组合来有效地管理和控制家中的各种设备，使其更好地为人们服务；就具体内容而言，家庭自动化就是为家庭生活服务的自动化和为家庭信息服务的自动化两大类型，几乎涉及家庭生活的每个细节，包括照明、采光、通风、气温调节、安全控制、医疗保健、家务劳动、家政管理、电子商务、休闲娱乐、花草及草坪灌溉等。家庭自动化系统如图11.1所示。

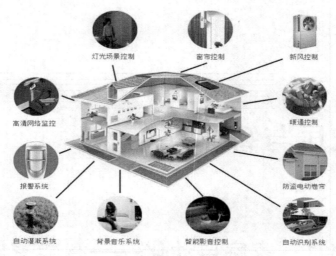

图 11.1 家庭自动化系统

家庭自动化最简单、最容易实现的形式就是单独控制每个设备，如冰箱、空调、洗衣机、计算机及网络等。实际上，我国大多数家庭目前都停留在这个水平上，但随着信息技术的发展、各种有线和无线网络的普及，网络技术在家庭自动化系统中得到普遍应用，网络家电、信息家电不断成熟，很多智能化和网络化的功能将不断融入新产品中，从而使得单纯的家庭自动化产品越来越少，其核心地位也将被家庭网络、家庭信息系统所取代，原来功能单一的产品将作为网络化系统的一个有机组成部分在家庭自动化系统中发挥作用，网络化已成为家庭自动化的重要特征之一。

网络化不仅指家庭的电气设备可以和电话网、移动通信网、互联网、电力网等外网连接，也指不同的设备可以互相连接起来，构成内网，因此人们就可以方便地在家中的任意一个地方对这些设备进行设置和控制，也可以在外面通过手机、电话、计算机等向家里的设备发出指令，实现远程控制。

有这样一个典型而生动的例子：2006 年底有一个巴西商人依靠先进的互联网科技抓住了企图洗劫他家的窃贼。这名商人叫佩德罗，案发时，他正在德国参加贸易谈判，突然家里的红外线防盗装置通过手机告诉他家里来了"不速之客"。佩德罗马上打开随身携带的便携式计算机上网，计算机屏幕上显示家里摄像头拍下的陌生人的活动图像，他便立刻报警。警察很快就赶到了佩德罗的家，将小偷抓了个正着。在网络化的基础上，各种数据、信息和功能都可以共享，很多设备可以合并。例如，一个红外探头的检测信息，既可以用来触发防盗报警装置，也可以用来控制灯光；家里的电视、空调、DVD、音响、微波炉、电饭煲等通常都各有各的开关和操作界面，而在网络化家庭中，只用一个遥控器，就可以在居室的任何地方操控所有的家用电器，包括家用计算机；显示屏既可以用来看电视，也可以用于计算机，还可以用于可视电话等。基于网络化和数字化的家庭自动化系统可以融入更多的人工智能手段，使系统越来越"聪明"，自动化程度越来越高。"网络化""数字化""智能化"和"自动化"是家庭自动化系统发展的大趋势。

家庭自动化技术的发展已有 30 年的历史。日本的一些公司最早提出了"家庭自动化"这一概念，于 1978 年提出了家庭自动化的基本方案，并于 1983 年发布了住宅总线系统（Home Bus System）的第一个标准。美国 1979 年推出了实用性很强的 X10 系统，利用每个家庭都有的电力传输线进行数据传输和设备互联，可以"即插即用"，因而得到了迅速推广，产生了较大的影响，并在其后针对住宅网络与控制制定了一系列标准。欧洲各国、东南亚的新加坡、中国等很多国家都相继开展了家庭自动化或智能家居的研究，推出了多种标准、技术和产品。我国家电市场已出现了可用电话遥控开关的空调器、电饭煲等网络家电产品，以及完全无需人操控的全自动吸尘器等，引起了市场的广泛关注。在很多城市还出现了智能示范小区，将智能化系统引入家庭，利用综合布线将各种设备连成网络，电话、电视、计算机三网合一入户，一般能够提供家庭防盗、燃气水电三表自动抄送、远程家庭医疗看护、远程监控家电和数据、图像传输等功能。据国外报道，计算机控制的"机器人厨师"也已经出现，它兼具煎、炒、烧等功能，是一件非常精密的厨房高科技产品，使用时只需把所有切好的食物材料装进去，将食谱记忆卡插入，这个"厨师"就可以精确地自动烹调出一道道美味佳肴。另外，有些国家已研制出了家用机器人，它可以代替人完成端茶、值班、洗碗、扫除以及与人下棋等工作。家用机器人与一般的产品机器人不同，它属于智能机器人，能依靠各种传感器感觉所处环境，能听懂人的指令，能识别三维物体，具有灵活的关节手臂等，但这种机器人要真正进入家庭尚需时日。总而言之，由于家庭自动化面向千家万户，具有强大的市场发展潜力，因而竞争非常激烈，发展也异常迅猛。

目前最具有代表性的智能家居是微软创始人比尔·盖茨（Bill Gates）的高科技住宅——"未来之屋"（见图 11.2）。这个耗费巨资、花费数年建造起来的湖滨别墅，堪称当今智能家居的经典之作，被誉为"世界上最聪明的家"。在这座房子里共铺设了 83km 的电缆，分布着长达几千米的光纤数据线。它们将房内所有电器设备连接成一个标准的家庭网络。同时，房间内外到处都装有各种类型的传感器（检测装置），以及可以触摸、感应的开关，并由计算机统一协调地控制房间的灯光、通风、温度、湿度和音乐等。大部分设备都是完全自动地运行和进行调节，当然在需要时也可以进行人工干预和操作。

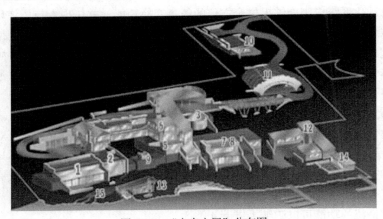

图 11.2 "未来之屋"分布图

住宅大门外装有气象情况感知器，可以根据各项气象指标，自动控制室内的温度、湿度和通风。地板中遍布的传感器在感应到有人到来时自动打开照明系统，并根据外面光线的强度自动调节房间内的灯光亮度，在人离去时自动关闭。

智能化程度最高的部分首推会议室，这个房间可随时高速接入互联网，24 小时为盖茨提供一切他需要的信息。盖茨可以随时召开网络视频会议，商议大事。同时，室内的计算机系统还可以通过遍布在整个建筑物内的传感器网络，自动获取和记录所有信息和发生的情况。

每一位客人在跨进盖茨家时，就会领到一个内设微芯片的胸针，这是所有访客体验这座科技豪宅都必须配备的。通过胸针与中央计算机及控制系统的信息交互，可以随时显示客人所处的位置，并根据客人的喜好自动调节室温、音响、灯光及影视系统等，而且无论客人走到哪里，设置好的一切会"如影随形"。所有这些神奇的功能都是由中央计算机系统自动控制的，不需要任何人拿起遥控器来进行设定。

在安全保障方面，门口安装有微型摄像机，除主人外，其他人欲进入门内，必须由摄像机"通知"主人，由主人向计算机下达命令，大门方可开启。当主人需要就寝时，只要按下"休息"开关，设置在房子四周的防盗报警系统便开始工作；当发生火灾等意外情况时，住宅的消防系统可通过通信系统自动对外报警，显示最佳避难方案，关闭有危险的电力系统，并根据火势自动进行供水分配。

除此之外，厨房内装有一套全自动烹调设备，卫生间里安装了一套用计算机控制，可以随时检测主人身体状况的智能马桶，如果发现主人身体有异常，计算机会立即进行提示或发出警报。房间里的大部分自动化设备都可以通过有线或无线网络进行远程控制，主人在回家途中只需要通过手机就可遥控家中的一切，包括开启空调、简单烹煮、让浴池自动放水和自动调温等。

比尔·盖茨的"未来之屋"可以说是现代最新科技与家居生活的一次典型对接，尽管它对于普通家庭而言，是名副其实的"未来之屋"，但其中一些局部的功能已经开始进入普通家庭，"未来之屋"对普通民众而言已不再那么遥远。

11.1.2 家庭自动化的主要功能和特点

总的来讲，家庭自动化需要先进的计算机技术、网络通信技术、综合布线技术、检测与控制技术等，将与家居生活有关的各种子系统有机地结合在一起，构建服务、管理和控制为一体的高效、舒适、安全、便利和环保的居住环境。

现代家庭自动化系统应当能够提供全方位的信息交换功能，并体现人与居住环境的协调，住户能够随心所欲地控制室内的居住环境以及与外界的交流和沟通。因此，家庭网络是最基本的条件，相当于住宅的"神经系统"。它不仅能够使各种设备互相连接，互相配合，协调工作，形成一个有机的整体，而且可通过网关与住宅小区的局域网和外部的互联网连接，并通过网络提供各种服务，实现各种控制功能。

从整体上看，家庭自动化系统相当于一个中等规模、比较复杂的反馈系统，包含多个子系统，需要大量的传感检测装置来采集数据、获取信息，并传送给计算机，计算机对这些数据和信息进行分析、计算、判断和处理后，实施相应的控制动作或做出相应的反应。实现了网络化、智能化和自动化的家居将不再是一栋被动的建筑，而是主动为主人服务，帮助主人充分利用时间的智能化工具。

家庭自动化系统的功能可以归纳为以下4类。

（1）安全监控及防灾报警自动化

出于对自身安全及财产安全的考虑，家居的安全性是人们最基本的一项需求，而全自动的安全监控及报警装置可以使人们在家里"高枕无忧"，一种较典型的家庭安全监控系统的组成如图11.3所示。通过摄像头、红外探测、开关门磁性探测、玻璃破碎探测、煤气探测、火警探测等各种检测装置的信息采集，可以全天24小时自动监控是否有陌生人入侵、是否有煤气泄漏、是否有火灾发生等；一旦发生紧急情况就立即进行自动处置和自动报警，及时关闭煤气阀门、自动喷水，向小区物管和警方报警，也可以通过手机向房主报警。房主还可以通过网络在外面任何地方随时监控该安全系统，并在需要时查看住宅内外的视频信息。门禁系统可以采用智能卡或每个人特有的指纹识别、眼睛虹膜识别等手段，这样房主进出门都不必携带钥匙，其他人也不可能复制钥匙，安全性很高。

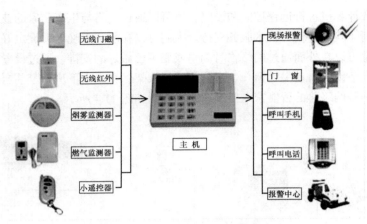

图 11.3　家庭安全监控系统的组成

（2）家电设施自动化

家庭自动化的一个显著特点就是能根据住户的要求对家电和家用电器设施灵活、方便地进行智能控制，更大程度地把住户从家务劳动中解放出来。家电设施自动化主要包含两个方面：各种家电设施本身的自动化，以及各种设备进行相互协调、协同工作的自动化。

下面举 3 个例子做简要说明。

例 1：全自动智能洗衣机

真正的全自动洗衣机可以辨别洗衣量、衣服的质地及脏的程度，并根据这些信息自动确定洗衣粉的用量、水位高低、水的温度、洗涤时间和洗涤强度。人们需要做的只是把衣物扔进去就什么也不用管了。另外，如果洗衣机属于可以联网的信息家电，并内置各种传感器和监视器，那么它还能自动进行故障诊断，发现问题并给出处理建议，也可以通过网络将信息传送给厂家的客户服务中心，对问题进行判别和处理，这样，洗衣机的保养问题基本无需使用者操心。

例 2：智能冰箱

自动化程度高的智能冰箱不仅能够根据检测的温度自动调节制冷强度，从而保持温度恒定，还可以通过安装在冰箱上的条形码扫描仪、触摸屏和计算机控制系统，自动显示冰箱内的食品数量，当某种食品减少到一定程度时，就会"提醒"主人食品是否过期或需要补充，并可自动通过网络进行网上采购，主人在回家前可以通过网络或手机查询冰箱内储存的食品是否充足，以便决定是否需要购买。

例 3：智能微波炉

传统微波炉的输出功率是不可调节的，因此，在加热过程中，所谓的火力调节只是通过电源的不断开关来控制温度的平均值，而能够变频的微波炉则通过导入变频电源，可以自如地调节输出功率，实现真正的火力调节，更加接近明火烹饪，从本质上改善了微波发射的均匀性。在此基础上，智能微波炉还可以实现"智能感应"和"智能控制"功能，不需人为设定时间和火力，炉内感应器根据食物的实际烹饪情况，自动选择食物最佳的火力和烹调时间，使烹调更为简便。与网络相连的微波炉还可以进行远程控制，通过互联网或移动设备可以在任何地方向其传送工作指令，也可以从互联网下载菜单，并根据菜单和食品的相关信息，决定烹饪方式、加热温度和加热时间。像这样智能化的微波炉以及其他现代化的厨房设备可以使人们轻而易举地享受"美食"。

对于网络化的家用电器和电气设施，既可以直接在住宅里进行设定和输入控制指令，也可以在外面通过电话或计算机进行远程控制和设定，还可以通过网络与生产厂家的技术支持服务器连通，获得故障诊断、软件升级等技术服务支持。人们可以在前一天晚上就设定好第二天的家电工作程序和时间，也可以在外面通过网络临时调整或变更已做好的安排。通过设置，网络化智能家电控制系统可以在下雨时自动关闭窗户、自动收拢晾衣架，在主人下班回家前自动开启空调、自动烹饪食物等。一种网络化的智能家电控制系统示意图如图 11.4 所示。

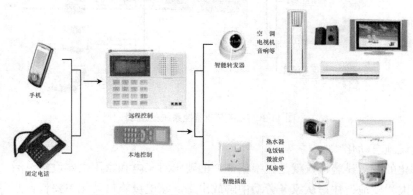

图 11.4　一种网络化的智能家电控制系统示意图

家电自动化系统除了上述作用外，还应当提供丰富的系统关联功能，使不同的系统能够协调工作。例如，当主人准备看电视时，一打开电视机，客厅灯光就自动调到主人喜欢的亮度，窗帘自动拉上；当有电话打入时，电视机或音响的声音自动调小；当主人家中来客人时，灯光将自动调亮，音响将自动播出欢快的乐曲，等等。

（3）环境调节与节能自动化

自动化的家居应当能够自动监测室内的温度、湿度、亮度等环境状态值，并根据住户的需要自动进行调节控制，在不需要时，能耗装置可以根据情况自动调小或关闭，以节约能源、降低费用。例如，照明控制根据光线强度自动调节灯光亮度，并在有人时自动开灯，无人时自动关灯。对空调的控制，可以根据情况自动开启或关闭系统，自动进行预热或预冷；还可以根据室内温度和湿度情况自动转为低耗运行；当检测到外面温度合适，不需要使用空调时，可以自动将窗户打开到最合适的程度等。

（4）信息服务自动化

自动化家居的通信和信息处理方式更加灵活、更加智能化，其服务内容也将更加广泛。通过将住户的个人计算机和其他家电设施联入局域网和互联网，充分利用网络资源，可以实现从社区信息服务、物业管理服务、小区住户信息交流等局域网功能到访问互联网、接收证券行情、旅行订票服务、网上资料查询、网上银行服务、电子商务等各种网络服务。

人们可以不受时间和空间的限制，自由自在地在家办公、学习、炒股、"逛街"、购物、存取款和转账；可以结合家庭影院实现在线视频点播、交互式电子游戏等。在条件具备的情况下，还可以实现远程医疗、远程看护、远程教学等功能，并可在家里与客户进行业务洽谈，处理各种事务，召开远程视频会议，进行生产调度和指挥等，真正做到"足不出户，运筹帷幄"。

通过联网，自动化家居可以对水、电、气、电话和网络的使用实现自动计量、自动抄表和自动收费，在出现异常现象或余额不足的情况下自动提醒主人，给住户带来很大的便利，也减少了物业管理工作量。用户也可以随时查询各种费用的情况，方便用户对费用进行自我控制。

11.1.3 未来的家庭自动化——智能家居

从目前的科技水平和发展趋势看，家庭自动化系统会持续地高速增长，新技术、新产品会不断出现并投入应用。

可以想象一下，未来高度自动化的家居生活会是以下这样一个情景。

清晨，当你还在酣睡时，家里的很多电气设备已经开始工作了，为你准备洗浴热水和早餐。到了起床时间，电子时钟会用一首轻快动听的乐曲唤醒你，自动窗帘缓缓拉开，暖暖的阳光照入卧室。洗漱完毕后，电动健身器材会"招呼"你去健身锻炼，你的健康指数会随时显示在健身器材上，提醒你加强身体某个部位的锻炼。当你大汗淋漓地走进浴室时，浴室的照明设备自动启动，温度适宜的热水已准备好，水温还可根据你的需要随时调节。洗浴完毕，美味可口的早餐已经在等着你了。在你用餐时，音响或影视系统会根据你的爱好自动播放音乐、天气预报或早间新闻。

出门时，语音装置会向你提示一天工作日程安排及应携带的物品。当你离开后系统会自动关闭不需要的电源，还会自动检查水和煤气的安全性，并启动防盗报警装置。数字门锁会"忠实"地为你把守大门，它可以根据声音、长相、人体气味等识别家人，决定是否开门。当你不在家时，基于中央控制系统的"虚拟管家"会为你管理一切事务，包括安全防范、洗衣服、给花浇水施肥、通过服务机器人自动打扫房间卫生、检查食品和日用品是否充足并通过网上订购等。

无论你在哪里办公或出差，打开手机或计算机就可以知晓家中的全部情形，可以核实空调是否已经关闭，所需物品是否已经采购，住宅内是否安全等。一旦家中有"不速之客"或发生意外事件，系统便会"全程跟踪"，并发出警报，通知主人及相关部门进行处理。下班回家途中，你只需要通过手上的移动电话或掌上计算机向家里的电器发出指令，相关电器设备就会有条不紊地工作。空调器先清洁室内的空气并自动把室内湿度调到最佳，在天色已晚时自动窗帘会徐徐拉上，电饭煲、微波炉等厨房设备开始准备晚餐。

当你下班回家，大门会自动打开，室内照明会自动开启，亮度适宜；居室的温度、新鲜空气量和空气洁净度早已自动调到令你满意的程度，让你感到舒适温馨；家门口的自动储物箱会提醒你网上订购的蔬菜和日用品已经送到。晚餐已经准备好了，如果你还想增加点什么，只需要打开智能炉灶，"告诉"它你想吃什么，它马上会显示所有原材料的清单及制作的方法步骤，你可以亲自下厨去做，也可以只简单地准备一下，自动烹调设备就会很快把菜做出来。

同现在相比，未来的家庭自动化系统将发生很大变化。家庭网络将贯穿整个家居，大大小小的家用电器都是真正的信息家电，甚至每个电器、感应模块和操作终端以及其他住宅设施都有单独的网络识别地址，方便访问和记录事件。许多原来功能单一的家电产品，如电视、音响、电饭煲都已融入信息家电系统中，由家庭中央控制系统统一安排和处理各个应用终端。未来电视机和计算机显示器没有区别，都将只是一个显示设备，其他功能都由家庭网络中的专用模块来完成。所有模块都相当于家庭自动化系统中的一个零部件，相互配合、协同工作，形成一个有机的整体。

这样建构的自动化系统更加智能化、更具人性化，给人们带来更多的方便和舒适。人们可以只用一个带图文菜单的小巧遥控器，通过无线技术，完成对所有家电、窗帘、浴室设施、报警监视器、照明系统等的控制。安全防范系统将防盗、防火、防有害气体泄漏等功能融为一体，实现全方位防范功能。无论你身处哪个房间，也无论你在室内还是室外，都可以尽情地享受快速、便捷的网络通信。中央处理器可以通过计算机视觉、语音识别、模式识别等技术，配合人的身体姿态、手势、语音及上下文等信息，判断出人的意图并做出合适的反应或动作，真正实现主动、高效地为主人服务。若有电话打来，"电话管家"会代你接听，并在你所处的位置附近通过声音或显示屏提醒你,如果你在看电视,电视会自动降低声音。当你回到家里,自动化系统在大门打开的同时会解除室内的防盗报警状态,开启照明系统、音响或电视机。

人们打电话时,通常要根据对方所在场合拨打家中、办公室或手机等不同的号码,而未来的电话,每一个人只有一个号码,无论对方身处何处,只要拨打这个号码都能找到对方。如果是外国友人打来电话,只要讲的是属于世界上最常用的几种语言,电话会自动充当翻译,你只需讲普通话,双方就能无障碍地沟通。

今后人们出门也许什么证件和钥匙都不用带,个人身份识别系统已经电子化和网络化,能根据你的声音、指纹、掌纹、虹膜、DNA、相貌特征等识别你的身份,个人身份识别终端遍布全球每个角落。社会医疗、保险、个人理财、就业、进出门、乘坐交通工具等也都基于这个识别系统。有了这个识别系统,无论你在家里还是外出,都不用担心安全问题。

家庭网络化和数字化的迅速发展,将会使在家办公的人越来越多。未来的家庭就是公司办公场所的延伸,你的小书屋其实就是公司的一个办公终端。你可以在家里一边照看孩子,一边工作;可以一边逗宠物,一边工作;还可以一边看电视,一边工作。你不会因此而影响同事,重要的是不会影响你的业绩。不断出现的新技术和新产品将使工作效率越来越高。例如,修改稿件不用手工操作,不必敲击键盘,在你念稿子的同时,语音识别系统会自动按你的心愿把稿子修改到位。未来有可能出现的思维集成芯片会自动把你的思路按最佳方案整理并显示出来,使在家办公的你如鱼得水。你的健康状况,如血压、心跳、脉搏及体温等数据,可以随时通过连接个人计算机的健康监视终端传送给医疗机构,还可以和医务人员进行视频交流。

在未来的家庭自动化中,上学的孩子每人身上都将配备一只隐藏着的电子报警器,若有陌生人接触孩子,电子报警器会自动报警,并及时记录陌生人的面部图像和声音,反馈到家庭控制中心或相关部门。孩子被劫持时,电子报警器会随时定位,向家庭控制中心或相关部门指示方位,以便家长和警方可以尽快行动。

未来的智能机器人将成为家政服务的最佳人选,智能机器人不仅给主人干活,而且还具有模拟人脑的部分思维和功能,可以进行学习、记忆、分析、识别、判断等。未来的智能机器人不仅可以识别家人和陌生人,确保住宅的安全,还可以和你下棋、做游戏;当你生气时,它还可以逗你开心,排遣心中的郁闷。

11.1.4 家庭自动化发展过程中值得注意的问题

家庭自动化技术经过数十年的发展,已具雏形,展现了诱人的前景。然而时至今日,虽然很多家庭已经实现了网络化,但离真正的智能化和全面的自动化还有较大的距离,基本上停留在单机运行状态,各子系统尚未形成有机的整体。造成这一局面的原因很多,如各个公司各自为政、标准不统一,开发的产品有的成本太高,有的操作不够简单、维护困难等,但最大的问题还是产品的价格和实用性。要使家庭自动化在一般的家庭真正普及起来,就必须考虑老百姓的经济承受能力,注重产品的经济实用性,不能变相成为"有钱人的游戏",人"举手之劳"就能完成的事情就没有必要自动化,应当只让真正需要自动化的事情实现自动化。除此之外,在产品设计阶段就应充分考虑人的作用,不应当将人完全置身于家庭自动化系统之外,一切事情都由自动化系统代劳,这样做必然会导致成本攀升到大部分家庭都无法接受的程度,而且也不利于人的身心健康。人应当与自动化系统融为一体,作为其中的有机组成部分去发挥自己的作用。

家是人们居住的地方,在发展家庭自动化的过程中,应当特别重视环保与健康、人与电器的和谐等。一方面要注意保持居住环境的温馨和安静,不能将家变成一个充满机器和嘈杂的地方;

另一方面在充分享受电磁波带来的方便的同时，也要注意避免它的负面效应。当电磁辐射达到一定强度时，将导致头疼、失眠、记忆衰退、血压和心脏出现异常等症状，所以应该注意防止由于电磁辐射的"叠加效应"而影响到人们的健康。

尽管在推广和普及家庭自动化方面还存在诸多问题，但家庭自动化技术一直在不断演变和发展，推动其发展的主要动力是微电子技术、计算机技术、网络技术、人工智能技术及各种传感与检测技术。这些相关领域自身的发展一直非常迅猛，产品不断更新换代，成本却不断降低，大多数家庭都切身感受到了这些变化带来的好处。所以，可以相信，未来没有实现智能化和自动化的住宅将像今天不能上网的住宅那样不合潮流，每一个普通家庭的自动化系统都会逐步升级换代，并在不远的将来全面实现网络化、智能化和自动化。"家庭自动化"必将成为一个新的经济增长点，并同时带动许多相关行业的发展，有着广阔而美好的发展前景。

11.2　汽车中的自动化系统——智能汽车

在飞机、轮船、汽车、火车等诸多现代交通工具中，汽车在社会拥有量、使用的频繁程度或使用的方便性上，都处于极其重要的地位，随着现代科技的迅猛发展，新材料、新结构和新技术不断被运用到汽车上，特别是电子、信息和自动化技术，使汽车的动力性、安全性、经济性、舒适性、易操作性、排放性等得到全面改善和大幅度提升。据统计，20 世纪 80 年代初，汽车的电子设备还只占整车成本的 2%左右，而目前各种电子控制装置的成本已平均占整车成本的 25%左右，高档轿车甚至会达到 50%左右，而且还在继续提高，一辆中高档轿车上通常装有几十个微处理器，使汽车的综合性能达到了很高的水平。汽车的特征和性质已发生巨大变化，早已不再是以机械装置为主的交通工具，而是装备了大量高科技设备的机电一体化移动平台，自动化技术在汽车中扮演着举足轻重的角色，发挥着越来越重要的作用。

11.2.1　汽车自动化系统概述

1. 开发汽车自动化系统的目的和意义

随着现代生活节奏的加快，汽车的社会拥有量快速增长，由于汽车行驶的快速性与驾驶人员处理行驶中各种各样情况的反应速度过慢的固有矛盾，道路中各种各样的情况频频发生，使得道路拥堵现象比比皆是，交通事故也时有发生，汽车碰撞、翻车等所导致的安全事故频发。如何最大限度地预防和减少交通事故的发生已经成为现代交通面临的一大难题。

除此之外，汽车的大量使用给全球石油的供应造成了极大的压力，能源危机时刻威胁着人类；同时，汽车尾气排放所造成的污染也给人类的生存环境带来了严重威胁；再加上人们对汽车性能的要求越来越高，汽车已不仅是简单的交通工具，同时还是工作、生活及娱乐的工具。因此，利用信息及自动化等现代科技来全面改造和提升汽车技术是解决上述问题、满足人类生活与生存需求的必由之路。

世界各国都相继投入了大量的人力和物力进行汽车自动化装置的研制，20 世纪 60 年代就开发了晶体管点火装置，70 年代研制了基于集成电路的多种电控系统，80 年代进入了微机控制时代，90 年代及以后的发展趋势是基于微处理器和网络化的综合自动化，控制系统由原来的单一功能控制转向各种功能的综合优化和汽车整体性能的提高，已取得了很多重要成果，开发了很多新产品，对保障汽车行驶的安全、降低肇事率、节能降耗减排等都具有重要意义。

2. 自动化技术在汽车中的应用

在现代汽车技术中，自动化技术扮演着关键的角色，其主要应用领域体现在 7 个方面：汽车发动机和底盘控制技术，汽车安全技术，汽车节能和新能源技术，汽车防污染技术，汽车乘坐舒适性技术，汽车工况信息以及道路、运营信息技术，汽车再循环技术等。目前已经实现的自动化技术主要有以下 4 个方面。

（1）汽车动力及传动装置自动控制

① 汽车发动机自动控制：主要包括燃油喷射装置自动控制、空燃比自动控制、怠速自动控制、点火期自动控制以及排气再循环自动控制等。

② 汽车变速器自动控制：主要包括自动变速器控制、车速自动控制、车轮驱动自动控制以及牵引自动控制等。

（2）汽车车辆自动控制（或称为汽车底盘自动控制）

① 制动控制：主要包括制动防抱死系统和驱动防滑系统。

② 转向控制：主要包括动力转向自动控制和四轮转向系统。

③ 悬架控制：主要包括悬架（或悬挂）系统自动控制、空气悬架、主动式悬架等。

④ 巡航控制是指无论路况如何，都能自动保持设定的车速，无需人去控制油门。

（3）汽车车身自动控制

① 安全性：主要包括车身稳定控制系统、安全气囊控制系统、座位安全带自动缚紧装置等。

② 舒适性：主要包括汽车空调自动控制系统、车内噪声控制、太阳能通风装置控制、电子式仪表板、信息显示系统等。

③ 方便性：主要包括电子灯光自动控制系统、无钥匙车门及车门锁定、自动刮水器、自动开闭式车窗、自动扰流器等。

（4）汽车信息传递

汽车信息传递主要有多路信息传递系统、汽车导航系统、汽车蜂窝式移动电话等。

3. 汽车自动控制系统的基本组成和运行原理

汽车中的大部分自动控制系统都属于计算机反馈控制，即根据检查到的汽车运行参数，经计算机运算后作用于执行机构，从而控制或调节汽车的运行状态。以转向、制动等控制为例，汽车自动控制系统的基本组成结构如图 11.5 所示，主要由传感器、控制器和执行器 3 部分组成。传感器检测汽车发动机、变速器、制动系统、转向系统或悬挂系统等运行状况信号，经滤波、放大等处理后，再经 A/D 转换器等转换为数字信号输送到以单片机、嵌入式系统为核心的计算机控制器部分，将这些状态信息与给定输入进行比较判断，如果汽车的实际转向、制动等运行状况与指令的要求之间有差异，则控制器将该差异通过运算后进行控制决策，计算出应该给予执行器的控制信号并将控制信号传送给执行器，从而调节汽车的转向、制动等，使执行结果与指令一致。这就是汽车自动控制系统对其运行状况进行自动调节的最基本原理。

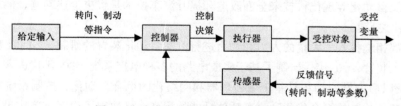

图 11.5　汽车自动控制系统的基本组成结构

4. 汽车自动控制系统设计开发的基本原则

（1）功能完备性与性能优良性

开发汽车自动控制系统的目的是解决汽车依靠通常的机械系统难以解决的那些难题。例如，采取自动防抱死控制系统是为了保证车辆在易滑路面上制动时的安全性；采用驱动防滑控制系统是为了保证车辆在易滑路面上行驶时的安全性；采用悬架控制系统是为了提高汽车操纵时的平顺性和稳定性；采用动力转向控制系统是为了在低速驾驶或停车时增强转向性等。从功能和性能上角度说，汽车自动控制系统就是为了极大地提高车辆行驶时的易操纵性、平顺性、稳定性和自适应操纵能力，改善行驶能力的极限，使驾驶更加舒服。

（2）相关性与整体性

汽车在各个操作、控制环节的运行状况通常是相互关联的，如果将各个部分割裂开来设计，不考虑相关性，可能导致意想不到的结果。例如，当利用主动悬架来减小车辆侧倾时，可能会导致四轮转向系统（4 Wheel Steering，4WS）横摆响应的减弱。同时，当利用 4WS 系统来改善横摆响应时，有可能使主动悬架的侧倾收敛效果大幅度减弱。又如，在设计主动悬架时如果没有考虑到防滑制动系统可能带来的影响，这样的系统在急刹车时将会引起车辆剧烈的上下起伏和纵向摇摆。

解决汽车自动控制系统相关性的最好办法是将汽车自动控制中的各个环节进行统筹兼顾，从整体的观点统一进行设计，即在各个环节的子系统上再加一级汽车车辆综合控制系统，以统一协调各个子系统，使整体性能进一步提高。

（3）层次性与协调性

将汽车自动控制系统的各个子系统按照层次进行设计，能够更好地解决整个系统的协调问题。按照这个思路，第一层次是人-车-环境控制系统；第二层次应当是车辆综合控制系统；第三层次是各个子系统，包括动力传动装置系统、制动控制系统、转向控制系统和悬架控制系统等；第四层次则是汽车前、后、左、右的 4 个悬架装置和 4 个制动装置的控制系统。

（4）随机性与适应性

汽车在行驶过程中所遇到的道路条件和气候环境有可能是大不相同的，汽车本身运行的工况也是瞬息万变的，因此，在设计汽车自动控制系统时必须充分考虑其动态性和随机性。例如，当开发悬架系统时，如果不考虑负荷动态变化和路面不平度发生变化时该系统的适应能力，那么该悬架控制系统就不能保证车辆达到良好的性能。

因此，汽车自动控制系统对外界运行环境的随机变化必须要有适应能力。

（5）可靠性

汽车自动控制系统的可靠性是其生命线，没有可靠性，就没有了完备的功能和优良的性能，更谈不上相关性与整体性、层次性与协调性、随机性与适应性。所以在方案探讨与具体设计中，应将可靠性列为头等重要的要素来考虑。

11.2.2　汽车中的自动控制系统

1. 发动机自动控制系统

汽车发动机自动控制系统最主要、最通用、最核心的部分是电子控制燃油喷射系统（Electronic Fuel Injection，EFI），该装置能够实现启动喷油量控制、暖车工况喷油量控制和伺服喷油量控制。若在该系统中再增加相应的装置，则同时还能完成空燃比反馈控制（Air-fuel Ratio Control）、怠速控制（Idle Speed Control，ISC）、点火期控制（Electronic Spark Advance，ESA）

和排气再循环控制（Exhaust Gas Recirculation，EGR）以及二次空气供给控制等功能。更先进的汽车发动机制动控制系统还具备智能控制、自适应控制及故障自诊断等智能功能。

电控燃油喷射系统由电子控制单元（Electronic Control Unit，ECU）、进气歧管内的压力传感器（或节气门前进气通道内的空气流量传感器）、转速传感器、水温传感器以及电磁喷油器（或冷启动喷油器）等部分组成。这里的电子控制单元（ECU）相当于该系统的"大脑"，将按照发动机不同工况，综合各种影响因素，准确地计算发动机所需的燃油量，以确保发动机混合气的空燃比在各种工况下都控制在恰当的范围内。具体讲，ECU 综合各个相关传感器反馈送来的信号，即根据进气歧管内压力传感器所测得的进气管负压或在节气门之前的进气通道上测得的空气流量，再根据由分电器测得的发动机转速，以及水温传感器测得的发动机温度等参数，计算出汽车在不同工况下发动机所需要的燃油量，再控制电磁喷油器或冷起动喷油器的喷嘴以一定的油压控制喷油量，将燃料喷射到发动机的进气歧管里与吸入的空气混合，然后进入发动机气缸燃烧，给发动机提供合适的动力。

目前，世界各国普遍将传统的化油器改用为电控喷射后，汽车燃油经济性与动力性能均有相当大的提高，且明显改善了发动机的排放性能。

2. 变速器自动控制系统

汽车变速器自动控制系统的主要作用是自动变速，除此之外，还可以扩展为自动巡航功能、手动变速功能、上坡辅助功能、自动诊断功能、支撑功能以及显示功能等。

汽车变速器自动控制系统通过分布于汽车各个部位的各种传感器，分别检测汽车运行过程中的有关汽车车速、发动机转速、发动机水温、节气门的开度、自动变速器液压油油温等参数，将其输入控制系统的计算机中。计算机根据这些参数确定汽车运行的状态，并与预先设定的换挡规律相比较，经计算、分析、决策，向换挡执行机构发出控制信号，经电磁阀、油压或气动或电动伺服机构等实施相应动作，完成自动换挡的功能，以适应汽车运行过程中不断变化的状况。也就是说，变速器自动控制系统可以自动获得最佳的挡位和最佳的换挡时机。应用于货车的电控系统还能够自动适应瞬时工况的变化，使发动机以尽可能适当地"巡航"转速工作。除了以控制车速为主以外，该系统还能综合兼顾处理驱动力矩、道路坡度和汽车荷载量等。该系统最主要的目的是使节约能源达到最佳程度，而且使汽车行驶的动力性和安全性达到最佳状态，同时还明显简化、方便了汽车的换挡操作。

汽车变速器自动控制系统由换挡控制器、换挡范围与换挡规律选择决策器、控制参数信号变换器、换挡执行机构、起步换挡器、换挡品质判别装置和系统能源等 7 部分组成。

3. 制动防抱死自动控制系统

制动功能的好坏是衡量汽车安全性能的主要指标之一。由于制动故障所造成的车祸在交通事故中占有相当大的比例，因此，近年来很多汽车生产厂商花大力气开发了在制动方面有极大功效的制动防抱死系统（Anti-lock Braking System，ABS），该系统目前已成为绝大部分汽车的标配。

汽车紧急制动时，由于制动力矩很大，车轮有可能完全停止转动（即常说的"抱死"现象）。在这种情况下，如果地面摩擦系数较小（如雨雪天路滑），车轮将在地面上滑移，有可能使汽车以很大的惯性向前冲，而且在车轮抱死滑移的情况下，车轮与路面之间的侧向附着力有可能完全消失。这就有可能造成即使在侧向受到很小的干扰力的情况下，汽车也将失去转向能力，同时会发生侧滑、甩尾，甚至在路面上旋转的现象。这种现象通常会带来很危险的后果，很容易造成严重的交通事故。

装有 ABS 的汽车在路面上制动时，利用自动调节制动力矩及作用时间来防止车轮被完全抱死，满足制动过程中对制动的要求，保持轮胎与地面间的附着力，最终避免车辆发生侧滑、跑偏或甩尾，增强汽车行驶的稳定性。

汽车制动防抱死自动控制系统的组成如图 11.6 所示，由检测车轮转速的转速传感器、电子控制单元（ECU）以及压力调节器、高速电磁阀和汽车原有的液压或气压的制动系统组成的执行机构共同组成。

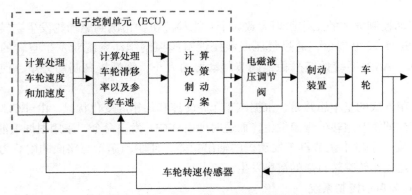

图 11.6　汽车制动防抱死自动控制系统的组成

汽车制动防抱死控制系统通过转速传感器检测车轮转速，同时又检测汽车液压或气压制动装置的工作情况，由此准确判断出路面的各种不同状况，以及汽车制动机构的车轮转动惯量和滞后量，在此基础上电子控制单元（ECU）采用合适的模式通过相应的计算、决策，给出适宜的调节量来调节电磁调节阀，从而实现对制动力进行带有自适应的自动调节，以达到通过调节车轮制动状态来改变车轮与地面滑移状况、附着状况的目的，由此极大地提高了制动减速度，缩短了制动距离，同时使车轮滑移率保持在 20% 的最佳状态，有效防止了侧滑，提高了汽车制动时的方向稳定性，大大增强了汽车的行驶安全性。

4. 汽车驱动防滑自动控制系统

现代具备大功率高速行驶性能的汽车，如果在附着系数相对较小的路面（如雨、雪潮湿路面或冰凌路面）上行驶，常常会发生因车轮不规则旋转（如猛踩油门突然加速或快速制动等）而造成打滑空转，从而大大降低车轮与地面之间的附着力，最终导致失去方向控制能力。这种现象是很危险的，极易造成车祸事故。因此，为了确保汽车在低附着系数的路面上行驶的安全性，应采取自动调节的措施防止汽车驱动轮空转打滑的现象发生。

汽车驱动防滑自动控制（Acceleration Slip Regulation，ASR）系统是为解决这一难题应运而生的。ASR 系统能够最大限度地避免汽车在不规则加速、减速过程中打滑、空转现象的发生，从而使汽车失控现象减小，由此提高汽车行驶中的方向稳定性和平顺性。ASR 系统与 ABS 的控制机制类似，都是以控制车轮和路面的滑移率为着重点，但两个系统在控制车轮滑移方面方向刚好相反，且两者分别是解决运行稳定性与制动稳定性的。由于两者有许多共同点，所以很多汽车常常将这两个系统合二为一，以进一步增强汽车的安全性能，同时还可共用许多共通的系统部件。可以说，ASR 系统是 ABS 系统的进一步完善和补充。

ASR 系统主要由车轮转速传感器、ECU、制动压力调节器、差速制动阀、发动机控制阀及发动机控制缸等组成。车轮转速传感器、ECU 和制动压力调节器在 ABS 系统里面都有，因此，当 ASR 系统在具有 ABS 系统的汽车上组装时，只要增加差速制动阀、发动机控制阀及发动机控制缸 3 种装置即可。

由上面的阐述可以知道，要保证大功率汽车在低附着系数道路上加速行驶时的安全性，关键的措施是防止驱动车轮空转。这里采用的控制方式大多为制动控制方式和发动机控制方式两种。制动控制方式是对经检测发现将要空转的驱动车轮施以制动力的控制方式，而发动机控制方式则是适度调整发动机加载到车轮上的驱动转矩，使车轮滑移率保持在最佳范围内以预先防止打滑的控制。

驱动轮制动控制方式的工作原理大致如下：当检测机构检测到驱动轮发生空转或将要发生空转时，由 ECU 发出指令，通过气压或液压调节阀控制制动系统对发生空转的车轮实施制动，在此期间，ASR 系统始终平稳地调节制动力的大小，缓慢提高制动力矩，使制动过程平滑稳定。

发动机控制方式的基本思路是，根据汽车车轮转速和加速度变化状况，由 ECU 及时判断车轮是否有空转或即将有空转的现象发生，而适时地由 ECU 发出命令，采用根据喷油量、点火时间、节气门开度等手段来调节汽车发动机的输出扭矩，使驱动车轮与路面的附着力达到最佳状态，进而有效避免车轮空转打滑的情况发生。

5. 动力转向自动控制系统

汽车转向所需力矩与行驶速度和路况等因素有关，如低速时转向力矩大，而高速时转向力矩小。为了使驾驶人员的转向操作无论在什么情况下都能够轻松自如，就需要借助于辅助的力矩控制装置（通常又简称助力装置）。汽车动力转向自动控制系统（Power Steering Control System）自问世以来，由于其具有灵活、轻便、稳定、可靠等一系列优点，因此得到用户的长久青睐。

动力转向自动控制系统通常是在传统的液压助力转向系统基础上增加电控装置构成的，主要由机械和电控两个部分组成，工作时由计算机通过力矩的计算来控制电机实施转向。自动化程度更高的转向控制方式是基于复合控制方式的汽车动力转向预测控制系统。这种系统成为汽车主动防撞系统和汽车高速公路自动驾驶（巡航）系统中的关键部分。所谓复合控制方式，是指采用汽车相对于路面的偏向角的前馈检测信息，再加上前视野摄像机针对横向角的反馈信息，综合进行控制决策的一种转向控制方式。

动力转向自动控制系统具有车速检测、控制决策和转向动力助力功能。动力转向自动控制系统的组成方式很多，多数是由车速传感器、转向器转矩传感器、控制元件、电动（或气动、液动装置）和减速机构等组成。系统在工作过程中不断检测汽车行驶的车速、转向器转矩等，反馈给电子控制装置或计算机，控制器采用预测等控制算法，计算出调节转向助力的调节量，输送给执行电机或液压、气压驱动装置，调节驱动转向器转向。

6. 悬架自动控制系统

悬架自动控制系统（Suspension Control System）是根据汽车行驶状况自动调节汽车悬架的刚度与振动阻尼的自动控制系统，有的车还能够自动调整车身高度。该控制系统能让汽车在路面起伏较大的行驶过程中有效地、柔和地吸收路面引起的振动，以减小纵向振动加速度峰值，避免车身发生过大的上下"浮动"，保证汽车行驶中的平顺性和舒适性。尤其是在汽车过度转向的状态下，也能较好地减小车辆的侧滑率，极力保持车身的正常姿态。同时在汽车紧急制动时有利于改善减振效果。对于能够根据车速自动调节悬架以调节车高的汽车，还能够降低风阻系数，降低能耗，增大行驶稳定性。

汽车悬架分为空气悬架和液压悬架，其自动控制系统本身差异不大，通常由车身悬架位移与加速度传感器、转向和加速度传感器、制动压力传感器、微机控制中心、高性能的带连通阀的气压或液压组件等组成。

汽车自调式悬架控制系统由装在悬架内的位移传感器检测悬架的运动，车速表提供车速信号，安装在转向轴上的光学传感器则检测出转向的信号和制动部分，从而给出制动状况信号。这些信号都传输给微机进行分析、运算，微机给出对汽车悬架的控制决策和相关控制量，驱动电动泵调节悬架减振油的油压，提供抵消引起车辆严重振动的干扰所需的能量，使得悬架振动显著降低。同时，还能有效控制车辆的姿态。

7. 防撞避撞自动控制系统

随着汽车拥有量迅速增加，随之而来的是车祸也大增，其中尤以汽车与汽车、汽车与行人、汽车与路边构筑物的碰撞最为突出。因此，突破汽车防撞技术的瓶颈，已经成为各国在汽车领域里技术攻关的首选任务。

目前全世界解决防撞避撞的技术不外乎被动防治与主动防治两大方法。所谓被动防治方法，主要是通过对汽车结构、构成材料、减震措施的改进，以降低在碰撞发生时对汽车及驾乘人员的危害程度。以下主要讨论主动防治方法。

所谓主动防治方法，是要求预先预见到碰撞发生的可能性，从而采取措施加以预防或紧急处理的更加积极主动的方法。汽车防撞系统的基本工作原理是通过测量主车与目标车或障碍物之间的相对距离、相对速度以及相对方位角等信息，并将这些信息传送给系统的控制单元，以使汽车按照需求运行、减速或制动。已经开发成功并在使用中的有车轮的防抱死制动系统（ABS）、计算机控制的行驶稳定系统（Electronic Stability Program，ESP）、驱动防滑控制系统（ASR）、电子循迹控制系统（Electronic Traction System，ETS）等，但是这些系统还没有包含直接的防撞避撞的技术概念。

防撞避撞关键技术有两点：一是对碰撞可能性的预测，二是在碰撞可能发生时的紧急处理（即减速、制动或转向）。目前全球普遍着力开发的主动防撞避撞系统称为前向主动避撞系统（Forword Collision Avoidance System，FCAS）。也有厂家开发了更高级的主动防撞避撞系统，称为自适应巡航控制系统（Adaptive Cruise Control System，ACCS），该系统能够根据周围的车况自动调整车速，规避危险，这种系统在一些较高级的轿车上已有应用。

主动防撞避撞系统首先要解决的是对可能发生的碰撞状况的预测，是当前国际汽车安全领域研究的热点之一。

（1）防撞避撞检测技术

目前常采用的防撞避撞检测技术有两种：前方障碍物（包括人、车和障碍物等）扫描方法和前方障碍物测距、测速、测方位方法。前者只能够在一定范围内简单检测前方障碍物是否存在，不能够判断相对距离、相对速度、相对方位等，因而相对简单、粗糙，效果不是很理想。后者由于能够判断相对距离、相对速度、相对方位等，因而效果相对好很多。

目前全球采用的测距、测速、测方位技术按测量介质的不同，主要有红外线、超声波、激光、微波等检测技术。红外、超声波的探测距离较短，目前主要用于汽车倒车控制系统，当然也可以作为前向或侧向探测的辅助参考。激光和微波雷达具有测距远、精度高等优点，在车辆主动安全控制系统中得到了广泛应用。

由于激光雷达装置结构相对简单，还具有高的方向性、好的相干性，以及测量精度高、探测距离远等优点，因此受到技术界的广泛欢迎。但因为其在雨、雪、雾等天气情况下，测量性能会受到较大影响，加之其只能传递相对距离信息等缺陷，所以制约了激光雷达的广泛应用。

微波雷达探测距离远，测量性能受大气等外界因素的影响较小，运行可靠，可以方便地检测到主车与障碍物间的距离、相对速度，甚至可以检测到相对方位角和相对加速度等信息，因此受到业界极大的青睐，但其价格相对较贵。

（2）防撞避撞控制技术

汽车防撞避撞系统能向司机预先发出即将发生撞车危险的视听告警信号，促使司机采取应急措施来应付特殊险情，避免损失。更进一步的控制功能是具备自动进行识别、判断、处理和控制的功能，能够根据具体情况准确地使汽车在即将撞车的紧急情况下自动执行减速、避撞、制动等操作。

（3）防撞避撞技术存在的问题

① 车用雷达首先要解决的技术难题就是减少雷达的误报。由于车辆在道路中行驶的状况十分复杂，并线、移线、转弯、上下坡，道路两旁的静态护栏、绿篱、标志牌等的干扰，以及恶劣天气的影响等，使得雷达对主目标的识别十分困难，误报率很高。尽管某些雷达具有二维、甚至三维的目标探测能力，但迄今为止，没有任何一个传感器能保证在任何时刻提供完全可靠的信息。较有效的解决办法是在主车不同位置立体配置多套车用雷达，以多传感器数据融合方式来克服误判，提高检测的准确性，但这样处理的结果是费用又极大地提高。

② 雷达由于其主要材料价格一直居高不下，成为车用雷达推广应用的一大难题。

③ 雷达的电磁兼容性（Electric Magnetic Compatibility，EMC）问题也成为应用中的一大瓶颈。行驶车辆打火线圈的电磁干扰、车用雷达之间的电磁干扰等都会构成严重的干扰。

④ 目前解决测距、测速、测方位等问题的算法还相对比较落后，快速性、准确性较差。

（4）防撞避撞技术的发展趋势

① 解决雷达误报问题较好的方法是采用多传感器信息融合技术。目前问世的汽车防撞系统多采用激光雷达、微波雷达和机器视觉等多种传感器的信息融合，实现了信息分析、综合和平衡，利用数据间的冗余和互补特性进行容错处理，克服了单一传感器可靠性低、有效探测范围小等缺点，有效地降低了雷达的误报率。采用机器视觉的识别技术为主，辅之以激光雷达、微波雷达甚至超声波、红外雷达等识别技术，再综合运用信息融合技术可能是彻底解决错误识别问题的出路。

② 专用集成电路的最新发展，使固态收发模块在雷达中的应用达到实用阶段。可以预见，随着新材料、新工艺在雷达中的不断应用，价格低、性能高的车用雷达的应用和普及不久后将成为现实。

③ 利用毫米波雷达的衰减特性，可以比较好地解决车用雷达互相干扰的问题。这里，还有一个对车载雷达规定统一专用频带的问题需要解决。

④ 在测距、测速、测方位等方法上，还应当进一步全面采用信息融合技术；在避撞处理的控制策略上，还应当进一步研究自适应方法和智能控制方法。

11.2.3　汽车导航信息系统

当驾驶员驾驶汽车行进在陌生地区或不熟悉城市的复杂街道时，经常会被迷路所困扰。即使是在非常熟悉的地带行驶，如果遇上夜间或是在雨、雪、大雾等恶劣气候环境下也难以看清道路和周围境况，这时照样会迷失方向。无论哪种情况的出现，都使得人们在驾驶汽车的时候迫切需要汽车导航系统来定位和引导。汽车导航信息系统主要提供的是电子地图和相关导航信息。这里的电子地图应包括汽车公路干线、支线和城市交通图，以及地区、道路、各种设施的比较广泛的信息，除了显示本车地理位置和行驶方向外，导航信息系统还应反映已行驶轨迹、当前位置到目的地的方向和所余行程的路线、距离及沿途服务设施等诸多内容。

现代的汽车导航信息系统，大多由无线导航、定位系统、前进方向传感器、车速传感器等检测装置、微处理器、存储大量电子地图信息的 RAM 或 CD-ROM 等形式的大容量存储器和输入相关信息、参数及输出显示导航信息的人—机对话装置等部分组成。以数据库形式存储地图信息的存储器应当能够随时方便地更新地图信息。这里最为重要的部分是地理位置定位及导航系统，现在流行的是车载卫星导航和定位系统无线接收机。

现代导航装置主要采用卫星导航、定位系统，以及地面无线电固定导航台导航、定位系统两类技术。卫星导航、定位系统能够通过测方位、测距、定时的方法告知每一辆装有车载卫星导航、定位系统无线接收机的汽车现在的地理位置和行驶方向等信息。地面无线电固定导航台导航、定位系统的作用与此相似。

汽车行驶方向的检测有的采用基于地磁矢量的传感器，有的则使用电子陀螺仪检测系统。通过实时检测汽车的偏转率，结合汽车速度传感器求出汽车速度，计算机就可以算出汽车行进的方向和相对位置。

导航过程是在行车之前或行驶途中，驾驶员在人机界面上把要去的地区或地点输入导航计算机；车载无线接收机先向卫星导航、定位系统或地面无线电导航台发出请求信号，然后接收其发回的本车的地理位置信息并传给导航计算机；计算机结合存储的电子地图，在地图上精确显示出汽车当前时刻的位置，然后再结合车内相应传感器提供的汽车行驶数据确定汽车的行进方向，并给出到达目的地点的最佳行车路线建议。

11.2.4 汽车中的先进控制系统——智能汽车

汽车先进控制系统（Advanced Vehicle Control System，AVCS）又称为先进车辆控制系统或汽车综合控制系统。该系统旨在保障交通的正常、快捷运行，保证驾乘人员的安全和舒适以及发生交通意外事故时能够进行有效的援助。

AVCS 采用先进、前沿的传感技术、检测技术、通信技术和自动控制技术，为车辆和驾乘人员提供多种形式的防撞、避撞等安全保障功能，以及更现代化的自动驾驶功能和巡航功能。系统具有对其他车辆、道路障碍物准确的自动识别能力，具备自动转向、自动制动，以及与前车、后车、道路障碍物等保持安全间距等防撞、避撞功能。

AVCS 一般包括行车安全预警报警系统、纵向防撞避撞系统、侧向防撞避撞系统、交叉口防撞避撞系统、视觉强化防撞避撞系统、事故前乘员安全保护系统、自动驾驶系统、自动公路信息系统等子系统。

目前 AVCS 还处于研究开发和摸索试验阶段，很多地方还不成熟。从当前技术的研发情况看，大致体现在以下两个层次。

第一层次是车辆安全技术与辅助驾驶技术。该部分技术的研究与发展大致在以下两个内容上展开：一是关键部件的研发，如车载传感器（激光雷达、微波雷达、摄像机图像处理、其他类型传感器等）、车载计算机和控制执行机构等；二是涉及安全行驶的技术和驾驶辅助技术，如采用多传感器融合技术将汽车与周围车辆、障碍物、道路设施的相对距离、相对速度以及相对方位等检测出来，通过微处理器进行计算、分析、判断与决策，必要时给出报警，或情况紧急时控制系统进行强制减速或制动。

第二层次是智能型的自动驾驶系统。该部分技术的研究和发展是在第一层次上的扩展和升级，该层次的技术与第一层次技术的最显著的区别是自动化技术不再是辅助驾驶员解决一些紧急状况下的部分操作，而是较全面地替代了人的大部分工作。另一点显著差别就是在检测汽车行驶中的状况，对驾驶操作的决策，尤其是对紧急状况的判别等方面，该层次的技术中更突出智能检测、智能决策和智能控制，将智能信息处理放在了首位。采用了这种技术装备的汽车也称为智能汽车或无人驾驶汽车，其行驶时完全能做到自动导航、自动转向、自动检测和回避障碍物、自动操纵驾驶，尤其是在装备有智能信息系统的智能公路上，能够以较高的速度自动行驶，并充分保证与前车、来车、周围车辆以及道路设施之间的安全距离，防止碰撞的发生。

无人驾驶智能汽车近年来发展很快，新的成果如雨后春笋般不断涌现，人们已经研制出了多款试验样车，并进行了大量道路试验和竞赛。这类汽车竞赛一般要求车辆必须完全自主行驶，无遥控，且能自动避障，包括避让其他车辆。在指定道路及里程内用时最短的车辆获胜。

在美国国防部高级研究计划局（Defense Advanced Research Projects Agency，DARPA）2005年组织的"重大挑战（Grand Challenge）"无人驾驶汽车挑战赛中，斯坦福（Stanford）大学参赛团队名为"斯坦利（Stanley）"的自动驾驶车（见图 11.7）赢得了冠军。

图 11.7　无人驾驶的"Stanley"

2007 年，美国国防部高级研究计划局（DARPA）又组织了名为"都市挑战（Urban Challenge）"的无人驾驶汽车挑战赛，要求参赛车辆在复杂的城区路况中完成包括并线、拐弯、超车以及在指定区域停车等在内的动作，并必须遵守交通规则，用时最短的车辆获胜。这次挑战赛在考验自主驾驶车辆对于路况的自适应能力方面明显难于"Grand Challenge"挑战赛。卡内基·梅隆大学和通用汽车公司联合组建的赛车小组名为"老板（Boss）"的赛车赢得了冠军。"老板（Boss）"车上装备有摄像头、激光雷达等 10 余种信息采集设备，以一台高性能计算机实时处理采集的车况和路况信息，获得行驶操作的最佳方案，在比赛中最高车速达到了 50 km/h，比第二名领先了 20 多分钟达到终点。

2010 年，意大利帕尔马（Parma）大学人工视觉与智能系统实验室（Vislab）以他们所研制的自动驾驶汽车进行了一次名为 "The Vislab Intercontinental Autonomous Challenge" （Vislab 州际无人驾驶汽车挑战赛）的"新丝绸之路"之旅活动。活动历时 3 个月，历程 13000 km，从意大利 Parma 行进至中国上海参加世博会，途中没有任何一位司机驾驶。2013 年 7 月，Vislab

实验室一辆先进的自动驾驶汽车在 Parma 城区和城郊狭窄的单向双车道上自动行驶，其间遇行人横穿马路，交通灯不断变换，某些路段还存在急转弯路口，试验中还人工设置了凸起路面。在上述这种恶劣的路况下，该车首次全程无人干预自主行驶，顺利通过了测试路段。

2011 年 9 月，德国柏林自由大学研发的"MIG"无人驾驶汽车，从柏林勃兰登堡门出发，自主行驶到柏林国际会议中心，又安全返回到出发地。其间顺利通过 46 个交通灯控制路口，并绕过 2 处环岛，整个行程近 20km。

我国自动驾驶汽车的研发工作在近年来也取得了长足的进展。清华大学智能技术与系统国家重点实验室在国家自然科学基金重大研究计划重点项目"无人驾驶车辆人工认知关键技术与集成试验平台"的资助下，分别研发了两款无人自主汽车，即"THU-IV 1"原理性试验样车和"THU-IV 2"试验样车。

"THU-IV 1"以日产奇骏 X-TRAIL 为基础进行改装，研究目的在于验证各种车载设备与各项单元关键技术的可行性与有效性。"THU-IV 2"改装自美国别克昂克雷 3.6L CX1。两台无人自主车均配备了国际一流的各种车载设备，包括多核计算机、千兆网交换机、激光雷达、毫米波雷达、数字摄像机、组合导航系统、轮速编码器等。在软硬件及结构设计方面，进行了很多优化与创新，完成了主控单元、感知单元、决策单元、导航单元、规划单元、控制单元和执行单元的设计与实现。更重要的是，还取得了若干关键技术的突破。其中，在车辆的底层改装、人工认知系统体系结构、多源异构信息融合技术、基于摄像机/激光雷达的自然环境感知技术、动态地图构建、智能决策技术、智能综合技术、高精度组合导航技术、各种交通标志的自动识别技术、地理信息系统（GIS）与全局路径规划等自动驾驶关键技术方面已取得了大量的阶段性成果，积累了丰富的研发经验。

尽管自动驾驶汽车要实现商品化尚需时日，但其中所包含的多项关键技术，特别是防撞、避撞等与安全有关的技术将很快实用化。自动化在汽车上的应用将越来越广泛，很多新技术会不断推广应用，汽车的自动化水平将越来越高，汽车自动化发展的总体趋势是智能化和网络化。智能化是指信息处理与控制决策等充分体现人的智能特征；网络化一方面指汽车上的各种自动化系统相互联网，协调工作，另一方面指与外部的出行信息系统、交通管理系统、运营管理系统等联网，"人、车、道路"形成一个统一的整体。在网络化的基础上，可以实现对汽车的综合优化控制，采用多传感器多参数检测及数据融合技术，并大量运用人工智能与智能控制技术，使汽车的整体自动化水平显著提高。另外，随着汽车数量的增加，维护与维修工作的自动化系统将越来越多，如故障诊断系统、仪表板诊断系统、柔性保养系统、各种智能检测设备等。

随着社会的发展和进步，由于人们认识到汽车与能源、环境以及社会密不可分，对汽车自动化的要求从"人、车、道路"作为一个整体进一步扩展到综合考虑"人、车、能源、环境和社会"等因素，不断强化汽车尾气排放法规，不断研究、开发新型节能汽车。与此同时，随着汽车电子与自动化技术的突飞猛进，汽车上原有的一些传统机械装置将会逐渐被电子的、微处理器的自动化控制装置所取代，汽车性能在不断提高和完善的同时，对人的要求却会越来越低，人的操作会越来越简单、越来越容易。

习　题

1. 简述家庭自动化的主要功能和特点。

2．家庭自动化的发展过程中有哪些值得注意的问题？

3．简述开发汽车自动化系统的目的和意义。

4．简述汽车自动控制系统的基本组成和运行原理。

5．简述车载自动恒温空调的基本工作原理和实现方法。

6．简述汽车制动防抱死自动控制系统（ABS）的基本工作原理和实现方法。

7．简述汽车倒车防撞自动控制系统的基本工作原理和实现方法。

参考文献

[1] 高文. 计算机技术发展的历史、现状与趋势[J]. 中国科学基金. 2002（1）.

[2] 顾桂英. 计算机技术的创新过程研究[D]. 沈阳：东北大学，2008.

[3] 国家信息中心"信息社会发展研究"课题组. 中国信息社会发展报告.光明日报. 2015.7.8.

[4] 张文娟. 信息社会概念溯源-背景、产生、发展[J]. 情报科学，2007（7）.

[5] 马兴成. 计算机关键技术的继续发展[J]. 信息技术，2008（14）.

[6] 文萍芳. 论计算机技术的应用现状与发展趋势[J]. 电脑知识与技术，2012（9）.

[7] 百度百科

[8] 韩万江.软件工程的三段论起源及发展趋势. 百度文库.

[9] 豆瓣读书--人月神话.

[10] Andrew S. Tanenbaum. 计算机网络（第4版）英文影印版[M]. 北京：清华大学出版社，2008.

[11] 谢希仁. 计算机网络（第6版）[M]. 电子工业出版社.

[12] Behrouz Forouzan. 数据通讯与网络[M]. 朱丹宇，译. 北京：机械工业出版社，2001.

[13] 徐斯斯. 计算机网络发展浅析[J]. 才智，2010（7）.

[14] 夏瑞丽. 计算机网络的发展进程和趋势[J]. 机械管理开发，2008（6）.

[15] 廉洁，谭志勇. 面向未来计算机网络的思索[J]. 赤峰学院学报：自然科学版，2008（9）.

[16] 温冲. 浅谈未来计算机网络系统的发展趋势[J]. 黑龙江科技信息，2010（10）.

[17] 邵波，王其和. 计算机网络安全技术及应用[M]. 北京：电子工业出版社，2005.

[18] 蔡立军. 计算机网络安全技术[M]. 北京：中国水利水电出版社，2005.

[19] 陈健伟，张辉. 计算机网络与信息安全[M]. 北京：希望电子出版社，2006.

[20] 胡建伟等. 网络安全与保密[M]. 西安：西安电子科技大学出版社，2003.

[21] 钟义信. 人工智能的突破与科学方法的创新[J]. 模式识别与人工智能，2012（6）.

[22] 刘毅. 人工智能的历史与未来[J]. 科技管理研究，2004（6）.

[23] 董占球. 人工智能（AI）研究中的若干问题[J]. 计算机研究与发展，1991（6）.

[24] 蔡自兴，徐光佑. 人工智能及其应用[M]. 4版. 北京：清华大学出版社，2010.

[25] 赵耀. 自动化概论[M]. 北京：机械工业出版社，2014.

[26] 窦曰轩. 自动控制原理[M]. 北京：机械工业出版社，2006.

[27] 王志良，李正熙，解仑. 信息社会中的自动化新技术[M]. 北京：机械工业出版社，2004.

[28] 戴先中，赵光宙. 自动化学科概论[M]. 北京：高等教育出版社，2006.

[29] 李泇达，李志坚，等. 信息科学技术概论[M]. 北京：清华大学出版社，2005.

[30] Richard M Murray. 信息爆炸时代的控制[M]. 陈虹，马彦，译. 北京：科学出版社，2004.

[31] 韩江洪，张建军，张利，等. 智能家居系统与技术[M]. 合肥：合肥工业大学出版社，2005.

[32] 周洪，胡文山，张立明，等. 智能家居控制系统[M]. 北京：中国电力出版社，2006.

[33] 寇国瑗，杨生辉，等. 汽车电器与电子控制系统[M]. 北京：人民交通出版社，2003.

[34] 冯崇毅，鲁植雄，等. 汽车电子控制技术[M]. 北京：人民交通出版社，2005.

[35] 李树广，刘允才. 智能交通的发展与研究[J]. 微型电脑应用，2005（6）.

[36] 姜志文，石金峰. GPS 在智能交通中的应用[J]. 矿山测量，2006，12（4）.

[37] 王笑京，沈鸿飞，等. 中国智能交通系统发展战略研究[J]. 交通运输系统工程与信息，2006，6（4）.

[38] 王又武，曾巧明. 基于 GIS 的城市交通信息综合平台[J]. 计算机与现代化，2007（2）.

[39] 杨叔子. 先进制造技术及其发展趋势[R]. 中国科协 2003 年学术年会.

[40] 舒志兵，高延荣，卢宗春，等. 自动化专业智能化的发展趋势[J]. 自动化博览，2010（8）.